# 结构动力学习题详解

高教版《结构动力学》第二版(修订版)(R.克拉夫,J.彭津 著)

韦忠瑄 万 水 孙 鹰 刘守生 编著

东南大学出版社
SOUTHEAST UNIVERSITY PRESS
·南京·

## 内 容 提 要

本书是硕士研究生学习结构动力学的辅导材料,可与 R. 克拉夫等著、王光远等译,高等教育出版社出版的《结构动力学》(第二版修订版)配套使用。根据该书阐述的理论、公式和解题方法,用国际标准单位制详细解答了书中所有的151道习题。本书旨在能够帮助读者加深对结构动力学理论的理解和在解决实际问题时开阔思路。

读者对象:土木工程、航空航天、船舶工程、汽车工程等方面从事结构振动学习和工作的研究生、大学教师、土木工程技术人员和自学者。

## 图书在版编目(CIP)数据

结构动力学习题详解/韦忠瑄等编著. —南京:东南大学出版社,2018.7(2022.9重印)
 ISBN 978-7-5641-7828-4

Ⅰ. ①结… Ⅱ. ①韦… Ⅲ. ①结构动力学—研究生—题解 Ⅳ. ①O342-44

中国版本图书馆 CIP 数据核字(2018)第 135740 号

### 结构动力学习题详解

编　著　韦忠瑄　万　水　孙　鹰　刘守生

| | |
|---|---|
| 出版发行 | 东南大学出版社 |
| 社　　址 | 南京市四牌楼 2 号　邮编:210096 |
| 出 版 人 | 江建中 |
| 责任编辑 | 丁　丁 |
| 编辑邮箱 | d.d.00@163.com |
| 网　　址 | http://www.seupress.com |
| 电子邮箱 | press@seupress.com |
| 经　　销 | 全国各地新华书店 |
| 印　　刷 | 江苏凤凰数码印务有限公司 |
| 版　　次 | 2018 年 7 月第 1 版 |
| 印　　次 | 2022 年 9 月第 4 次印刷 |
| 开　　本 | 787 mm×1 092 mm　1/16 |
| 印　　张 | 13.5 |
| 字　　数 | 312 千 |
| 书　　号 | ISBN 978-7-5641-7828-4 |
| 定　　价 | 58.00 元 |

本社图书若有印装质量问题,请直接与营销部联系。电话(传真):025-83791830

# 前　言

Ray W. Clough 和 Joseph Penzien 编著的 *Dynamics of Structures* 和该书的中译本《结构动力学》（王光远等译），自第一版问世至今，国内大部分高等院校和研究单位都以其作为研究生学习结构动力学的基本教材或主要参考书，并广为从事结构振动计算的工程技术人员和从事振动理论研究的科技人员所参考。2006 年 11 月第二版的修订版（高等教育出版社出版）面世以来，已重印 7 次。原著的重要章节都附有习题，而且与正文叙述的内容配合紧密。为了加深对基本原理的理解和提高运用基本原理解决结构动力学问题的能力，解题训练是必不可少的过程。我们详细解答了原著中的全部习题，以供高等院校有关专业的研究生、教师、科研人员和工程技术人员参考。

本习题解的章节编排、习题编号，使用的符号和术语均与中译本相同，但在题解中将原著中各物理量的英制单位转换成国际标准单位，以适应读者的使用习惯。对原著中没有习题的部分章节，补充了相应的习题。题解的叙述方法力求清楚完整，并与原著的理论一致。书中的解题方法不一定是最佳的方法，仅供读者参考。

参与本书编写的有韦忠瑄、万水、孙鹰、刘守生等同志，全书由韦忠瑄整理定稿。限于编者的水平，书中的不足和疏漏之处在所难免，欢迎读者提出批评和改进意见。

编　者
2017 年 12 月

# 目 录

第1章 结构动力学概述 ········································································ 001

## 第Ⅰ篇 单自由度体系

第2章 自由振动分析 ·········································································· 005
第3章 谐振荷载的反应 ······································································· 007
第4章 对周期性荷载的反应 ································································ 013
第5章 对冲击荷载的反应 ··································································· 019
第6章 对一般动力荷载的反应——叠加法 ············································· 025
第7章 对一般动力荷载的反应——逐步法 ············································· 032
第8章 广义单自由度体系 ··································································· 036

## 第Ⅱ篇 多自由度体系

第9章 多自由度运动方程的建立 ·························································· 051
第10章 结构特性矩阵的计算 ······························································· 053
第11章 无阻尼自由振动 ····································································· 061
第12章 动力反应分析——叠加法 ························································ 078
第13章 振动分析的矩阵迭代法 ··························································· 088
第14章 动力自由度的选择 ································································· 098
第15章 多自由度体系动力反应分析——逐步法 ····································· 102
第16章 运动方程的变分形式 ······························································ 104

## 第Ⅲ篇 分布参数体系

第17章 运动的偏微分方程 ································································· 117
第18章 无阻尼自由振动分析 ······························································ 121
第19章 动力反应分析 ········································································ 130

## 第Ⅳ篇　随机振动

第 20 章　概率论 ······ 143
第 21 章　随机过程 ······ 152
第 22 章　线性单自由度体系的随机反应 ······ 162
第 23 章　线性多自由度体系的随机反应 ······ 171

## 第Ⅴ篇　地震工程

第 24 章　地震学基础 ······ 183
第 25 章　自由场表面的地面运动 ······ 185
第 26 章　确定性地震反应：在刚性基础上的体系 ······ 186

附录Ⅰ　单位转换表 ······ 205
附录Ⅱ　勘误表 ······ 206
参考文献 ······ 208

# 第1章 结构动力学概述

**1-1** 简述结构动力学分析的主要目的?

**解:** 结构动力学分析的主要目的是确定动力荷载作用下结构的内力和变形,并通过动力分析确定结构的动力特性(位移、应力、挠度等),为改善工程结构体系在动力环境中的安全性和可靠性提供理论基础。

**1-2** 简述动力荷载的定义和分类?

**解:** 大小、方向和作用点随时间快速变化,或在短时间内突然作用或消失的荷载称为动力荷载。

动力荷载的分类:①确定性(非随机)动力荷载:荷载随时间的变化规律完全已知。②非确定性(随机)动力荷载:荷载随时间的变化规律不完全已知。

**1-3** 动力问题与静力问题分析的主要区别?

**解:** 动力问题与静力问题分析的主要区别是:①动力问题随时间变化,结构问题的解不唯一,必须建立感兴趣的全部响应的时间历程,确定响应的极值,因而计算复杂,费时间。②动力问题中位移加速度起了很大的作用,惯性力的影响不得不考虑。

**1-4** 什么是动力自由度?

**解:** 确定体系中所有质量位置所需的独立坐标数,称为体系的动力自由度数。

**1-5** 动力分析中结构模型简化的基本方法?

**解:** 实际结构都是无限自由度体系,这不仅导致分析困难,而且从工程角度也没必要。常用简化方法有:

(1) 集中质量法(堆聚质量)

将实际结构的质量看成(按一定规则)集中在某些几何点上,除这些点之外物体是无质量的。这样就将无限自由度系统变成有限自由度系统。

(2) 广义位移法

假定结构的挠曲线形状可用一系列满足边界条件及线性无关且互相正交的位移曲线之和来表示:

$$y(x) = \sum_{i=1}^{\infty} Z_i(t) \Psi_i(x) \quad \text{或} \quad y(x) \approx \sum_{i=1}^{n} Z_i(t) \Psi_i(x)$$

$\Psi_i(x)$ 为形状函数、位移函数、坐标函数;$Z_i(t)$ 为广义坐标。$Z_i(t)$ 的个数就是结构自由度的个数。

$\Psi_i(x)$ 满足的条件:

a. 必须满足结构的几何边界条件和保持内部位移的连续性要求;

b. $\Psi_i(x)(i=1,2,\cdots,n)$ 线性无关(否则 $Z_i(t)$ 不能相互独立);

c. 正交完备(不一定苛求)。

(3) 有限元法

通过将实际结构离散化为有限个单元的集合,将无限自由度问题转化为有限自由度来解决。

**1-6** 建立结构运动方程的一般方法?

**解**:①利用 d'Alembert 原理的直接平衡法;②虚位移(虚功)原理;③变分方法。

# 第1篇 单自由度体系

# 第 2 章 自由振动分析

**2-1** 图 E2-1 所示建筑物的重量 $W$ 为 200 kips[889.6 kN],从位移为 1.2 in [3.048 cm]($t=0$ 时)处突然释放,使其产生自由振动。如果 $t=0.64$ s 时往复摆动的最大位移为 0.86 in[2.184 cm],试求

(a) 侧移刚度 $k$;
(b) 阻尼比 $\xi$;
(c) 阻尼系数 $c$。

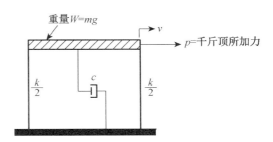

图 E2-1 简单结构的振动试验

**解:**

(a) $T=0.6$ s, $T=\dfrac{2\pi}{\omega}=2\pi\sqrt{\dfrac{m}{k}}=2\pi\sqrt{\dfrac{W}{kg}}$,

$k=\dfrac{4\pi^2 m}{T^2}=\dfrac{4\pi^2 W}{T^2 g}=\dfrac{4\pi^2 \times 889.6 \times 10^3}{0.64^2 \times 9.807}=8\,742.96$ kN/m[49.94 kips/in]。

(b) $\ln\dfrac{v_0}{v_1}=\dfrac{2\pi\xi}{\sqrt{1-\xi^2}}$, $\xi=\sqrt{\dfrac{1}{\left(\dfrac{2\pi}{\ln\dfrac{v_0}{v_1}}\right)^2+1}}=5.30\times 10^{-2}$

(c) $c=2\xi m\omega=2\xi\dfrac{W}{g}\left(\dfrac{2\pi}{T}\right)$

$=\dfrac{4\times 889.6\times 10^3\times \pi\times 5.3\times 10^{-2}}{0.64\times 9.807}=94.40$ kN·s/m [539.20 lb·s/in]

**2-2** 假设图 2-1a 所示结构的质量和刚度为:$m=2$ kips·s$^2$/in[$3.502\times 10^5$ kg], $k=40$ kips/in[7 004 kN/m]。如果体系在初始条件 $v(0)=0.7$ in[1.778 cm]、$\dot{v}(0)=5.6$ in/s[14.22 cm/s] 时产生自由振动,试求 $t=1$ s 时的位移及速度。假设

(a) $c=0$(无阻尼体系);
(b) $c=2.8$ kips·s/in[490.28 kN·s/m]。

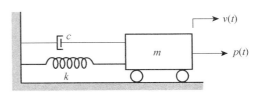

图 2-1(a) 理想化单自由度体系

**解:** $\omega = \sqrt{\dfrac{k}{m}} = \sqrt{\dfrac{7\,004 \times 10^3}{3.502 \times 10^5}} = 4.472 \text{ rad/s}$

(a) $c = 0$, $v(t) = v(0)\cos \omega t + \dfrac{\dot{v}(0)}{\omega}\sin \omega t$

$\dot{v}(t) = -v(0)\omega \sin \omega t + \dot{v}(0)\cos \omega t$

$v(1.0) = 1.778\cos 4.472 + \dfrac{14.22}{4.472}\sin 4.472 = -3.512 \text{ cm}\quad [-1.383 \text{ in}]$

$\dot{v}(1.0) = -1.778 \times 4.472\sin 4.472 + 14.22\cos 4.472 = 4.337 \text{ cm/s}\quad [1.707 \text{ in/s}]$

(b) $c = 2.8 \text{ kips} \cdot \text{s/in}[490.28 \text{ kN} \cdot \text{s/m}]$

$\xi = \dfrac{c}{2m\omega} = \dfrac{490.28 \times 10^3}{2 \times 3.502 \times 10^5 \times 4.472} = 0.156\,5 \text{(小阻尼)}$

$\omega_D = \omega\sqrt{1-\xi^2} = 4.472\sqrt{1-0.156\,5^2} = 4.417 \text{ rad/s}$

$v(t) = \left[v(0)\cos \omega_D t + \left(\dfrac{\dot{v}(0) + v(0)\xi\omega}{\omega_D}\right)\sin \omega_D t\right]e^{-\xi\omega t}$

$\quad = \left[1.778\cos 4.417t + \left(\dfrac{14.22 + 1.778 \times 0.156\,5 \times 4.472}{4.417}\right)\sin 4.417t\right]e^{-0.156\,5 \times 4.472 t}$

$\quad = [1.778\cos 4.417t + 3.501\sin 4.417t]e^{-0.699\,9 t}$

$\dot{v}(t) = -0.699\,9 v(t) + [-1.778 \times 4.417\sin 4.417t + 3.501 \times 4.417\cos 4.417t]e^{-0.699\,9 t}$

$\quad = -0.699\,9 v(t) + [-7.853\sin 4.417t + 15.46\cos 4.417t]e^{-0.699\,9 t}$

$v(1.0) = [1.778\cos 4.417 + 3.501\sin 4.417]e^{-0.699\,9} = -1.920 \text{ cm}\quad [-0.765\,4 \text{ in}]$

$\dot{v}(1.0) = -0.699\,9 v(1.0) + [-7.583\sin 4.417 + 15.46\cos 4.417]e^{-0.699\,9}$

$\quad = 2.840 \text{ cm/s}\quad [1.118 \text{ in/s}]$

**2-3** 假设图 2-1a 所示结构的质量和刚度为：$m = 5 \text{ kips} \cdot \text{s}^2/\text{in}[8.755 \times 10^5 \text{ kg}]$，$k = 20 \text{ kips/in}[3\,502 \text{ kN/m}]$，且不考虑阻尼。如果初始条件 $v(0) = 1.8 \text{ in}[4.572 \text{ cm}]$，而 $t = 1.2 \text{ s}$ 时的位移仍然为 $1.8 \text{ in}[4.572 \text{ cm}]$，试求

(a) $t = 2.4 \text{ s}$ 时的位移；

(b) 自由震动的振幅 $\rho$。

**解:** $\omega = \sqrt{\dfrac{k}{m}} = \sqrt{\dfrac{3\,502 \times 10^3}{8.755 \times 10^5}} = 2 \text{ rad/s}$

$v(t) = v(0)\cos \omega t + \dfrac{\dot{v}(0)}{\omega}\sin \omega t$

$v(1.2) = 4.572\cos(2 \times 1.2) + \dfrac{\dot{v}(0)}{2}\sin(2 \times 1.2) = 4.572 \text{ cm}\quad [1.8 \text{ in}]$

$\dot{v}(0) = \dfrac{2 \times 4.572 \times (1 - \cos 2.4)}{\sin 2.4} = 23.52 \text{ cm/s}\quad [9.26 \text{ in/s}]$

$v(t) = 4.572\cos 2t + 11.76\sin 2t$

$v(2.4) = 4.572\cos(2 \times 2.4) + 11.76\sin(2 \times 2.4) = -11.31 \text{ cm}\quad [-4.455 \text{ in}]$

$\rho = \sqrt{\left[\dfrac{\dot{v}(0)}{\omega}\right]^2 + v^2(0)} = \sqrt{\left(\dfrac{23.52}{2}\right)^2 + 4.572^2} = 12.62 \text{ cm}\quad [4.968 \text{ in}]$

# 第 3 章 谐振荷载的反应

**3-1** 假定图 2-1a 所示的基本结构无阻尼,并在频率比 $\beta=0.8$ 下承受谐振干扰,试绘出既包含稳态又包括瞬态效应的反应比 $R(t)$ 的曲线。计算反应时采用增量 $\bar{\omega}\Delta t=80°$,连续分析 10 个增量。

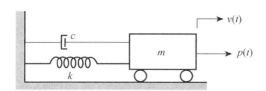

图 2-1(a) 理想化单自由度体系

**解:**

$$R(t)=\frac{1}{1-\beta^2}(\sin\bar{\omega}t-\beta\sin\omega t);$$

$$\beta=\frac{\bar{\omega}}{\omega};\ \omega=\frac{\bar{\omega}}{\beta}=\frac{\bar{\omega}}{0.8}=1.25\bar{\omega}$$

$$R(t)=\frac{1}{1-0.8^2}(\sin\bar{\omega}t-0.8\sin 1.25\bar{\omega}t)=2.778(\sin\bar{\omega}t-0.8\sin 1.25\bar{\omega}t)$$

| $\bar{\omega}t$ | 0 | 80° | 160° | 240° | 320° | 400° | 480° | 560° | 640° | 720° | 800° |
|---|---|---|---|---|---|---|---|---|---|---|---|
| $R_p(t)$ | 0 | 2.7358 | 0.9501 | −2.4058 | −1.7857 | 1.7857 | 2.4058 | −0.9501 | −2.7358 | 0.0000 | 2.7358 |
| $R_s(t)$ | 0 | −2.1886 | 0.7601 | 1.9247 | −1.4285 | −1.4285 | 1.9247 | 0.7601 | −2.1886 | 0.0000 | 2.1886 |
| $R(t)$ | 0 | 0.5472 | 1.7102 | −0.4812 | −3.2142 | 0.3571 | 4.3305 | −0.1900 | −4.9244 | 0.0000 | 4.9244 |

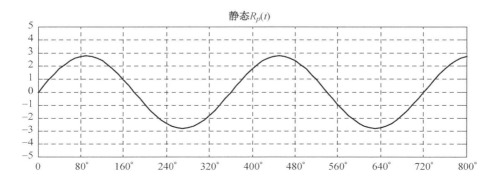

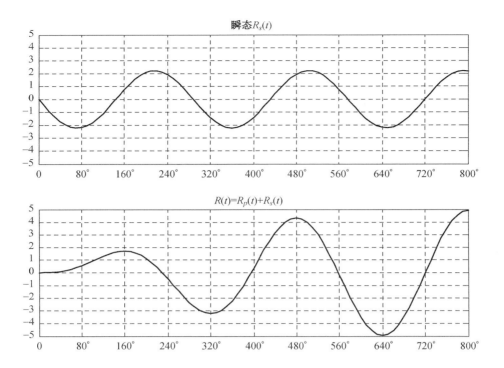

**3-2** 假定图 2-1a 所示的基本体系具有以下特性：$m = 2 \text{ kips} \cdot \text{s}^2/\text{in}[3.502 \times 10^5 \text{ kg}]$ 和 $k = 20 \text{ kips/in}[3\ 502 \text{ kN/m}]$，如果体系承受从静止条件开始的共振谐振载荷 $(\bar{\omega} = \omega)$，试确定四周后 $(\bar{\omega}t = 8\pi)$ 反应比 $R(t)$ 的值。假设：

(a) $c = 0$ [用式(3-38)]；

(b) $c = 0.5 \text{ kips} \cdot \text{s/in}[87.55 \text{ kN} \cdot \text{s/m}]$ [用式(3-37)]；

(c) $c = 2.0 \text{ kips} \cdot \text{s/in}[3.502 \times 10^5 \text{ kN} \cdot \text{s/m}]$ [用式(3-37)]。

**解：**

$$\omega = \sqrt{\frac{k}{m}} = \sqrt{\frac{3\ 502 \times 10^3}{3.502 \times 10^5}} = 3.162 \text{ rad/s}$$

(a) $c = 0$

$$R(t) \cong \frac{1}{2}(\sin \omega t - \omega t \cos \omega t) \quad (3\text{-}38)$$

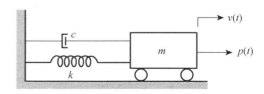

图 2-1(a)　理想化单自由度体系

$$R(t)\big|_{\omega t = 8\pi} \cong \frac{1}{2}[\sin(8\pi) - 8\pi\cos(8\pi)]$$

$= -4\pi = -12.566$

(b) $c = 0.5 \text{ kips} \cdot \text{s/in}[87.55 \text{ kN} \cdot \text{s/m}]$

$$R(t) \cong \frac{1}{2\xi}[(e^{-\xi\omega t} - 1)\cos \omega t + \xi e^{-\xi\omega t}\sin \omega t] \quad (3\text{-}37)$$

$$\xi = \frac{c}{c_{cr}} = \frac{c}{2m\omega} = \frac{87.55 \times 10^3}{2 \times 3.502 \times 10^5 \times 3.162} = 0.039\ 5$$

$$R(t)\mid_{\bar{\omega}t=8\pi} \cong \frac{1}{2\times 0.039\,5}[(e^{-0.039\,5\times 8\pi}-1)\cos(8\pi)+0.039\,5 e^{-0.039\,5\times 8\pi}\sin(8\pi)]$$
$$=-7.468$$

(c) $c = 2.0$ kips · s/in[$3.502\times 10^5$ kN · s/m]

$$R(t) \cong \frac{1}{2\xi}[(e^{-\xi\bar{\omega}t}-1)\cos\bar{\omega}t+\xi e^{-\xi\bar{\omega}t}\sin\bar{\omega}t] \qquad (3\text{-}37)$$

$$\xi = \frac{c}{c_{cr}} = \frac{c}{2m\omega} = \frac{350.2\times 10^3}{2\times 3.502\times 10^5\times 3.162} = 0.158\,1$$

$$R(t)\mid_{\bar{\omega}t=8\pi} \cong \frac{1}{2\times 0.158\,1}[(e^{-0.158\,1\times 8\pi}-1)\cos(8\pi)+0.158\,1 e^{-0.158\,1\times 8\pi}\sin(8\pi)]$$
$$=-2.603$$

**3-3** 除假定梁跨度减小到 $L = 36$ ft[10.97 m] 外，车辆和桥梁结构都和例题 E3-2 一样，试确定：

（a）车辆的速度为多少时将在车辆弹簧体系内产生共振；

（b）在共振时竖向运动的总振幅 $v_{\max}^t$；

（c）在速度为 45 mi/h[20.11 m/s] 时，竖向运动的总振幅 $v_{\max}^t$。

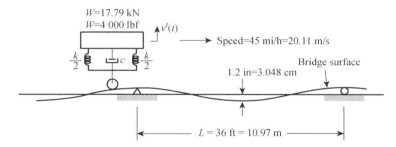

**解**：(a) $k = \dfrac{100\text{ lbf}}{0.08\text{ in}} = \dfrac{444.8\text{ N}}{2.032\times 10^{-3}\text{ m}} = 218.90$ kN/m[1 250 lb/in]

$$\omega = \bar{\omega} = \sqrt{\frac{k}{m}} = \sqrt{\frac{kg}{W}} = \sqrt{\frac{218.90\times 10^3\times 9.807}{17.79\times 10^3}} = 10.99 \text{ rad/s}$$

$$\bar{T} = \frac{2\pi}{\bar{\omega}};\quad \bar{T} = \frac{L}{V}$$

$$V = \frac{L}{\bar{T}} = \frac{L\bar{\omega}}{2\pi} = \frac{10.97\times 10.99}{2\pi} = 19.19 \text{ m/s}[755.51\text{ in/s}]$$

(b) $\xi = 0.4$；$\beta = 1$

$$v_{\max}^t = v_{g0} D\sqrt{1+(2\xi\beta)^2} = v_{g0}\left[\frac{1+(2\xi\beta)^2}{(1-\beta^2)^2+(2\xi\beta)^2}\right]^{\frac{1}{2}} \quad (\text{注：书中式(3-47)})$$

$$= v_{g0}\left[\frac{1+4\xi^2}{4\xi^2}\right]^{\frac{1}{2}} = 3.048\left[\frac{1+4\times 0.4^2}{4\times 0.4^2}\right]^{\frac{1}{2}} = 4.879 \text{ cm}[1.921\text{ in}]$$

(c) $\bar{T} = \dfrac{2\pi}{\bar{\omega}}$；$\bar{T} = \dfrac{L}{V}$；

$$\bar{\omega} = \frac{2\pi V}{L} = \frac{2\pi \times 20.11}{10.97} = 11.52 \text{ rad/s}$$

$$\beta = \frac{\bar{\omega}}{\omega} = \frac{11.52}{10.99} = 1.048$$

$$v_{\max}^t = v_{g0} D \sqrt{1+(2\xi\beta)^2} = v_{g0} \left[ \frac{1+(2\xi\beta)^2}{(1-\beta^2)^2+(2\xi\beta)^2} \right]^{\frac{1}{2}} \quad (\text{注:书中式}(3\text{-}47))$$

$$= 3.048 \left[ \frac{1+4\times(0.4\times1.048)^2}{(1-1.048^2)^2+(2\times0.4\times1.048)^2} \right]^{\frac{1}{2}} = 4.724 \text{ cm}[1.860 \text{ in}]$$

**3-4** 一个安装有精密仪器的支架放置在实验室的地板上,而地板以 20 Hz 的频率做竖向振动,振幅为 0.03 in[0.076 2 cm]。如果支架的重量为 800 lbf[3 558.4 N],试确定为使支架的竖向运动振幅减小到 0.005 in[0.012 7 cm]所需隔振系统的刚度。

**解**:假设 $\xi = 0$

$$TR = \frac{v_{\max}^t}{v_{g0}} = \frac{1}{\beta^2-1} \quad (\text{当}\beta > \sqrt{2}\text{时})$$

$$TR = \frac{v_{\max}^t}{v_{g0}} = \frac{0.012\ 7}{0.076\ 2} = \frac{1}{6}; \beta = \sqrt{\frac{1+TR}{TR}} = \sqrt{7} = 2.646$$

$$\beta = \frac{\bar{\omega}}{\omega} = \bar{\omega}\sqrt{\frac{m}{k}} = 2\pi\bar{f}\sqrt{\frac{W}{kg}} = 2\pi\times 20\times\sqrt{\frac{3\ 558.4}{9.807k}} = 2.646$$

$$k = 818.39 \text{ kN/m}[4.674 \text{ kips/in}]$$

**3-5** 一个重 6 500 lbf[28 912 N]的筛分机,当满载运行时,将在其支承上产生 12 Hz,700 lbf[3 113.6 N]的谐振力。当把机器安装在弹簧式隔振器上后,作用于支承上的谐振力幅值减小到 50 lbf[222.4 N]。试确定隔振装置的弹簧刚度 $k$。

**解**:假设 $\xi = 0$

$$TR = \frac{v_{\max}^t}{v_{g0}} = \frac{1}{\beta^2-1} \quad (\text{当}\beta > \sqrt{2}\text{时})$$

$$TR = \frac{f_{\max}}{p_0} = \frac{222.4}{3\ 113.6} = 0.071\ 4; \beta = \sqrt{\frac{1+TR}{TR}} = 3.873$$

$$\beta = \frac{\bar{\omega}}{\omega} = \bar{\omega}\sqrt{\frac{m}{k}} = 2\pi\bar{f}\sqrt{\frac{W}{kg}} = 2\pi\times 12\times\sqrt{\frac{28\ 912}{9.807k}} = 3.873$$

$$k = 1\ 117.30 \text{ kN/m}[6.381 \text{ kips/in}]$$

**3-6** 图 P3-1a 所示的结构可理想化为图 P3-1b 所示的等效体系。为了确定这个数学模型的 $c$ 和 $k$ 值,按图 P3-1c 对混凝土柱子进行了谐振荷载试验,当试验频率为 $\bar{\omega} = 10$ rad/s 时,得到如图 P3-1d 所示的力-变位(滞变)曲线,根据这些数据:

(a)确定刚度 $k$;

(b)假定为粘滞阻尼机理,试确定名义粘滞阻尼比 $\xi$ 和阻尼系数 $c$;

(c)假定为滞变阻尼机理,试确定名义滞变阻尼系数 $\zeta$。

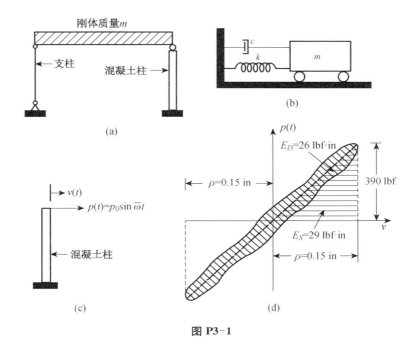

图 P3-1

**解**：$E_S = 29 \text{ lb} \cdot \text{in} = 3.277 \text{ N} \cdot \text{m}$

$E_D = 26 \text{ lb} \cdot \text{in} = 2.938 \text{ N} \cdot \text{m}$

(a) $E_S = \dfrac{1}{2} k \rho^2$

$$k = \dfrac{2 E_S}{\rho^2} = \dfrac{2 \times 3.277}{0.381^2 \times 10^{-4}}$$

$= 451.50 \text{ kN/m} [2.578 \text{ kips/in}]$

(b) $E_D = 2\pi \xi m \omega^2 \rho^2 = 4\pi \xi E_S$

$$\xi = \dfrac{E_D}{4\pi E_S} = \dfrac{2.938}{4\pi \times 3.277} = 0.071\,3$$

$c = \xi c_c = \xi \times 2 m \omega = \xi \times 2 \dfrac{k}{\omega}$

$= 0.071\,3 \times 2 \times \dfrac{451.50 \times 10^3}{10} = 6\,438.39 \text{ N} \cdot \text{s/m} [36.77 \text{ lb} \cdot \text{s/in}]$

(c) $\zeta = \pi \xi = \pi \times 0.071\,3 = 0.224\,0$

**3-7** 用频率 $\bar{\omega} = 20 \text{ rad/s}$ 重做习题 3-6 中的试验，并假设所得到的力-变位曲线(图 P3-1d)不变，在这种情况下：

(a) 试确定名义粘滞阻尼值 $\xi$ 和 $c$；

(b) 试确定名义滞变阻尼系数 $\zeta$；

(c) 根据这两次实验 ($\bar{\omega} = 10 \text{ rad/s}$ 和 $\bar{\omega} = 20 \text{ rad/s}$)，试问用哪种阻尼机理显得更合理——粘滞阻尼还是滞变阻尼？

**解：** 因为：$E_D$ 和 $E_S$ 不变，所以：

$$k = \frac{2E_S}{\rho^2} = \frac{2 \times 3.277}{0.381^2 \times 10^{-4}} = 451.50 \text{ kN/m} [2.578 \text{ kips/in}]$$

(a) $\xi = \dfrac{E_D}{4\pi E_S} = \dfrac{2.938}{4\pi \times 3.277} = 0.071\,3$

$$c = \xi c_c = \xi \times 2m\omega = \xi \times 2\frac{k}{\omega}$$

$$= 0.071\,3 \times 2 \times \frac{451.50 \times 10^3}{20} = 3\,219.20 \text{ N·s/m} [18.38 \text{ lb·s/in}]$$

(b) $\zeta = \pi\xi = \pi \times 0.071\,3 = 0.224\,0$

(c) 因为 $\zeta$ 和 $\bar{\omega}$ 无关（$\bar{\omega} = 10$ rad/s 和 $\bar{\omega} = 20$ rad/s 时，$\xi = 0.071\,3$），所以滞变阻尼较合理。

**3-8** 如果习题 3-6 中体系的阻尼确实用图 P3-1b 所示的粘滞阻尼器来提供，试求用 $\bar{\omega} = 20$ rad/s 进行试验时所得 $E_D$（书中 $\omega_D$ 有误）的值为多少？

**解：** $E_D = 2\pi\xi m\omega^2\rho^2 = p_0\pi\rho = 1\,734.72 \times \pi \times 0.381 \times 10^{-2} = 20.76$ N·m[183.72 lb·in]

# 第 4 章 对周期性荷载的反应

**4-1** 图 P4-1 所示周期荷载的表达式如下所示,试用式(4-3)的方法确定系数 $a_n$ 和 $b_n$,将周期荷载表示成式(4-1)形式的 Fourier 级数。

$$p(t) = p_0 \sin\left(\frac{3\pi}{T_p}t\right) \quad (0 < t < 2\pi)$$
$$p(t) = 0 \quad (2\pi < t < 3\pi)$$

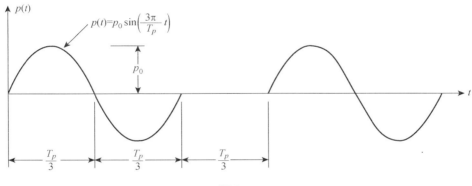

图 P4-1

**解:** $T_p = 3\pi$; $\bar{\omega}_n = n\bar{\omega}_1 = \dfrac{2n\pi}{T_p} = \dfrac{2n\pi}{3\pi} = \dfrac{2n}{3}$

$$a_n = \frac{2}{T_p}\int_0^{T_p} p(t)\cos(\bar{\omega}_n t)\,\mathrm{d}t = \frac{2}{3\pi}\int_0^{2\pi} p_0 \sin\left(\frac{3\pi}{T_p}t\right)\cos\left(\frac{2n\pi}{T_p}t\right)\mathrm{d}t$$

$$= \frac{p_0}{3\pi}\int_0^{2\pi}\left[\sin\left(\frac{3+2n}{3}t\right) + \sin\left(\frac{3-2n}{3}t\right)\right]\mathrm{d}t$$

$$= -\frac{p_0}{3\pi}\left[\frac{3}{3+2n}\cos\left(\frac{3+2n}{3}t\right) + \frac{3}{3-2n}\cos\left(\frac{3-2n}{3}t\right)\right]_0^{2\pi}$$

$$= \frac{p_0}{\pi}\frac{6}{9-4n^2}\left[1 - \cos\left(\frac{4}{3}n\pi\right)\right]$$

$$= \begin{cases} 0 & n = 3m \\ \dfrac{9p_0}{(9-4n^2)\pi} & n \neq 3m \end{cases} \quad \text{注:} \cos\left(\frac{4}{3}n\pi\right) = \begin{cases} 1 & n = 3m \\ -\dfrac{1}{2} & n \neq 3m \end{cases}$$

$$b_n = \frac{2}{T_p}\int_0^{T_p} p(t)\sin(\bar{\omega}_n t)\,\mathrm{d}t = \frac{2}{3\pi}\int_0^{2\pi} p_0 \sin\left(\frac{3\pi}{T_p}t\right)\sin\left(\frac{2n\pi}{T_p}t\right)\mathrm{d}t$$

$$= \frac{p_0}{3\pi} \int_0^{2\pi} \left[ \cos\left(\frac{2n-3}{3}t\right) - \cos\left(\frac{2n+3}{3}t\right) \right] dt$$

$$= \frac{p_0}{3\pi} \left[ \frac{3}{2n-3} \sin\left(\frac{2n-3}{3}t\right) - \frac{3}{2n+3} \sin\left(\frac{2n+3}{3}t\right) \right]_0^{2\pi}$$

$$= \frac{p_0}{\pi} \left[ \frac{1}{2n-3} \sin\left(\frac{2n-3}{3}2\pi\right) - \frac{1}{2n+3} \sin\left(\frac{2n+3}{3}2\pi\right) \right]$$

$$= \frac{p_0}{\pi} \left[ \frac{1}{2n-3} \sin\left(\frac{4n\pi}{3}\right) - \frac{1}{2n+3} \sin\left(\frac{4n\pi}{3}\right) \right]$$

$$= \frac{p_0}{\pi} \sin\left(\frac{4n\pi}{3}\right) \left[ \frac{1}{2n-3} - \frac{1}{2n+3} \right]$$

$$= \frac{p_0}{\pi} \sin\left(\frac{4n\pi}{3}\right) \frac{6}{4n^2-9}$$

$$= \begin{cases} 0 & n = 3m \\ \dfrac{3\sqrt{3}\,p_0}{(9-4n^2)\pi} & n = 3m+1 \\ \dfrac{-3\sqrt{3}\,p_0}{(9-4n^2)\pi} & n = 3m+2 \end{cases}$$

$$a_0 = \frac{1}{T_p} \int_0^{T_p} p(t)\,dt = \frac{1}{3\pi} \int_0^{2\pi} p_0 \sin\left(\frac{3\pi}{3\pi}t\right) dt = \frac{p_0}{3\pi} \left[-\cos(t)\right]_0^{2\pi} = 0$$

$$p(t) = a_0 + \sum_{n=1}^{\infty} a_n \cos \bar{\omega}_n t + \sum_{n=1}^{\infty} b_n \sin \bar{\omega}_n t = \sum_{n=1}^{\infty} a_n \cos \frac{2}{3}nt + \sum_{n=1}^{\infty} b_n \sin \frac{2}{3}nt$$

**4-2** 对如图 P4-2 所示周期荷载,重做习题 4-1。(书中题图周期标注有误)

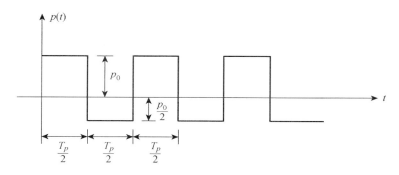

图 P4-2

**解:** $\bar{\omega}_n = n\bar{\omega}_1 = \dfrac{2n\pi}{T_p}$

$$p(t) = \begin{cases} p_0 & 0 \leqslant t \leqslant \dfrac{T_p}{2} \\ -\dfrac{p_0}{2} & \dfrac{T_p}{2} \leqslant t \leqslant T_p \end{cases}$$

$$a_n = \frac{2}{T_p}\int_0^{T_p} p(t)\cos(\bar{\omega}_n t)\mathrm{d}t = \frac{2}{T_p}\int_0^{T_p} p(t)\cos\left(\frac{2n\pi}{T_p}t\right)\mathrm{d}t$$

$$= \frac{2}{T_p}\int_0^{\frac{T_p}{2}} p_0\cos\left(\frac{2n\pi}{T_p}t\right)\mathrm{d}t + \frac{2}{T_p}\int_{\frac{T_p}{2}}^{T_p}\left(-\frac{p_0}{2}\right)\cos\left(\frac{2n\pi}{T_p}t\right)\mathrm{d}t$$

$$= \frac{2p_0}{T_p}\left\{\left[\frac{T_p}{2n\pi}\sin\left(\frac{2n\pi}{T_p}t\right)\right]_0^{\frac{T_p}{2}} - \left[\frac{T_p}{4n\pi}\sin\left(\frac{2n\pi}{T_p}t\right)\right]_{\frac{T_p}{2}}^{T_p}\right\}$$

$$= \frac{p_0}{n\pi}\left[\sin n\pi - \sin 0 - \frac{1}{2}\sin 2n\pi + \frac{1}{2}\sin n\pi\right] = 0$$

$$b_n = \frac{2}{T_p}\int_0^{T_p} p(t)\sin(\bar{\omega}_n t)\mathrm{d}t = \frac{2}{T_p}\int_0^{T_p} p(t)\sin\left(\frac{2n\pi}{T_p}t\right)\mathrm{d}t$$

$$= \frac{2}{T_p}\int_0^{\frac{T_p}{2}} p_0\sin\left(\frac{2n\pi}{T_p}t\right)\mathrm{d}t + \frac{2}{T_p}\int_{\frac{T_p}{2}}^{T_p}\left(-\frac{p_0}{2}\right)\sin\left(\frac{2n\pi}{T_p}t\right)\mathrm{d}t$$

$$= \frac{2p_0}{T_p}\left\{\left[-\frac{T_p}{2n\pi}\cos\left(\frac{2n\pi}{T_p}t\right)\right]_0^{\frac{T_p}{2}} + \left[\frac{T_p}{4n\pi}\cos\left(\frac{2n\pi}{T_p}t\right)\right]_{\frac{T_p}{2}}^{T_p}\right\}$$

$$= \frac{p_0}{n\pi}\left[-\cos n\pi + \cos 0 + \frac{1}{2}\cos 2n\pi - \frac{1}{2}\cos n\pi\right]$$

$$= \begin{cases} \dfrac{3p_0}{n\pi} & n\text{:奇数} \\ 0 & n\text{:偶数} \end{cases}$$

$$a_0 = \frac{1}{T_p}\int_0^{T_p} p(t)\mathrm{d}t = \frac{1}{T_p}\int_0^{\frac{T_p}{2}} p_0\mathrm{d}t - \frac{1}{2T_p}\int_{\frac{T_p}{2}}^{T_p} p_0\mathrm{d}t = \frac{p_0}{4}$$

$$p(t) = \frac{p_0}{4} + \sum_{n=1}^{\infty}\frac{3p_0}{n\pi}\sin\left(\frac{2n\pi}{T_p}\right)t \quad (n\text{ 为奇数})$$

$$= \frac{p_0}{4} + \frac{3p_0}{\pi}\left[\sin\left(\frac{2\pi}{T_p}\right)t + \frac{1}{3}\sin\left(\frac{6\pi}{T_p}\right)t + \frac{1}{5}\sin\left(\frac{10\pi}{T_p}\right)t + \cdots\right]$$

**4-3** 假定结构有 10% 的临界阻尼,试求解例题 E4-1 的问题。

**解:**

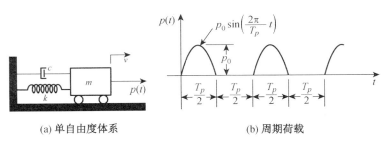

(a) 单自由度体系　　　　　　　　(b) 周期荷载

图 E4-1　周期荷载反应分析例子

$$a_0 = \frac{1}{T_p}\int_0^{\frac{T_p}{2}} p_0\sin\frac{2\pi t}{T_p}\mathrm{d}t = \frac{p_0}{\pi}$$

$$a_n = \frac{2}{T_p}\int_0^{\frac{T_p}{2}} p_0 \sin\frac{2\pi t}{T_p}\cos\frac{2\pi nt}{T_p}\mathrm{d}t = \begin{cases} 0 & n\text{ 为奇数} \\ \dfrac{p_0}{\pi}\dfrac{2}{1-n^2} & n\text{ 为偶数}\end{cases}$$

$$b_n = \frac{2}{T_p}\int_0^{\frac{T_p}{2}} p_0 \sin\frac{2\pi t}{T_p}\sin\frac{2\pi nt}{T_p}\mathrm{d}t = \begin{cases} \dfrac{p_0}{2} & n=1 \\ 0 & n\neq 1\end{cases}$$

$$\bar{\omega} = \frac{2\pi}{T_p};\beta_1 = \frac{\bar{\omega}}{\omega} = \frac{T}{T_p} = \frac{3}{4};\beta_n = n\beta_1 = \frac{3}{4}n;\xi = 10\% = 0.1$$

$$p(t) = \frac{p_0}{\pi}\left(1 + \frac{\pi}{2}\sin\bar{\omega}_1 t - \sum_{n=1}^{\infty}\frac{2}{(2n)^2-1}\cos 2n\bar{\omega}_1 t\right)$$

$$v(t) = \frac{a_0}{k} + \frac{1}{k}\sum_{n=1}^{\infty}\frac{a_n}{(1-\beta_n^2)^2+(2\xi\beta_n)^2}\times[2\xi\beta_n\sin\bar{\omega}_n t + (1-\beta_n^2)\cos\bar{\omega}_n t]$$

$$+ \frac{1}{k}\sum_{n=1}^{\infty}\frac{b_n}{(1-\beta_n^2)^2+(2\xi\beta_n)^2}\times[(1-\beta_n^2)\sin\bar{\omega}_n t - 2\xi\beta_n\cos\bar{\omega}_n t]$$

$$= \frac{p_0}{k\pi} + \frac{p_0}{k\pi}\sum_{n=1}^{\infty}\frac{1}{\left(1-\left(\dfrac{3}{4}\times 2n\right)^2\right)^2 + \left(2\times 0.1\times\dfrac{3}{4}\times 2n\right)^2}$$

$$\times\frac{2}{1-(2n)^2}\left[2\times 0.1\times\frac{3}{4}\times 2n\sin 2n\bar{\omega}_1 t + \left(1-\left(\frac{3}{4}\times 2n\right)^2\right)\cos 2n\bar{\omega}_1 t\right]$$

$$+ \frac{p_0}{2k}\frac{1}{\left(1-\left(\dfrac{3}{4}\right)^2\right)^2 + \left(2\times 0.1\times\dfrac{3}{4}\right)^2}$$

$$\times\left[\left(1-\left(\frac{3}{4}\right)^2\right)\sin\bar{\omega}_1 t - 2\times 0.1\times\frac{3}{4}\cos\bar{\omega}_1 t\right]$$

$$v(t) = \frac{p_0}{k}\Big[\frac{1}{\pi} + 1.023\sin(\bar{\omega}_1 t) - 0.3506\cos(\bar{\omega}_1 t)$$
$$\quad - 0.0385\sin(2\bar{\omega}_1 t) + 0.1605\cos(2\bar{\omega}_1 t)$$
$$\quad - 0.0003957\sin(4\bar{\omega}_1 t) + 0.005275\cos(4\bar{\omega}_1 t) + \cdots\Big]$$

**4-4** 类似于图 3-6 那样，按规定比例建立一个表示作用力、稳态惯性力、阻尼力和弹性恢复力矢量的 Argand 图。假定结构具有 15% 的临界阻尼，承受谐振载荷 $p(t) = p_0\exp(\mathrm{i}\bar{\omega}t)$ 作用，其中 $\bar{\omega} = (6/5)\omega$（也即 $\beta = 6/5$），在 $\bar{\omega}t = \pi/4$ 时绘制图形。

**解：** $m\ddot{v} + c\dot{v} + kv = p_0\exp(\mathrm{i}\bar{\omega}t)$

$$\ddot{v} + 2\xi\omega\dot{v} + \omega^2 v = \frac{p_0}{m}\exp(\mathrm{i}\bar{\omega}t)$$

稳态解：$v = \dfrac{p_0}{k}\dfrac{1}{\sqrt{(1-\beta^2)^2+(2\xi\beta)^2}}\mathrm{e}^{\mathrm{i}(\bar{\omega}t-\varphi)} = \rho\mathrm{e}^{\mathrm{i}(\bar{\omega}t-\varphi)}$ 其中：$\rho = \dfrac{p_0}{k}D$，

$$D = \frac{1}{\sqrt{(1-\beta^2)^2+(2\xi\beta)^2}} = \frac{1}{\sqrt{\left[1-\left(\dfrac{6}{5}\right)^2\right]^2 + \left(2\times 0.15\times\dfrac{6}{5}\right)^2}} = 1.759$$

$$\varphi = \arctan\frac{2\xi\beta}{1-\beta^2} = \arctan\frac{2\times 0.15\times 6/5}{1-(6/5)^2} = -0.6857 \text{ rad} = -0.2183\pi \text{ rad} = -39.29°$$

当 $\bar{\omega}t = \pi/4$ 时

$$v = \frac{p_0}{k}\frac{1}{\sqrt{(1-\beta^2)^2+(2\xi\beta)^2}}e^{i(\bar{\omega}t-\varphi)} = 1.759\frac{p_0}{k}e^{i(\frac{\pi}{4}+0.2183\pi)}$$

$$f_S = kv = 1.759 p_0 e^{i(\frac{\pi}{4}+0.2183\pi)}$$

$$f_D = c\dot{v} = \frac{p_0}{k}\frac{ic\bar{\omega}}{\sqrt{(1-\beta^2)^2+(2\xi\beta)^2}}e^{i(\bar{\omega}t-\varphi)} = 0.6332 p_0 e^{i(\frac{\pi}{4}+0.2183\pi+\frac{\pi}{2})}$$

$$f_I = m\ddot{v} = \frac{p_0}{k}\frac{-m\bar{\omega}^2}{\sqrt{(1-\beta^2)^2+(2\xi\beta)^2}}e^{i(\bar{\omega}t-\varphi)} = -2.533 p_0 e^{i(\frac{\pi}{4}+0.2183\pi)}$$

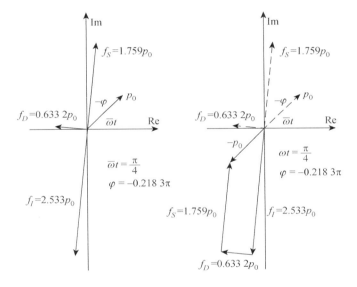

**4-5** 周期荷载如图 P4-3 所示,可用如下级数表示

$$p(t) = \sum_{n=1}^{\infty} b_n \sin\bar{\omega}_n t \quad \text{其中:} b_n = -\frac{2p_0}{n\pi}(-1)^n$$

对此荷载的一个完整周期,仅考虑级数的前四项,计算时的时间增量取为 $\bar{\omega}\Delta t = 30°$,绘制图 E4-1a 所示结构稳态反应。

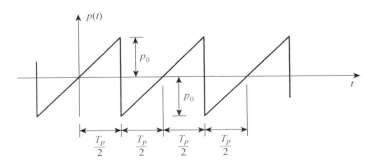

图 P4-3

**解：** 假设无阻尼，即 $\xi = 0$

$$v(t) = \frac{1}{k}\sum_{n=1}^{\infty}\frac{b_n}{1-\beta_n^2}\sin n\bar{\omega}_1 t = -\frac{2p_0}{k\pi}\sum_{n=1}^{\infty}\frac{(-1)^n}{n(1-\beta_n^2)}\sin n\bar{\omega}_1 t$$

$$= \frac{2p_0}{k\pi}\left[\frac{1}{1-\beta_1^2}\sin\bar{\omega}_1 t - \frac{1}{2(1-\beta_2^2)}\sin 2\bar{\omega}_1 t\right.$$

$$\left. + \frac{1}{3(1-\beta_3^2)}\sin 3\bar{\omega}_1 t - \frac{1}{4(1-\beta_4^2)}\sin 4\bar{\omega}_1 t + \cdots\right]$$

设 $\beta_1 = \dfrac{3}{4}$，$\beta_n = n\beta_1 = \dfrac{3}{4}n$

$$v(t) = \frac{2p_0}{k\pi}(2.286\sin\bar{\omega}_1 t + 0.4\sin 2\bar{\omega}_1 t - 0.082\,1\sin 3\bar{\omega}_1 t + 0.031\,3\sin 4\bar{\omega}_1 t + \cdots)$$

$$= \frac{2p_0}{k\pi}F(t)$$

| $\bar{\omega}_1 t$ | 0 | 30° | 60° | 90° | 120° | 150° | 180° | 210° | 240° | 270° | 300° | 330° | 360° |
|---|---|---|---|---|---|---|---|---|---|---|---|---|---|
| $F(t)$ | 0 | 1.434 4 | 2.299 0 | 2.368 1 | 1.660 4 | 0.687 4 | 0 | −0.687 4 | −1.660 4 | −2.368 1 | −2.299 0 | −1.434 4 | 0 |

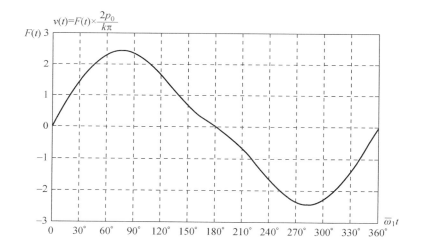

# 第 5 章 对冲击荷载的反应

**5-1** 考察图 2-1a 中具有如下特性的基本动力体系:$W = 600$ lbf[2 668.8 N]($m = W/g$)而 $k = 1\,000$ lbf/in[175.1 kN]。假定体系承受幅值为 $p_0 = 500$ lbf[2 224 N],持续时间为 $t_1 = 0.15$ s 的半正弦冲击波(图 5-2)。试确定:

(a) 最大反应出现的时间;

(b) 由这个荷载引起的最大弹簧力;利用图 5-6 获得的结果来校核这个结果。

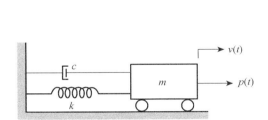

图 2-1(a) 理想化单自由度体系

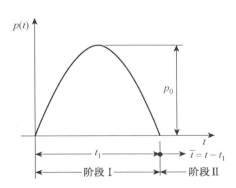

图 5-2 半正弦波脉冲

**解:** (a) $\omega = \sqrt{\dfrac{k}{m}} = \sqrt{\dfrac{kg}{W}} = \sqrt{\dfrac{175.1 \times 1\,000 \times 9.807}{2\,668.8}} = 25.36$ rad/s

$T = \dfrac{2\pi}{\omega} = \dfrac{2\pi}{25.36} = 0.247\,8$ s,$\dfrac{t_1}{T} = \dfrac{0.15}{0.247\,8} = 0.605\,3 > 0.5$,$v_{\max}$ 出现在第一阶段

$\bar{\omega} = \dfrac{\pi}{t_1} = \dfrac{\pi}{0.15} = 20.94$ rad/s;$\beta = \dfrac{\bar{\omega}}{\omega} = \dfrac{20.94}{25.36} = 0.825\,7$

$R(\alpha) = \dfrac{1}{1-\beta^2}\left(\sin \pi\alpha - \beta \sin \dfrac{\pi\alpha}{\beta}\right)$,其中 $\alpha = \dfrac{t}{t_1}$

$\dfrac{\mathrm{d}R(\alpha)}{\mathrm{d}\alpha} = \dfrac{\pi}{1-\beta^2}\left(\cos \pi\alpha - \cos \dfrac{\pi\alpha}{\beta}\right) = 0$

$\alpha = \dfrac{t^*}{t_1} = \dfrac{2\beta}{1+\beta} = \dfrac{2 \times 0.825\,7}{1+0.825\,7} = 0.904\,5$

$t^* = \alpha t_1 = 0.904\,5 \times 0.15 = 0.135\,7$ s

(b) $v_{\max} = \dfrac{p_0}{k} \dfrac{1}{1-\beta^2}\left(\sin \pi\alpha - \beta \sin \dfrac{\pi\alpha}{\beta}\right)$

$$= \frac{2\ 224}{175.1\times 10^3}\frac{1}{1-(0.825\ 7)^2}\Big[\sin(\pi\times 0.904\ 5)-0.825\ 7\sin\Big(\frac{\pi\times 0.904\ 5}{0.825\ 7}\Big)\Big]$$
$$= 2.153\ \text{cm}[0.847\ 6\ \text{in}]$$

$f_{S\max}=kv_{\max}=175.1\times 10^3\times 2.153\times 10^{-2}=3.770\ \text{kN}[847.57\ \text{lb}]$

又 $\dfrac{t_1}{T}=\dfrac{0.15}{0.247\ 8}=0.605\ 3$；$D=1.7$（利用图 5-6 获得）

$v_{\max}=\dfrac{p_0}{k}D=\dfrac{2\ 224}{175.1\times 10^3}\times 1.7=2.159\ \text{cm}[0.849\ 2\ \text{in}]$

$f_{S\max}=p_0 D=2\ 224\times 1.7=3.781\ \text{kN}[850.05\ \text{lb}]$

**5-2** 从零线性增大到峰值的三角形脉冲可用 $p(t)=p_0(t/t_1)$ 表示（$0<t<t_1$），
(a) 试推导在此荷载作用下从"静止"条件开始的单自由度结构反应的表达式；
(b) 如果 $t_1=3\pi/\omega$，试确定由此荷载引起的最大反应比
$$R_{\max}=\frac{v_{\max}}{p_0/k}$$

**解**：设无阻尼

(a) $m\ddot{v}+kv=p(t)=p_0\dfrac{t}{t_1},\ 0<t<t_1$

齐次方程的通解：$v_c=A\cos\omega t+B\sin\omega t$

假设非齐次方程的特解：$v_p=Et+F$

代入方程：$k(Et+F)=p_0\dfrac{t}{t_1}$，得：$F=0$，$E=\dfrac{p_0}{kt_1}$，$v_p=\dfrac{p_0}{k}\dfrac{t}{t_1}$

方程的解：$v=v_c+v_p=A\cos\omega t+B\sin\omega t+\dfrac{p_0}{k}\dfrac{t}{t_1}$

$v(0)=0$，$A=0$；$\dot{v}(0)=B\omega+\dfrac{p_0}{kt_1}=0$，$B=-\dfrac{p_0}{k\omega t_1}$

$v=\dfrac{p_0}{kt_1}\Big(t-\dfrac{\sin\omega t}{\omega}\Big),\ 0<t<t_1$

当 $t>t_1$ 时

$v(\bar{t})=\dfrac{\dot{v}(t_1)}{\omega}\sin\omega\bar{t}+v(t_1)\cos\omega\bar{t}\quad \bar{t}=t-t_1\geqslant 0$

$=\dfrac{p_0}{k}\dfrac{1}{\omega t_1}[\sin\omega\bar{t}+\omega t_1\cos\omega\bar{t}-\sin\omega(\bar{t}+t_1)]$

(b) 当 $0<t<t_1$ 时，第一阶段出现 $R_{\max}$，则

$\dfrac{\mathrm{d}v}{\mathrm{d}t}=\dfrac{p_0}{kt_1}(1-\cos\omega t^*)=0$，$\omega t^*=2n\pi$，$n=1,2,3,\cdots$

$v_{\max}=\dfrac{p_0}{kt_1}\Big(\dfrac{2n\pi}{\omega}-\dfrac{\sin(2n\pi)}{\omega}\Big)=\dfrac{p_0}{kt_1}(nT)$

$(R_{\max})_1=\dfrac{v_{\max}}{p_0/k}=\dfrac{nT}{t_1}\leqslant 1$  （因为 $t^*=\dfrac{2n\pi}{\omega}=nT<t_1$）

$n \leqslant \dfrac{t_1}{T}(n$ 为正整数)

当 $t_1 = \dfrac{3\pi}{\omega} = \dfrac{3}{2}\dfrac{2\pi}{\omega} = \dfrac{3}{2}T$ 时

取 $n = 1, (R_{max})_1 = \dfrac{T}{t_1} = \dfrac{T}{3T/2} = \dfrac{2}{3} = 0.667$

当 $t > t_1$ 时,第二阶段出现 $R_{max}$,则

$$v_{max} = \left[\left(\dfrac{\dot{v}(t_1)}{\omega}\right)^2 + v^2(t_1)\right]^{\frac{1}{2}}$$

$$= \dfrac{p_0}{kt_1}\left[\left(\dfrac{1-\cos\omega t_1}{\omega}\right)^2 + \left(t_1 - \dfrac{\sin\omega t_1}{\omega}\right)^2\right]^{\frac{1}{2}}$$

$$= \dfrac{p_0}{kt_1\omega}[2 - 2\cos\omega t_1 - 2t_1\omega\sin\omega t_1 + (\omega t_1)^2]^{\frac{1}{2}}$$

当 $\omega t_1 = 3\pi$ 时

$$v_{max} = \dfrac{p_0}{3k\pi}[2 + 2 + (3\pi)^2]^{\frac{1}{2}} = 1.022\dfrac{p_0}{k}$$

$(R_{max})_2 = \dfrac{v_{max}}{p_0/k} = 1.022$

因为 $(R_{max})_2 > (R_{max})_1$,所以,最大反应比 $R_{max} = 1.022$ 出现在第二阶段,即自由振动阶段。

**5-3** 一个四分之一余弦波脉冲用下式表示

$$p(t) = p_0\cos\bar{\omega}t \quad 0 < t < \dfrac{\pi}{2\bar{\omega}}$$

(a) 试推导从静止开始由此脉冲荷载引起的反应表达式;

(b) 如果 $\bar{\omega} = \omega$,试确定最大反应比

$$R_{max} = \dfrac{v_{max}}{p_0/k}$$

**解:** (a) 当 $0 < t < t_1$ 时,$t_1 = \dfrac{\pi}{2\bar{\omega}}$

$m\ddot{v} + kv = p(t) = p_0\cos\bar{\omega}t$

齐次方程的通解:$v_c = A\cos\omega t + B\sin\omega t$

假设非齐次方程的特解:$v_p = E\cos\bar{\omega}t + F\sin\bar{\omega}t$

代入方程:$(kE - mE\bar{\omega}^2)\cos\bar{\omega}t + (kF - mF\bar{\omega}^2)\sin\bar{\omega}t = p_0\cos\bar{\omega}t$

得:$F = 0, E = \dfrac{p_0}{k - m\bar{\omega}^2} = \dfrac{p_0}{k}\dfrac{1}{1-\beta^2}, v_p = \dfrac{p_0}{k}\dfrac{1}{1-\beta^2}\cos\bar{\omega}t$

方程的解:$v = v_c + v_p = A\cos\omega t + B\sin\omega t + \dfrac{p_0}{k}\dfrac{1}{1-\beta^2}\cos\bar{\omega}t$

$v(0) = 0, A = -\dfrac{p_0}{k}\dfrac{1}{1-\beta^2};$

$$\dot{v} = -\omega A \sin \omega t + \omega B \cos \omega t - \frac{p_0}{k} \frac{\bar{\omega}}{1-\beta^2} \sin \bar{\omega} t$$

$\dot{v}(0) = 0$, $B = 0$

$$v = \frac{p_0}{k} \frac{1}{1-\beta^2}(\cos \bar{\omega} t - \cos \omega t)$$

当 $t > t_1$ 时，$t_1 = \frac{\pi}{2\bar{\omega}}$

$$v(\bar{t}) = \frac{\dot{v}(t_1)}{\omega} \sin \omega \bar{t} + v(t_1)\cos \omega \bar{t} \quad \bar{t} = t - t_1 \geqslant 0$$

$$v(t_1) = \frac{p_0}{k} \frac{1}{1-\beta^2}(\cos \bar{\omega} t_1 - \cos \omega t_1) = -\frac{p_0}{k} \frac{1}{1-\beta^2} \cos \omega t_1$$

$$\dot{v}(t) = \frac{p_0}{k} \frac{1}{1-\beta^2}(-\bar{\omega} \sin \bar{\omega} t + \omega \sin \omega t)$$

$$\dot{v}(t_1) = \frac{p_0}{k} \frac{1}{1-\beta^2}(-\bar{\omega} + \omega \sin \omega t_1)$$

$$v(\bar{t}) = \frac{p_0}{k} \frac{1}{1-\beta^2}(-\beta + \sin \omega t_1)\sin \omega \bar{t} - \frac{p_0}{k} \frac{1}{1-\beta^2}\cos \omega t_1 \cos \omega \bar{t}$$

$$= \frac{p_0}{k} \frac{1}{1-\beta^2}[(-\beta + \sin \omega t_1)\sin \omega \bar{t} - \cos \omega t_1 \cos \omega \bar{t}]$$

$$= \frac{p_0}{k} \frac{1}{1-\beta^2}(-\beta \sin \omega \bar{t} + \sin \omega t_1 \sin \omega \bar{t} - \cos \omega t_1 \cos \omega \bar{t})$$

$$= \frac{p_0}{k} \frac{1}{1-\beta^2}[-\beta \sin \omega \bar{t} - \cos(\omega t_1 + \omega \bar{t})]$$

$$= -\frac{p_0}{k} \frac{1}{1-\beta^2}(\beta \sin \omega \bar{t} + \cos \omega t)$$

(b) 当 $0 < t < t_1$ 时

$$R = \frac{v}{p_0/k} = \frac{1}{1-\beta^2}(\cos \bar{\omega} t - \cos \omega t)$$

令 $\alpha = \frac{t}{t_1} = \frac{2\bar{\omega} t}{\pi}$，则 $\bar{\omega} t = \frac{\pi \alpha}{2}$；$\omega t = \frac{\pi \alpha}{2\beta}$

$$R = \frac{1}{1-\beta^2}\left(\cos \frac{\pi \alpha}{2} - \cos \frac{\pi \alpha}{2\beta}\right)$$

应用 L'Hospital 法则

$$R = \frac{\pi \alpha}{4\beta^3} \sin \frac{\pi \alpha}{2\beta}; (R_{\max})_1 = \frac{\pi}{4}$$

当 $t > t_1$ 时

$$R = \frac{v}{p_0/k} = -\frac{1}{1-\beta^2}(\beta \sin \omega \bar{t} + \cos \omega t)$$

$$=-\frac{1}{1-\beta^2}[\beta\sin\omega(t-t_1)+\cos\omega t]$$

$$=-\frac{1}{1+\beta}\cos\omega t \quad \left(因为 \omega t_1=\frac{\pi}{2}\right)$$

$$(R_{\max})_2=\frac{1}{2}$$

因为$(R_{\max})_2<(R_{\max})_1$,所以,最大反应比$R_{\max}=\dfrac{\pi}{4}$出现在第一阶段,即冲击载荷作用阶段。

**5-4** 图 2-1a 所示基本的单自由度体系,其特性为 $k=20$ kips/in[3 502 kN/m], $m=4$ kips·$s^2$/in[700.4×10³ kg],承受图 5-5 所示的三角形脉冲,其中 $p_0=15$ kips [66.72 kN], $t_1=0.15T$。

(a) 利用图 5-6 的震动反应谱,试确定最大弹性力 $f_{S\max}$;

(b) 利用式(5-21),近似地计算最大位移和弹性力,并与(a)所得结果比较。

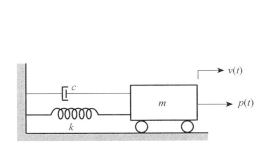

图 2-1(a) 理想化单自由度体系

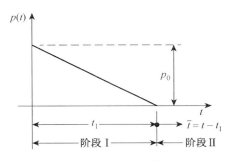

图 5-5 三角形脉冲

**解**:(a) $\dfrac{t_1}{T}=0.15$;$D=0.475$(见图 5-6,插值法 0.12,0.4;0.20,0.6)

$$f_{S\max}=kv_{\max}=k\frac{p_0}{k}D=66.72\times0.475=31.69 \text{ kN}[7.125 \text{ kips}]$$

(b) $v(\bar{t})\approx\dfrac{1}{m\omega}\left(\int_0^{t_1}p(t)\mathrm{d}t\right)\sin\omega\bar{t}$  (5-21)

$$v_{\max}\approx\frac{1}{m\omega}\int_0^{t_1}p(t)\mathrm{d}t=\frac{1}{m\omega}\left(\frac{1}{2}p_0t_1\right)=\frac{\omega}{2k}p_0t_1$$

$$=\frac{p_0}{2k}\times\frac{2\pi}{T}\times0.15T=\frac{66.72\times10^3}{3\,502\times10^3}\times\pi\times0.15=0.897\,8 \text{ cm}[0.353\,5 \text{ in}]$$

$$f_{S\max}=kv_{\max}=3\,502\times10^3\times0.897\,8\times10^{-2}=31.44 \text{ kN}[7.068 \text{ kips}]$$

**5-5** 图 P5-1a 所示的水塔可当作单自由度结构来处理,它具有如下特性:$m=4$ kips·$s^2$/in[700.4×10³ kg],$k=40$ kips/in[7 004 kN/m]。由于爆炸的结果,水塔承受的动力荷载时程如图 P5-1b 所示。利用式(5-21)近似计算水塔基底的最大倾覆力矩 $M_0$,并借助 Simpson 法则计算冲量积分

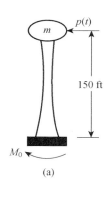 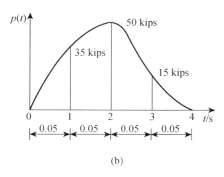

图 P5-1

$$\int p\,\mathrm{d}t = \frac{\Delta t}{3}(p_0 + 4p_1 + 2p_2 + 4p_3 + p_4)$$

**解：** $v(\bar{t}) \approx \dfrac{1}{m\omega}\left(\displaystyle\int_0^{t_1} p(t)\,\mathrm{d}t\right)\sin\omega\bar{t}$ (5-21)

$$v_{\max} \approx \frac{1}{m\omega}\int_0^{t_1} p(t)\,\mathrm{d}t = \frac{1}{\sqrt{km}}\int_0^{t_1} p(t)\,\mathrm{d}t$$

$$= \frac{1}{\sqrt{km}}\frac{\Delta t}{3}(p_0 + 4p_1 + 2p_2 + 4p_3 + p_4)$$

$$= \frac{1}{\sqrt{7\,004\times 10^3 \times 700.4\times 10^3}} \times \frac{0.05}{3}\times$$

$$(0 + 4\times 155.68 + 2\times 222.4 + 4\times 66.72 + 0)\times 10^3$$

$$= 1.004\ \text{cm}[0.395\,3\ \text{in}]$$

$f_{S\max} = kv_{\max} = 7\,004\times 1.004\times 10^{-2} = 70.32\ \text{kN}[15.809\ \text{kips}]$

$M_{0\max} = df_{S\max} = 45.72\times 70.32 = 3\,215.03\ \text{kN}\cdot\text{m}[28\,451.6\ \text{kips/in}]$

# 第 6 章 对一般动力荷载的反应
## ——叠加法

**6-1** 图 P6-1a 所示的无阻尼单自由度体系承受图 P6-1b 所示的半正弦波的荷载。取 $\Delta\tau = 0.1$ s，试用 Duhamel 积分的数值计算法计算 $0 < t < 0.6$ s 的弹性力时程：

(a) 用简单求和；
(b) 用梯形法则；
(c) 用 Simpson 法则。

并把计算结果与用式(5-1)计算时间增量同为 0.1 s 的结果相比较。

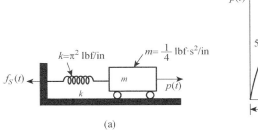
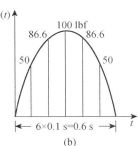

图 P6-1

**解：** $k = \pi^2$ lbf/in $= 1\,728.17$ N/m; $m = \dfrac{1}{4}$ lbf·s²/in $= 43.78$ kg

$$p(t) = \begin{bmatrix} 0 & 50 & 86.6 & 100 & 86.6 & 50 & 0 \end{bmatrix} \text{ lbf}$$
$$= \begin{bmatrix} 0 & 222.4 & 385.2 & 444.8 & 385.2 & 222.4 & 0 \end{bmatrix} \text{ N}$$

稳态解：$v(t) = A(t)\sin\omega t - B(t)\cos\omega t$

其中：$A(t) = \dfrac{1}{m\omega}\displaystyle\int_0^t p(\tau)\cos\omega\tau\,\mathrm{d}\tau$；$B(t) = \dfrac{1}{m\omega}\displaystyle\int_0^t p(\tau)\sin\omega\tau\,\mathrm{d}\tau$

$$\omega = \sqrt{\dfrac{k}{m}} = \sqrt{\dfrac{1\,728.17}{43.78}} = 6.283 \text{ rad/s}$$

(a) 简单求和 $(\zeta = 1)$，$\Delta\tau = 0.1$ s：

$A_N \approx A_{N-1} + \dfrac{\Delta\tau}{m\omega} \times p_{N-1}\cos\omega t_{N-1} = A_{N-1} + \dfrac{\Delta\tau}{m\omega} \times y_{N-1}$；

$B_N \approx B_{N-1} + \dfrac{\Delta\tau}{m\omega} \times p_{N-1}\sin\omega t_{N-1} = B_{N-1} + \dfrac{\Delta\tau}{m\omega} \times z_{N-1}$；

$$G = \frac{\Delta\tau}{m\omega} = \frac{0.1}{43.78 \times 6.283} = 3.635 \times 10^{-4} \text{ m/N}[0.063\ 66 \text{ in/lbf}]$$

$[12] = G \times [11] = v(\tau)(\text{cm}); [13] = k \times [12] = f_S(\tau)(\text{N});$

| $\tau_1$ | $p(\tau)$ | $\sin\omega\tau$ | $\cos\omega\tau$ | $[2]\times[4]$ | $A$ | $[2]\times[3]$ | $B$ | $[6]\times[3]$ | $[8]\times[4]$ | $[9]-[10]$ | $v(\tau)$ | $f_S(\tau)$ |
|---|---|---|---|---|---|---|---|---|---|---|---|---|
| [1] | [2] | [3] | [4] | [5] | [6] | [7] | [8] | [9] | [10] | [11] | [12] | [13] |
| 0 | 0 | 0 | 1 | 0 | 0 | 0.00 | 0 | 0 | 0 | 0 | 0 | 0 |
| 0.1 | 222.4 | 0.587 8 | 0.809 0 | 179.93 | 179.93 | 130.72 | 130.72 | 105.76 | 105.76 | 0 | 0.000 | 0.00 |
| 0.2 | 385.2 | 0.951 0 | 0.309 1 | 119.05 | 298.97 | 366.34 | 497.06 | 284.34 | 153.62 | 130.72 | 4.752 | 82.12 |
| 0.3 | 444.8 | 0.951 1 | −0.309 0 | −137.43 | 161.55 | 423.04 | 920.10 | 153.64 | −284.28 | 437.92 | 15.918 | 275.10 |
| 0.4 | 385.2 | 0.587 8 | −0.809 0 | −311.62 | −150.07 | 226.44 | 1 146.54 | −88.22 | −927.52 | 839.30 | 30.509 | 527.24 |
| 0.5 | 222.4 | 0.000 1 | −1.000 0 | −222.40 | −372.47 | 0.020 6 | 1 146.56 | −0.03 | −1 146.56 | 1 146.52 | 41.676 | 720.23 |
| 0.6 | 0 | −0.587 7 | −0.809 1 | 0 | −372.47 | 0 | 1 146.56 | 218.90 | −927.66 | 1 146.56 | 41.677 | 720.26 |

(b) 用梯形法则($\zeta = 2$), $\Delta\tau = 0.1$ s;

$$A_N \approx A_{N-1} + \frac{\Delta\tau}{2m\omega} \times (p_N\cos\omega t_N + p_{N-1}\cos\omega t_{N-1})$$
$$= A_{N-1} + \frac{\Delta\tau}{2m\omega} \times (y_N + y_{N-1});$$

$$B_N \approx B_{N-1} + \frac{\Delta\tau}{2m\omega} \times (p_N\sin\omega t_N + p_{N-1}\sin\omega t_{N-1})$$
$$= B_{N-1} + \frac{\Delta\tau}{2m\omega} \times (z_N + z_{N-1});$$

$$G = \frac{\Delta\tau}{m\omega\zeta} = \frac{0.1}{43.78 \times 6.283 \times 2} = 1.818 \times 10^{-4} \text{ m/N}[0.031\ 83 \text{ in/lbf}];$$

$[11] = [7] \times [3] - [10] \times [4]; [12] = G \times [11] = v(\tau)(\text{cm}); [13] = k \times [12] = f_S(\tau)(\text{N});$

| $\tau_1$ | $p(\tau)$ | $\sin\omega\tau$ | $\cos\omega\tau$ | $[2]\times[4]$ | $\Delta A$ | $A$ | $[2]\times[3]$ | $\Delta B$ | $B$ | | $v(\tau)$ | $f_S(\tau)$ |
|---|---|---|---|---|---|---|---|---|---|---|---|---|
| [1] | [2] | [3] | [4] | [5] | [6] | [7] | [8] | [9] | [10] | [11] | [12] | [13] |
| 0 | 0 | 0 | 1.000 0 | 0.00 | 179.93 | 0.00 | 0.000 0 | 130.72 | 0.00 | 0.00 | 0.00 | 0.00 |
| 0.1 | 222.4 | 0.587 8 | 0.809 0 | 179.93 | 298.97 | 179.93 | 130.72 | 497.06 | 130.72 | 0.00 | 0.00 | 0.00 |
| 0.2 | 385.2 | 0.951 0 | 0.309 1 | 119.05 | −18.38 | 478.90 | 366.34 | 789.38 | 627.78 | 261.44 | 4.75 | 82.14 |
| 0.3 | 444.8 | 0.951 1 | −0.309 0 | −137.43 | −449.04 | 460.52 | 423.04 | 649.48 | 1 417.16 | 875.84 | 15.92 | 275.17 |
| 0.4 | 385.2 | 0.587 8 | −0.809 0 | −311.62 | −534.02 | 11.48 | 226.44 | 226.46 | 2 066.64 | 1 678.60 | 30.52 | 527.39 |
| 0.5 | 222.4 | 0.000 1 | −1.000 0 | −222.40 | −222.40 | −522.54 | 0.02 | 0.02 | 2 293.10 | 2 293.05 | 41.69 | 720.43 |
| 0.6 | 0 | −0.587 7 | −0.809 1 | 0.000 0 | | −744.94 | 0.00 | | 2 293.12 | 2 293.12 | 41.69 | 720.45 |

(c) 用 Simpson 法则($\zeta = 3$), $\Delta\tau = 0.1$ s;

$$A_N \approx A_{N-2} + \frac{\Delta\tau}{3m\omega} \times (p_{N-2}\cos\omega t_{N-2} + 4p_{N-1}\cos\omega t_{N-1} + p_N\cos\omega t_N)$$

$$= A_{N-2} + \frac{\Delta \tau}{3m\omega} \times (y_{N-2} + 4y_{N-1} + y_N);$$

$$B_N \approx B_{N-2} + \frac{\Delta \tau}{3m\omega} \times (p_{N-2}\sin\omega t_{N-2} + 4p_{N-1}\sin\omega t_{N-1} + p_N\sin\omega t_N)$$

$$= B_{N-2} + \frac{\Delta \tau}{3m\omega} \times (z_{N-2} + 4z_{N-1} + z_N);$$

$$G = \frac{\Delta \tau}{m\omega\zeta} = \frac{0.1}{43.78 \times 6.283 \times 3} = 1.212 \times 10^{-4} \text{ m/N} [0.021\ 22 \text{ in/lbf}];$$

$[12] = [8] \times [3] - [11] \times [4]; [13] = G \times [12] = v(\tau)(\text{cm}); [14] = k \times [13] = f_S(\tau)(\text{N});$

| $\tau_1$ | $p(\tau)$ | $\sin\omega\tau$ | $\cos\omega\tau$ | $Mult$ | $[2]\times[4]\times[5]$ | $\Delta A$ | $A$ | $[2]\times[3]\times[5]$ | $\Delta B$ | $B$ | $v(\tau)$ | $f_S(\tau)$ |
|---|---|---|---|---|---|---|---|---|---|---|---|---|
| [1] | [2] | [3] | [4] | [5] | [6] | [7] | [8] | [9] | [10] | [11] | [12] | [13] | [14] |
| 0 | 0 | 0 | 1.000 0 | 1 | 0.00 | | 0.00 | 0.00 | | 0.00 | 0.00 | 0.00 | 0.00 |
| 0.1 | 222.4 | 0.587 8 | 0.809 0 | 4 | 719.71 | 838.76 | | 522.88 | 889.22 | | | | |
| 0.2 | 385.2 | 0.951 0 | 0.309 1 | 1 | 119.05 | | 838.76 | 366.34 | | 889.22 | 522.88 | 6.34 | 109.52 |
| 0.3 | 444.8 | 0.951 1 | −0.309 0 | 4 | −549.71 | −742.28 | | 1 692.15 | 2 284.93 | | | | |
| 0.4 | 385.2 | 0.587 8 | −0.809 0 | 1 | −311.62 | | 96.48 | 226.44 | | 3 174.15 | 2 624.52 | 31.81 | 549.72 |
| 0.5 | 222.4 | 0.000 1 | −1.000 0 | 4 | −889.60 | −1 201.22 | | 0.08 | 226.52 | | | | |
| 0.6 | 0 | −0.587 7 | −0.809 1 | 1 | 0.00 | | −1 104.74 | 0.00 | | 3 400.67 | 3 400.67 | 41.22 | 712.29 |

式(5-1): $R(\alpha) = \dfrac{v(t)}{\frac{p_0}{k}} = \dfrac{1}{1-\beta^2}\left(\sin\pi\alpha - \beta\sin\dfrac{\pi\alpha}{\beta}\right); \alpha = \dfrac{t}{t_1}$

$\bar{\omega} = \dfrac{2\pi}{1.2} = \dfrac{5\pi}{3}$ rad/s; $\beta = \dfrac{\bar{\omega}}{\omega} = \dfrac{5}{6}$; $G_1 = \dfrac{1}{1-\beta^2} = 3.273$; $G_2 = \dfrac{\beta}{1-\beta^2} = 2.727$

$[7] = G_1 \times [5] - G_2 \times [6]; [8] = [3]/[4] \times [7] = v(\tau)(\text{cm}); [9] = [3] \times [7] = f_S(\tau)(\text{N});$

| $t$ | $\alpha$ | $p_0$ | $k$ | $\sin\pi\alpha$ | $\sin(\pi\alpha/\beta)$ | $R(\alpha)$ | $v(t)$ | $f_S(t)$ |
|---|---|---|---|---|---|---|---|---|
| [1] | [2] | [3] | [4] | [5] | [6] | [7] | [8] | [9] |
| 0 | 0.000 0 | 444.8 | 1 728.17 | 0 | 0 | 0.000 0 | 0.00 | 0 |
| 0.1 | 0.166 7 | 444.8 | 1 728.17 | 0.500 0 | 0.587 7 | 0.033 6 | 0.86 | 14.95 |
| 0.2 | 0.333 3 | 444.8 | 1 728.17 | 0.866 0 | 0.951 0 | 0.240 9 | 6.20 | 107.16 |
| 0.3 | 0.500 0 | 444.8 | 1 728.17 | 1.000 0 | 0.951 1 | 0.679 3 | 17.48 | 302.16 |
| 0.4 | 0.666 7 | 444.8 | 1 728.17 | 0.866 1 | 0.588 0 | 1.231 4 | 31.69 | 547.73 |
| 0.5 | 0.833 3 | 444.8 | 1 728.17 | 0.500 2 | 0.000 3 | 1.636 4 | 42.12 | 727.87 |
| 0.6 | 1.000 0 | 444.8 | 1 728.17 | 0.000 3 | −0.587 5 | 1.603 1 | 41.26 | 713.05 |

比较可知,用 Simpson 法则,结果较精确。

**6-2** 用梯形法则解例题 E6-1。

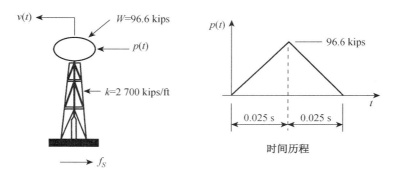

**图 E6-1 承受冲击波荷载的水塔**

**解**:用梯形法则($\zeta = 2$)

$k = 2\ 700\ \text{kips/ft} = 39\ 393\ \text{kN/m}$;

$W = 96.6\ \text{kips} = 429.68\ \text{kN}$;

$\Delta\tau = 0.005\ \text{s}$;

$p(t) = [0\quad 19.32\quad 38.64\quad 57.96\quad 77.28\quad 96.60\quad 77.28\quad 57.96\quad 38.64\quad 19.32\quad 0](\text{kips})$
$= [0\quad 85.94\quad 171.87\quad 257.81\quad 343.74\quad 429.68\quad 343.74\quad 257.81\quad 171.87\quad 85.94\quad 0](\text{kN})$

$$\omega = \sqrt{\frac{k}{m}} = \sqrt{\frac{kg}{W}} = \sqrt{\frac{39\ 393 \times 10^3 \times 9.8}{429.68 \times 10^3}} = 29.97\ \text{rad/s};$$

$$A_N \approx A_{N-1} + \frac{\Delta\tau}{2m\omega} \times (p_N \cos \omega t_N + p_{N-1} \cos \omega t_{N-1})$$
$$= A_{N-1} + \frac{\Delta\tau}{2m\omega} \times (y_N + y_{N-1});$$

$$B_N \approx B_{N-1} + \frac{\Delta\tau}{2m\omega} \times (p_N \sin \omega t_N + p_{N-1} \sin \omega t_{N-1})$$
$$= B_{N-1} + \frac{\Delta\tau}{2m\omega} \times (z_N + z_{N-1});$$

$$G = \frac{\Delta\tau}{m\omega\zeta} = \frac{0.005 \times 9.8}{429.68 \times 10^3 \times 29.97 \times 2} = 1.903 \times 10^{-9}\ \text{m/N}[2.778 \times 10^{-5}\ \text{ft/kips}];$$

$[11] = [7] \times [3] - [10] \times [4]$;$[12] = G \times [11] = v(\tau)(\text{cm})$;$[13] = k \times [12] = f_S(\tau)(\text{kN})$;

| $\tau_1$ | $p(\tau)$ | $\sin\omega\tau$ | $\cos\omega\tau$ | [2]×[4] | $\Delta A$ | $A$ | [2]×[3] | $\Delta B$ | $B$ | | $v(\tau)$ | $f_S(\tau)$ |
|---|---|---|---|---|---|---|---|---|---|---|---|---|
| [1] | [2] | [3] | [4] | [5] | [6] | [7] | [8] | [9] | [10] | [11] | [12] | [13] |
| 0 | 0 | 0 | 1 | 0 | 84.98 | 0.00 | 0.00 | 12.83 | 0.00 | 0 | 0.000 0 | 0 |
| 0.005 | 85.94 | 0.149 3 | 0.988 8 | 84.98 | 249.18 | 84.98 | 12.83 | 63.57 | 12.83 | 0 | 0.000 0 | 0 |
| 0.010 | 171.87 | 0.295 2 | 0.955 4 | 164.20 | 396.39 | 334.16 | 50.74 | 162.78 | 76.40 | 25.65 | 0.004 9 | 1.92 |
| 0.015 | 257.81 | 0.434 6 | 0.900 6 | 232.18 | 516.01 | 730.55 | 112.04 | 305.95 | 239.18 | 102.09 | 0.019 4 | 7.65 |
| 0.020 | 343.74 | 0.564 1 | 0.825 7 | 283.83 | 487.44 | 1 246.56 | 193.90 | 486.56 | 545.13 | 253.07 | 0.048 2 | 18.97 |
| 0.025 | 429.68 | 0.681 1 | 0.732 2 | 314.61 | 528.52 | 1 845.00 | 292.66 | 561.73 | 1 031.68 | 501.23 | 0.095 4 | 37.57 |
| 0.030 | 343.74 | 0.782 8 | 0.622 3 | 213.91 | 342.43 | 2 373.52 | 269.08 | 492.58 | 1 593.42 | 866.40 | 0.164 9 | 64.95 |
| 0.035 | 257.81 | 0.866 9 | 0.498 5 | 128.52 | 190.99 | 2 715.94 | 223.50 | 383.61 | 2 085.99 | 1 314.58 | 0.250 2 | 98.55 |
| 0.040 | 171.87 | 0.931 6 | 0.363 5 | 62.47 | 81.41 | 2 906.94 | 160.11 | 243.94 | 2 469.60 | 1 810.40 | 0.344 5 | 135.72 |
| 0.045 | 85.94 | 0.975 4 | 0.220 3 | 18.93 | 18.93 | 2 988.34 | 83.83 | 83.83 | 2 713.54 | 2 317.04 | 0.440 9 | 173.70 |
| 0.050 | 0 | 0.997 4 | 0.072 2 | 0 | | 3 007.28 | 0.00 | | 2 979.37 | 2 797.49 | 0.532 4 | 209.71 |

**6-3** 用梯形法则解例题 E6-2。

**解**：用梯形法则($\zeta=2$)

$k = 2\,700\text{ kips/ft} = 39\,393\text{ kN/m}$；$\Delta\tau = 0.005\text{ s}$；$\xi = 5\% = 0.05$；

$$\omega = \sqrt{\frac{k}{m}} = \sqrt{\frac{kg}{W}} = \sqrt{\frac{39\,393\times 10^3 \times 9.8}{429.68\times 10^3}} = 29.97\text{ rad/s};$$

$$\omega_D = \omega\sqrt{1-\xi^2} = 29.97\times\sqrt{1-0.05^2} = 29.93\text{ rad/s}$$

令：$h = \exp(-\xi\omega\Delta\tau) = \exp(-0.05\times 29.97\times 0.005) = 0.992\,5$

$p(t) = [0 \quad 19.32 \quad 38.64 \quad 57.96 \quad 77.28 \quad 96.60 \quad 77.28 \quad 57.96 \quad 38.64 \quad 19.32 \quad 0]\text{ (kips)}$

$\quad = [0 \quad 85.94 \quad 171.87 \quad 257.81 \quad 343.74 \quad 429.68 \quad 343.74 \quad 257.81 \quad 171.87 \quad 85.94 \quad 0]\text{ (kN)}$

$$A_N \approx h\times A_{N-1} + \frac{\Delta\tau}{2m\omega_D}\times(h\times p_{N-1}\cos\omega_D t_{N-1} + p_N\cos\omega_D t_N)$$

$$= h\times A_{N-1} + \frac{\Delta\tau}{2m\omega_D}\times(h\times y_{N-1} + y_N);$$

$$B_N \approx h\times B_{N-1} + \frac{\Delta\tau}{2m\omega}\times(h\times p_{N-1}\sin\omega_D t_{N-1} + p_N\sin\omega_D t_N)$$

$$= h\times B_{N-1} + \frac{\Delta\tau}{2m\omega_D}\times(h\times z_{N-1} + z_N);$$

$$G = \frac{\Delta\tau}{m\omega_D\zeta} = \frac{0.005\times 9.8}{429.68\times 10^3 \times 29.93\times 2} = 1.905\times 10^{-9}\text{ m/N}[2.778\times 10^{-5}\text{ ft/kips}];$$

$\Delta A:[7]_N = [5]_N + [6]_{N-1}$； $A:[8]_N = G\times[7]_N + h\times[8]_{N-1}$；

$\Delta B:[11]_N = [9]_N + [10]_{N-1}$； $B:[12]_N = G\times[11]_N + h\times[12]_{N-1}$；

$[13] = [8]\times[3] - [12]\times[4] = v(\tau)\text{(cm)}$；$[14] = k\times[13] = f_S(\tau)\text{(kN)}$；

| $\tau_1$ | $p(\tau)$ | $\sin\omega_D\tau$ | $\cos\omega_D\tau$ | [2]×[4] | h×[5] | ΔA | A | [2]×[3] | h×[9] | ΔB | B | $v(\tau)$ | $f_S(\tau)$ |
|---|---|---|---|---|---|---|---|---|---|---|---|---|---|
| [1] | [2] | [3] | [4] | [5] | [6] | [7] | [8] | [9] | [10] | [11] | [12] | [13] | [14] |
| 0 | 0 | 0 | 1 | 0 | 0 | 0 | 0 | 0 | 0 | 0 | 0 | 0 | 0 |
| 0.005 | 85.94 | 0.149 1 | 0.988 8 | 84.98 | 84.34 | 84.98 | 0.016 2 | 12.81 | 12.72 | 12.81 | 0.002 4 | 0.000 0 | 0 |
| 0.010 | 171.87 | 0.294 9 | 0.955 5 | 164.23 | 163.00 | 248.57 | 0.063 4 | 50.68 | 50.30 | 63.39 | 0.014 5 | 0.004 8 | 1.909 |
| 0.015 | 257.81 | 0.434 0 | 0.900 9 | 232.26 | 230.52 | 395.26 | 0.138 2 | 111.89 | 111.06 | 162.19 | 0.045 3 | 0.019 2 | 7.563 |
| 0.020 | 343.74 | 0.563 5 | 0.826 1 | 283.97 | 281.84 | 514.49 | 0.235 2 | 193.69 | 192.24 | 304.75 | 0.103 0 | 0.047 4 | 18.69 |
| 0.025 | 429.68 | 0.680 4 | 0.732 9 | 314.90 | 312.54 | 596.75 | 0.347 1 | 292.34 | 290.14 | 484.58 | 0.194 5 | 0.093 6 | 36.87 |
| 0.030 | 343.74 | 0.782 1 | 0.623 3 | 214.24 | 212.63 | 526.78 | 0.444 9 | 268.81 | 266.80 | 558.95 | 0.299 6 | 0.161 2 | 63.50 |
| 0.035 | 257.81 | 0.866 2 | 0.499 7 | 128.83 | 127.86 | 341.46 | 0.506 6 | 223.32 | 221.64 | 490.11 | 0.390 7 | 0.243 6 | 95.96 |
| 0.040 | 171.87 | 0.931 0 | 0.365 0 | 62.73 | 62.26 | 190.59 | 0.539 1 | 160.01 | 158.81 | 381.66 | 0.460 5 | 0.333 9 | 131.52 |
| 0.045 | 85.94 | 0.975 0 | 0.222 1 | 19.09 | 18.94 | 81.34 | 0.550 6 | 83.79 | 83.17 | 242.61 | 0.503 2 | 0.425 0 | 167.44 |
| 0.050 | 0 | 0.997 2 | 0.074 2 | 0 | 0 | 18.94 | 0.550 0 | 0.00 | 0 | 83.17 | 0.515 3 | 0.510 3 | 201.01 |

**6-4** 图 P6-2a 所示的单自由度刚架,承受图 P6-2b 所示的冲击波荷载时程。取 $\Delta\tau=0.12$ s,用 Simpson 法则按 Duhamel 积分的数值计算法计算 $0<t<0.72$ s 的位移时程。

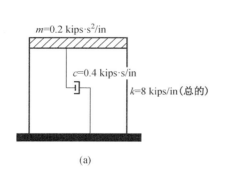
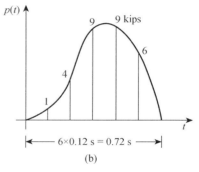

(a)           (b)

**图 P6-2**

**解:** $k = 8$ kips/in $= 1\,400.8$ kN/m

$m = 0.2$ kips·s$^2$/in $= 3.502\times 10^4$ kg

$c = 0.4$ kips·s/in $= 70.04$ kN·s/m

$p(t) = \begin{bmatrix} 0 & 1 & 4 & 9 & 9 & 6 & 0 \end{bmatrix}$ (kips)

$\quad\quad = \begin{bmatrix} 0 & 4.448 & 17.792 & 40.032 & 40.032 & 26.688 & 0 \end{bmatrix}$ (kN)

$\omega = \sqrt{\dfrac{k}{m}} = \sqrt{\dfrac{1\,400.8\times 10^3}{3.502\times 10^4}} = 6.324\,6$ rad/s; $\Delta\tau = 0.12$ s

$\xi = \dfrac{c}{2m\omega} = \dfrac{70.04\times 10^3}{2\times 3.502\times 10^4\times 6.324\,6} = 0.158\,1$

$\omega_D = \omega\sqrt{1-\xi^2} = 6.324\,6\sqrt{1-0.158\,1^2} = 6.245\,1$ rad/s

$$A_N \approx A_{N-2}\exp(-2\xi\omega\Delta\tau) + \frac{\Delta\tau}{3m\omega_D} \times [p_{N-2}\cos\omega_D t_{N-2}\exp(-2\xi\omega\Delta\tau)$$
$$+ 4p_{N-1}\cos\omega_D t_{N-1}\exp(-\xi\omega\Delta\tau) + p_N\cos\omega_D t_N]$$
$$= A_{N-2} \times h_1 + \frac{\Delta\tau}{3m\omega_D} \times (y_{N-2} \times h_1 + y_{N-1} \times h_2 + y_N)$$
$$= A_{N-2} \times h_1 + G \times \Delta A_{N-2};$$
$$B_N \approx B_{N-2}\exp(-2\xi\omega\Delta\tau) + \frac{\Delta\tau}{3m\omega_D} \times [p_{N-2}\sin\omega_D t_{N-2}\exp(-2\xi\omega\Delta\tau)$$
$$+ 4p_{N-1}\sin\omega_D t_{N-1}\exp(-\xi\omega\Delta\tau) + p_N\sin\omega_D t_N]$$
$$= B_{N-2} \times h_1 + \frac{\Delta\tau}{3m\omega_D} \times (z_{N-2} \times h_1 + z_{N-1} \times h_2 + z_N)$$
$$= B_{N-2} \times h_1 + G \times \Delta B_{N-2};$$

令:$h_1 = \exp(-2\xi\omega\Delta\tau) = \exp(-2 \times 0.158\,1 \times 6.324\,6 \times 0.12) = 0.786\,6$

$h_2 = 4\exp(-\xi\omega\Delta\tau) = 4\exp(-0.158\,1 \times 6.324\,6 \times 0.12) = 3.547\,7$

$G = \dfrac{\Delta\tau}{m\omega_D\zeta} = \dfrac{0.12}{3.502 \times 10^4 \times 6.245\,1 \times 3} = 1.829\,0 \times 10^{-5}$ cm/kN[0.032 0 in/kips];

$\Delta A:[8]_N = [6]_{N-2} + [7]_{N-1} + [5]_N$; $A:[9]_N = G \times [8]_N + h_1 \times [9]_{N-2}$;

$\Delta B:[13]_N = [11]_{N-2} + [12]_{N-1} + [10]_N$; $B:[14]_N = G \times [13]_N + h_1 \times [14]_{N-1}$;

$[15] = [9] \times [3] - [14] \times [4] = v(\tau)$(cm);

| $\tau_1$ | $p(\tau)$ | $\sin\omega_D\tau$ | $\cos\omega_D\tau$ | $[2]\times[4]$ | $h_1\times[5]$ | $h_2\times[5]$ | $\Delta A$ | $A$ | $[2]\times[3]$ | $h_1\times[9]$ | $h_2\times[9]$ | $\Delta B$ | $B$ | $v(\tau)$ |
|---|---|---|---|---|---|---|---|---|---|---|---|---|---|---|
| [1] | [2] | [3] | [4] | [5] | [6] | [7] | [8] | [9] | [10] | [11] | [12] | [13] | [14] | [15] |
| 0 | 0 | 0 | 1 | 0 | 0 | 0 | 0 | 0 | 0 | 0 | 0 | 0 | 0 | 0 |
| 0.12 | 4.448 | 0.682 0 | 0.731 4 | 3.25 | 2.56 | 11.54 | ⋯ | 0 | 3.03 | 3.01 | 10.76 | ⋯ | ⋯ | |
| 0.24 | 17.792 | 0.997 6 | 0.069 8 | 1.24 | 0.98 | 4.40 | 12.78 | 0.000 2 | 17.75 | 17.62 | 62.97 | 28.51 | 0.000 5 | 0.000 2 |
| 0.36 | 40.032 | 0.777 1 | −0.629 3 | −25.19 | −19.82 | −89.38 | ⋯ | ⋯ | 31.11 | 30.88 | 110.37 | ⋯ | ⋯ | |
| 0.48 | 40.032 | 0.139 2 | −0.990 3 | −39.64 | −31.18 | −140.64 | −128.04 | −0.002 2 | 5.57 | 5.53 | 19.77 | 133.56 | 0.002 9 | 0.002 5 |
| 0.60 | 26.688 | −0.573 6 | −0.819 2 | −21.86 | −17.20 | −77.56 | ⋯ | ⋯ | −15.31 | −15.19 | −54.31 | ⋯ | ⋯ | |
| 0.72 | 0 | −0.978 1 | −0.207 9 | 0.00 | 0.00 | 0.00 | −108.74 | −0.003 7 | 0.00 | 0.00 | 0.00 | −48.78 | 0.001 4 | 0.003 9 |

# 第 7 章 对一般动力荷载的反应——逐步法

**7-1** 试用线加速度法,通过逐步积分求解习题 6-4 中的线性弹性反应。

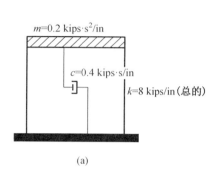
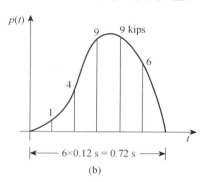

图 P6-2

**解:** $k = 8 \text{ kips/in} = 1\,400.8 \text{ kN/m}$;
$m = 0.2 \text{ kips} \cdot \text{s}^2/\text{in} = 3.502 \times 10^4 \text{ kg}$;
$c = 0.4 \text{ kips} \cdot \text{s/in} = 70.04 \text{ kN} \cdot \text{s/m}$
$p(t) = \begin{bmatrix} 0 & 1 & 4 & 9 & 9 & 6 & 0 \end{bmatrix}$ (kips)
$\quad\quad = \begin{bmatrix} 0 & 4.448 & 17.792 & 40.032 & 40.032 & 26.688 & 0 \end{bmatrix}$ (kN)

$T = 2\pi \sqrt{\dfrac{m}{k}} = \sqrt{\dfrac{3.502 \times 10^4}{1\,400.8 \times 10^3}} = 0.993\,5 \text{ s}$

$\Delta t = 0.12 \text{ s}; \dfrac{\Delta t}{T} = \dfrac{0.12}{0.993\,5} = 0.120\,8$

(1) 初值: $v_0, \dot{v}_0, c_0, k_0, p_0$

(2) $\ddot{v}(t) = \dfrac{1}{m}[p(t) - c\dot{v}(t) - kv(t)]$

$\quad\quad = \dfrac{1}{3.502 \times 10^4}[p(t) - 7.004 \times 10^4 \dot{v}(t) - 1.400\,8 \times 10^6 v(t)]$

$\quad\quad = 2.855\,5 \times 10^{-5} p(t) - 2\dot{v}(t) - 40 v(t)$

(3) $\widetilde{k}(t) = k_0 + \dfrac{3 c_0}{\Delta t} + \dfrac{6m}{(\Delta t)^2}$

$\quad\quad = 1\,400.8 + \dfrac{3 \times 70.04}{0.12} + \dfrac{6 \times 35.02}{(0.12)^2} = 1.774\,3 \times 10^4 \text{ kN/m}$

$$\Delta \tilde{p}_d = \Delta p(t) + m\left[\frac{6}{\Delta t}\dot{v}(t) + 3\ddot{v}(t)\right] + c\left[3\dot{v}(t) + \frac{\Delta t}{2}\ddot{v}(t)\right]$$

$$= \Delta p(t) + 3.502 \times 10^4 \left[\frac{6}{0.12}\dot{v}(t) + 3\ddot{v}(t)\right] + 7.004 \times 10^4 \left[3\dot{v}(t) + \frac{0.12}{2}\ddot{v}(t)\right]$$

$$= \Delta p(t) + 1.9611 \times 10^6 \dot{v}(t) + 1.0926 \times 10^5 \ddot{v}(t)$$

$$\Delta \dot{v}(t) = \frac{3}{\Delta t}\Delta v(t) - 3\dot{v}(t) - \frac{\Delta t}{2}\ddot{v}(t)$$

$$= \frac{3}{0.12}\Delta v(t) - 3\dot{v}(t) - \frac{0.12}{2}\ddot{v}(t) = 25\Delta v(t) - 3\dot{v}(t) - 0.06\ddot{v}(t)$$

$[3]_N = [3]_{N-1} + [8]_{N-1}$; $[4]_N = [4]_{N-1} + [9]_{N-1}$; $[5] = [2] \times 100/35.02 - 2 \times [4] - 40 \times [9]$

$[6]_N = [2]_{N+1} - [2]_N$; $[7] = [6] + 19.611 \times [4] + 1.0926 \times [5]$

$[8] = [7] \times 100/17\,743.5$; $[9] = 25 \times [8] - 3 \times [4] - 0.06 \times [5]$

| $t$ | $p(t)$ | $v$ | $\dot{v}$ | $\ddot{v}$ | $\Delta p$ | $\Delta \tilde{p}$ | $\Delta v$ | $\Delta \dot{v}$ |
|---|---|---|---|---|---|---|---|---|
| s | kN | cm | cm/s | cm/s$^2$ | kN | kN | cm | cm/s |
| [1] | [2] | [3] | [4] | [5] | [6] | [7] | [8] | [9] |
| 0.00 | 0 | 0 | 0 | 0 | 4.448 | 4.448 | 0.025 1 | 0.626 7 |
| 0.12 | 4.448 | 0.025 1 | 0.626 7 | 10.45 | 13.34 | 37.05 | 0.208 8 | 2.71 |
| 0.24 | 17.792 | 0.233 9 | 3.339 6 | 34.77 | 22.24 | 125.73 | 0.708 6 | 5.61 |
| 0.36 | 40.032 | 0.942 4 | 8.948 7 | 58.72 | 0.00 | 239.65 | 1.350 6 | 3.40 |
| 0.48 | 40.032 | 2.293 0 | 12.345 1 | −2.10 | −13.34 | 226.46 | 1.276 3 | −5.00 |
| 0.60 | 26.688 | 3.569 3 | 7.343 4 | −81.25 | −26.69 | 28.55 | 0.160 9 | −13.13 |
| 0.72 | 0 | 3.730 2 | −5.789 5 | −137.63 | | | | |

**7-2** 假定柱子的弹塑性力-位移关系如图 P7-1(a) 所示，屈服力为 8 kips，试解习题 7-1。

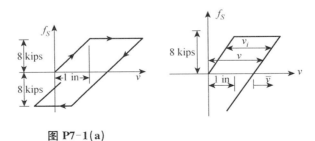

图 P7-1(a)

**解：** $k = 8$ kips/in $= 1\,400.8$ kN/m；$m = 0.2$ kips·s$^2$/in $= 3.502 \times 10^4$ kg；

$c = 0.4$ kips·s/in $= 70.04$ kN·s/m；

$$T = 2\pi\sqrt{\frac{m}{k}} = \sqrt{\frac{3.502 \times 10^4}{1\,400.8 \times 10^3}} = 0.993\,5 \text{ s}$$

$p(t) = [0 \quad 1 \quad 4 \quad 9 \quad 9 \quad 6 \quad 0]$ (kips)

$\quad\quad = [0 \quad 4.448 \quad 17.792 \quad 40.032 \quad 40.032 \quad 26.688 \quad 0]$ (kN)

$\Delta t = 0.12 \text{ s}; \dfrac{\Delta t}{T} = \dfrac{0.12}{0.9935} = 0.1208$

(1) 初值:$v_0, \dot{v}_0, c_0, k_0, p_0$

(2) $\ddot{v}(t) = \dfrac{1}{m}[p(t) - c\dot{v}(t) - kv(t)]$

$= \dfrac{1}{3.502 \times 10^4}[p(t) - 7.004 \times 10^4 \dot{v}(t) - kv(t)]$

$= 2.8555 \times 10^{-5} p(t) - 2\dot{v}(t) - 2.8555 \times 10^{-5} f_S(t)$

(3) $\widetilde{k}(t) = k(t) + \dfrac{3c_0}{\Delta t} + \dfrac{6m}{(\Delta t)^2}$

$= k(t) + \dfrac{3 \times 70.04}{0.12} + \dfrac{6 \times 35.02}{(0.12)^2} = k(t) + 16342.7 \text{ kN/m}$

$\Delta \widetilde{p}_d = \Delta p(t) + m\left[\dfrac{6}{\Delta t}\dot{v}(t) + 3\ddot{v}(t)\right] + c\left[3\dot{v}(t) + \dfrac{\Delta t}{2}\ddot{v}(t)\right]$

$= \Delta p(t) + 3.502 \times 10^4 \left[\dfrac{6}{0.12}\dot{v}(t) + 3\ddot{v}(t)\right] + 7.004 \times 10^4 \left[3\dot{v}(t) + \dfrac{0.12}{2}\ddot{v}(t)\right]$

$= \Delta p(t) + 1.9611 \times 10^6 \dot{v}(t) + 1.0926 \times 10^5 \ddot{v}(t)$

$\Delta \dot{v}(t) = \dfrac{3}{\Delta t}\Delta v(t) - 3\dot{v}(t) - \dfrac{\Delta t}{2}\ddot{v}(t)$

$= \dfrac{3}{0.12}\Delta v(t) - 3\dot{v}(t) - \dfrac{0.12}{2}\ddot{v}(t) = 25\Delta v(t) - 3\dot{v}(t) - 0.06\ddot{v}(t)$

$[3]_N = [3]_{N-1} + [11]_{N-1}; [4]_N = [4]_{N-1} + [12]_{N-1}; [5] = 14.008 \times \overline{v};$
$v = v_i - \overline{v}$;塑性位移:$v_i = v_{\max} - \overline{v}$

$[6] = [2] \times 100/35.02 - 2 \times [4] - 40 \times [3]; [7]_N = [2]_{N+1} - [2]_N; [8] = [7] + 19.611 \times [4] + 1.0926 \times [6]$

$[11] = [8]/[10]; [12] = 25 \times [11] - 3 \times [4] - 0.06 \times [6]$

| $t$ | $p(\tau)$ | $v$ | $\dot{v}$ | $f_S = 8\overline{v}$ | $\ddot{v}$ | $\Delta p$ | $\Delta \widetilde{p}$ | $k$ | $\widetilde{k}$ | $\Delta v$ | $\Delta \dot{v}$ |
|---|---|---|---|---|---|---|---|---|---|---|---|
| s | kN | cm | cm/s | kN | cm/s² | kN | kN | kN | kN | cm | cm/s |
| [1] | [2] | [3] | [4] | [5] | [6] | [7] | [8] | [9] | [10] | [11] | [12] |
| 0.00 | 0 | 0 | 0 | 0 | 0 | 4.448 | 4.448 | 14.008 | 177.43 | 0.0251 | 0.6267 |
| 0.12 | 4.448 | 0.0251 | 0.6267 | 0.3512 | 10.45 | 13.34 | 37.05 | 14.008 | 177.43 | 0.2088 | 2.7131 |
| 0.24 | 17.792 | 0.2339 | 3.3398 | 3.2760 | 34.77 | 22.24 | 125.73 | 14.008 | 177.43 | 0.7086 | 5.6094 |
| 0.36 | 40.032 | 0.9425 | 8.9492 | 13.202 | 58.71 | 0.00 | 239.65 | 14.008 | 177.43 | 1.3507 | 3.3970 |
| 0.48 | 40.032 | 2.2932 | 12.3462 | 32.123 | −2.107 | −13.34 | 226.47 | 0.00 | 163.43 | 1.3858 | −2.2682 |
| 0.60 | 26.688 | 3.6789 | 10.0780 | 14.008 | −45.548 | −26.69 | 121.59 | 0.00 | 163.43 | 0.7415 | −8.9632 |
| 0.72 | 0 | 4.4204 | 1.1148 | 14.008 | −103.83 | | | | | | |

**7-3** 假定非线性弹性力-位移关系为 $f_S = 12\left[\dfrac{2}{3}v - \dfrac{1}{3}(2v/3)^3\right]$,这一关系的简图

如图7-1b($f_S$ 单位为 kips, $v$ 单位为 in),试解习题7-1。

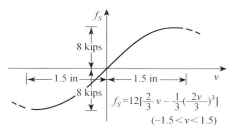

图 P7-1(b)

**解:** $f_S = 12\left[\dfrac{2}{3}v - \dfrac{1}{3}(2v/3)^3\right] = 8v - \dfrac{32}{27}v^3$

(kips; in)

$f_S = 14.008v - 0.3217v^3$ (kN; cm)

$k = \dfrac{\mathrm{d}f_S}{\mathrm{d}v} = \dfrac{\mathrm{d}}{\mathrm{d}v}\left\{12\left[\dfrac{2}{3}v - \dfrac{1}{3}\left(\dfrac{2v}{3}\right)^3\right]\right\} = 8 - \dfrac{32}{9}v^2$; $-1.5 < v < 1.5$; (kips; in)

$k = \dfrac{\mathrm{d}f_S}{\mathrm{d}v} = 14.008 - 0.9651v^2$; $-3.81 < v < 3.81$; (kN; cm)

$\widetilde{k}(t) = k(t) + \dfrac{3c_0}{\Delta t} + \dfrac{6m}{(\Delta t)^2}$

$= k(t) + \dfrac{3 \times 70.04}{0.12} + \dfrac{6 \times 35.02}{(0.12)^2} = 177.43 - 0.9651v^2$ kN/cm

$[3]_N = [3]_{N-1} + [10]_{N-1}$;　　　　$[4]_N = [4]_{N-1} + [11]_{N-1}$;

$[5] = 14.008 \times [3] - 0.3217 \times [3]^3$;

$[6] = [2] \times 100/35.02 - 2 \times [4] - 40 \times [3]$;

$[7]_N = [2]_{N+1} - [2]_N$;　　　　$[8] = [7] + 19.611 \times [4] + 1.0926 \times [6]$;

$[9] = 14.008 - 0.9651 \times [3]^2$;　　　　$[10] = [8]/[9]$;

$[11] = 25 \times [10] - 3 \times [4] - 0.06 \times [6]$

| $t$ | $p(\tau)$ | $v$ | $\dot{v}$ | $f_S$ | $\ddot{v}$ | $\Delta p$ | $\Delta \widetilde{p}$ | $\widetilde{k}$ | $\Delta v$ | $\Delta \dot{v}$ |
|---|---|---|---|---|---|---|---|---|---|---|
| s | kN | cm | cm/s | kN | cm/s² | kN | kN | kN/cm | cm | cm/s |
| [1] | [2] | [3] | [4] | [5] | [6] | [7] | [8] | [9] | [10] | [11] |
| 0.00 | 0 | 0 | 0 | 0 | 0 | 4.448 | 4.448 | 177.43 | 0.0251 | 0.6267 |
| 0.12 | 4.448 | 0.0251 | 0.6267 | 0.3512 | 10.45 | 13.34 | 37.05 | 177.43 | 0.2088 | 2.7131 |
| 0.24 | 17.792 | 0.2339 | 3.3398 | 3.2719 | 34.77 | 22.24 | 125.73 | 177.38 | 0.7088 | 5.6147 |
| 0.36 | 40.032 | 0.9427 | 8.9545 | 12.9356 | 58.70 | 0.00 | 239.74 | 176.57 | 1.3577 | 3.5580 |
| 0.48 | 40.032 | 2.3004 | 12.5125 | 28.3080 | −2.73 | −13.34 | 229.06 | 172.32 | 1.3292 | −4.1430 |
| 0.60 | 26.688 | 3.6296 | 8.3695 | 35.4610 | −85.72 | −26.69 | 43.79 | 164.72 | 0.2659 | −13.319 |
| 0.72 | 0 | 3.8955 | −4.9494 | 35.5512 | −145.92 | | | | | |

# 第8章 广义单自由度体系

**8-1** 对于例题 E8-3 所示的等截面悬臂塔,广义质量和刚度由如下表达式确定

$$m^* = 0.228\bar{m}L;\quad k^* = \frac{\pi^4}{32}\frac{EI}{L^3}$$

基于这些表达式,试计算此混凝土塔的振动周期。已知塔高 200 ft[60.96 m],外径 12 ft[3.657 6 m],壁厚 8 in[20.32 cm],由此可得如下特性: $\bar{m} = 110$ lbf·s²/ft² [5 265.42 kg/m]; $EI = 165 \times 10^9$ lbf·ft² [$68.18 \times 10^9$ N·m²]。

**解:** $\omega = \sqrt{\dfrac{k^*}{m^*}} = \left[\dfrac{\pi^4}{32}\dfrac{EI}{L^3}\dfrac{1}{0.228\bar{m}L}\right]^{\frac{1}{2}}$

$= \left[\dfrac{\pi^4}{32}\dfrac{68.18\times 10^9}{60.96^4}\dfrac{1}{0.228\times 5\,265.42}\right]^{\frac{1}{2}} = 3.540$ rad/s

$T = \dfrac{2\pi}{\omega} = \dfrac{2\pi}{3.54} = 1.775$ s

**8-2** 假设习题 8-1 的塔顶支承一 400 kips[1 779.20 kN]的集中重量,试确定振动周期(忽略几何刚度影响)。

**解:** 选择形状函数: $\psi(x) = 1 - \cos\dfrac{\pi x}{2L}$

$m^* = \displaystyle\int_0^L m(x)[\psi(x)]^2\,\mathrm{d}x + \sum m_i\psi_i^2 = 0.228\bar{m}L + m\psi^2(L)$

$= 0.228\times 5\,265.42\times 60.96 + \dfrac{1\,779.20\times 10^3}{9.8} = 254\,734.46$ kg

$k^* = \dfrac{\pi^4}{32}\dfrac{EI}{L^3} = \dfrac{\pi^4}{32}\dfrac{68.18\times 10^9}{60.96^3} = 916\,169.10$ N/m

$\omega = \sqrt{\dfrac{k^*}{m^*}} = \sqrt{\dfrac{916\,169.10}{254\,734.46}} = 1.896\,5$ rad/s

$T = \dfrac{2\pi}{\omega} = \dfrac{2\pi}{1.896\,5} = 3.313\,1$ s

**8-3** 试确定图 P8-1 所示体系的广义物理特性 $m^*$,$c^*$,$k^*$ 和广义荷载 $p^*$,这些特性都根据位移坐标 $Z(t)$ 定义。计算结果用所给物理特性及尺寸来表达。

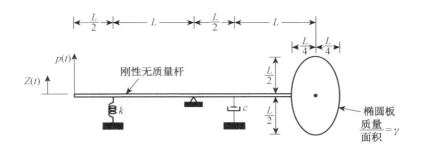

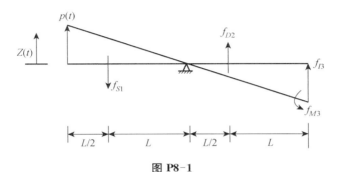

图 P8-1

**解：**

$$f_{S1} = k \cdot \frac{2Z}{3}; \quad f_{D2} = c \cdot \frac{\dot{Z}}{3}; \quad f_{I3} = m \cdot \ddot{Z} = \gamma\pi \frac{L}{4} \frac{L}{2} \cdot \ddot{Z} = \frac{\pi}{8}\gamma L^2 \cdot \ddot{Z}$$

$$f_{M3} = I_c \cdot \frac{\ddot{Z}}{\frac{3L}{2}} = \left(\gamma\pi \frac{L}{4} \frac{L}{2}\right)\left(\frac{(L/2)^2 + L^2}{16}\right) \cdot \frac{2\ddot{Z}}{3L} = \frac{5\pi}{768}\gamma L^3 \ddot{Z}$$

**虚功原理：**

$$\delta W = p(t)\delta Z - f_{S1} \cdot \frac{2}{3}\delta Z - f_{D2} \cdot \frac{\delta Z}{3} - f_{I3} \cdot \delta Z - f_{M3} \cdot \frac{\delta Z}{3L/2} = 0$$

$$\left[p(t) - \frac{2}{3}kZ \cdot \frac{2}{3} - c\frac{\dot{Z}}{3} \cdot \frac{1}{3} - \frac{\pi}{8}\gamma L^2 \ddot{Z} - \frac{5\pi}{768}\gamma L^3 \ddot{Z} \cdot \frac{2}{3L}\right]\delta Z = 0$$

又因 $\delta Z \neq 0$；则有 $\dfrac{149\pi}{1\,152}\gamma L^2 \ddot{Z} + \dfrac{1}{9}c\dot{Z} + \dfrac{4}{9}kZ = p(t)$

$$m^* \ddot{Z} + c^* \dot{Z} + k^* Z = p^*(t)$$

其中：$m^* = \dfrac{149\pi}{1\,152}\gamma L^2$, $c^* = \dfrac{1}{9}c$, $k^* = \dfrac{4}{9}k$, $p^*(t) = p(t)$

**8-4** 按习题 8-3 的要求计算图 P8-2 所示结构。

**解：** 假设：$Z' = -Z$

$$f_{I1} = m \cdot \frac{\ddot{Z}'}{2} = -\frac{m}{2}\ddot{Z}; \quad f_{M1} = I_{c1} \cdot \frac{\ddot{Z}'}{3L} = m\frac{(3L)^2}{12} \cdot \frac{\ddot{Z}'}{3L} = -\frac{mL}{4} \cdot \ddot{Z};$$

$$f_{D2} = c \cdot \dot{Z}' = -c\dot{Z}; \quad f_{M3} = I_{c2} \cdot \frac{\ddot{Z}'}{L/2} = m\frac{(L/2)^2}{2} \cdot \frac{\ddot{Z}'}{L/2} = -\frac{mL}{4}\ddot{Z};$$

$$f_{S4} = k \cdot Z' = -kZ$$

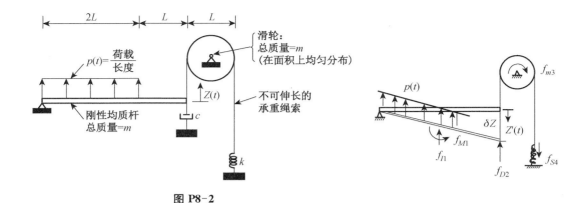

图 P8-2

**虚功原理：**

$$\delta W = -\int_0^{2L} \bar{p}(t)\left(\frac{x}{3L}\delta Z'\right)\mathrm{d}x - f_{I1}\cdot\frac{\delta Z'}{2} - f_{M1}\cdot\frac{\delta Z'}{3L} - f_{D2}\cdot\delta Z' - f_{m3}\cdot\frac{\delta Z'}{L/2} - f_{S4}\cdot\delta Z'$$
$$= 0$$

因为 $\delta Z' \neq 0$，所以 $\dfrac{2L}{3}\bar{p}(t) + \dfrac{1}{2}f_{I1} + \dfrac{1}{3L}f_{M1} + f_D + \dfrac{2}{L}f_{M3} + f_{S4} = 0$

当 $Z(t) < 0$ 时

$$\frac{2L}{3}\bar{p}(t) + \frac{1}{2}\left(-m\frac{\ddot{Z}}{2}\right) + \frac{1}{3L}\left(-mL\frac{\ddot{Z}}{4}\right) + (-c\dot{Z}) - \frac{2}{L}\left(-mL\frac{\ddot{Z}}{4}\right) + (-kZ) = 0$$

$$\frac{5}{6}m\ddot{Z} + c\dot{Z} + kZ = \frac{2L}{3}\bar{p}(t)$$

$$m^*\ddot{Z} + c^*\dot{Z} + k^*Z = p^*(t)$$

其中：$m^* = \dfrac{5}{6}m$，$c^* = c$，$k^* = k$，$p^*(t) = \dfrac{2L}{3}\bar{p}(t)$

当 $Z(t) > 0$ 时，圆盘仍转，但弹簧力不再作用。
$$m^*\ddot{Z} + c^*\dot{Z} = p^*(t)$$

**8-5** 按习题 8-3 的要求计算图 P8-3 所示的结构。(提示：这个体系仅有一个动力自由度；它是与质量 $m$ 的转动惯量相联系的。)

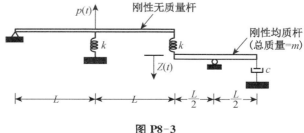

图 P8-3

**解：**
$$\sum M_A = 0: [f_{S1} + p(t)]L - f_{S2}\times 2L = 0$$

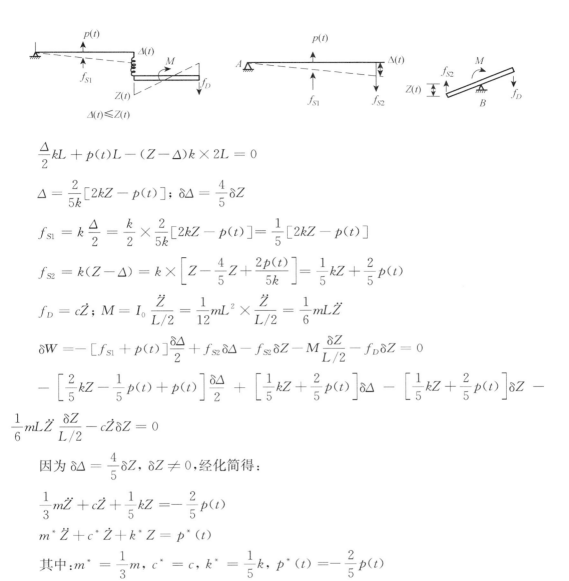

$$\frac{\Delta}{2}kL + p(t)L - (Z-\Delta)k \times 2L = 0$$

$$\Delta = \frac{2}{5k}[2kZ - p(t)]; \quad \delta\Delta = \frac{4}{5}\delta Z$$

$$f_{S1} = k\frac{\Delta}{2} = \frac{k}{2} \times \frac{2}{5k}[2kZ - p(t)] = \frac{1}{5}[2kZ - p(t)]$$

$$f_{S2} = k(Z-\Delta) = k \times \left[Z - \frac{4}{5}Z + \frac{2p(t)}{5k}\right] = \frac{1}{5}kZ + \frac{2}{5}p(t)$$

$$f_D = c\dot{Z}; \quad M = I_0 \frac{\ddot{Z}}{L/2} = \frac{1}{12}mL^2 \times \frac{\ddot{Z}}{L/2} = \frac{1}{6}mL\ddot{Z}$$

$$\delta W = -[f_{S1} + p(t)]\frac{\delta\Delta}{2} + f_{S2}\delta\Delta - f_{S2}\delta Z - M\frac{\delta Z}{L/2} - f_D\delta Z = 0$$

$$-\left[\frac{2}{5}kZ - \frac{1}{5}p(t) + p(t)\right]\frac{\delta\Delta}{2} + \left[\frac{1}{5}kZ + \frac{2}{5}p(t)\right]\delta\Delta - \left[\frac{1}{5}kZ + \frac{2}{5}p(t)\right]\delta Z -$$

$$\frac{1}{6}mL\ddot{Z}\frac{\delta Z}{L/2} - c\dot{Z}\delta Z = 0$$

因为 $\delta\Delta = \frac{4}{5}\delta Z$, $\delta Z \neq 0$,经化简得:

$$\frac{1}{3}m\ddot{Z} + c\dot{Z} + \frac{1}{5}kZ = -\frac{2}{5}p(t)$$

$$m^*\ddot{Z} + c^*\dot{Z} + k^*Z = p^*(t)$$

其中: $m^* = \frac{1}{3}m$, $c^* = c$, $k^* = \frac{1}{5}k$, $p^*(t) = -\frac{2}{5}p(t)$

**8-6** 图 P8-4 所示的柱子,由于规定它的位移形状函数为: $\psi(x) = \frac{v(x,t)}{Z(t)} = \left(\frac{x}{L}\right)^2 \left(\frac{3}{2} - \frac{x}{2L}\right)$,故可作为单自由度体系处理。用 $\bar{m}$ 表示每单位长度的均布质量,用 $EI$ 表示不变的刚度。用 $\bar{p}(t)$ 表示单位长度的均布荷载。试计算广义物理特性 $m^*$, $k^*$ 和广义荷载 $p^*(t)$。

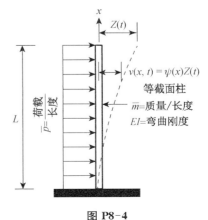

图 P8-4

**解:** $m^* = \int_0^L \bar{m}\psi^2(x)\mathrm{d}x$

$$= \int_0^L \bar{m}\left(\frac{x}{L}\right)^4 \left(\frac{3}{2} - \frac{x}{2L}\right)^2 \mathrm{d}x$$

$$= \frac{\bar{m}}{4L^4}\int_0^L x^4\left(9-6\frac{x}{L}+\frac{x^2}{L^2}\right)dx$$

$$= \frac{\bar{m}}{4L^4}\left[\frac{9}{5}x^5-\frac{x^6}{L}+\frac{x^7}{7L^2}\right]_0^L = \frac{33}{140}\bar{m}L$$

$$\psi'(x) = \frac{3}{2L^2}\left(2x-\frac{x^2}{L}\right);\psi''(x) = \frac{3}{L^2}\left(1-\frac{x}{L}\right)$$

$$k^* = \int_0^L EI\,(\psi''(x))^2\,dx = \int_0^L EI\,\frac{9}{L^4}\left(1-\frac{x}{L}\right)^2 dx = -\frac{9EI}{3L^3}\left[\left(1-\frac{x}{L}\right)^3\right]_0^L = \frac{3EI}{L^3}$$

$$p^*(t) = \int_0^L \bar{p}\psi(x)\,dx = \int_0^L \bar{p}\left(\frac{x}{L}\right)^2\left(\frac{3}{2}-\frac{x}{2L}\right)dx = \frac{\bar{p}}{2L^2}\left[x^3-\frac{x^4}{4L}\right]_0^L = \frac{3}{8}\bar{p}L$$

**8-7** (a) 如果有一向下的荷载 $N$ 作用于习题 8-6 的柱子顶端，试用同样的形状函数 $\psi(x)$ 计算它的联合广义刚度 $k^*$。

(b) 重复计算(a)题。假设轴向力 $N$ 沿柱子高度线性变化，即 $N(x)=N[1-(x/L)]$。

**解：**(a) $k_G^* = \int_0^L N[\psi'(x)]^2 dx = \int_0^L N\frac{9}{4L^4}\left(2x-\frac{x^2}{L}\right)^2 dx$

$$= \frac{9N}{4L^4}\left[\frac{4}{3}x^3-\frac{x^4}{L}+\frac{x^5}{5L^2}\right]_0^L = \frac{6}{5}\frac{N}{L}$$

$$\bar{k}^* = k^* - k_G^* = \frac{3EI}{L^3}-\frac{6}{5}\frac{N}{L}$$

若 $\bar{k}^* = 0, N = N_{cr}$，压杆发生屈曲（失稳）

$$\frac{3EI}{L^3}-\frac{6}{5}\frac{N_{cr}}{L}=0;\;N_{cr}=\frac{5EI}{2L^2};$$

$$\bar{k}^* = k^* - k_G^* = \frac{3EI}{L^3}-\frac{6}{5}\frac{N}{L} = k^*\left(1-\frac{N}{N_{cr}}\right)$$

(b) $k_G^* = \int_0^L N\left(1-\frac{x}{L}\right)[\psi'(x)]^2 dx = \int_0^L N\left(1-\frac{x}{L}\right)\frac{9}{4L^4}\left(2x-\frac{x^2}{L}\right)^2 dx$

$$= \frac{9N}{4L^4}\left[\frac{4}{3}x^3-2\frac{x^4}{L}+\frac{x^5}{L^2}-\frac{1}{6}\frac{x^6}{L^3}\right]_0^L = \frac{3}{8}\frac{N}{L}$$

$$\bar{k}^* = k^* - k_G^* = \frac{3EI}{L^3}-\frac{3}{8}\frac{N}{L}$$

若 $\bar{k}^* = 0, N = N_{cr}$，压杆发生屈曲（失稳）

$$\frac{3EI}{L^3}-\frac{3}{8}\frac{N_{cr}}{L}=0;\;N_{cr}=\frac{8EI}{L^2};$$

$$\bar{k}^* = k^* - k_G^* = \frac{3EI}{L^3}-\frac{3}{8}\frac{N}{L} = k^*\left(1-\frac{N}{N_{cr}}\right)$$

**8-8** 假设图 8-4 所示的均质板为边长为 $a$ 的正方形，四边简支：

（a）如果它的单位面积的质量为 $\gamma$，它的弯曲刚度为 $D$，试用中心位移坐标 $Z(t)$ 确定它的广义特性 $m^*$ 和 $k^*$。假设位移函数为

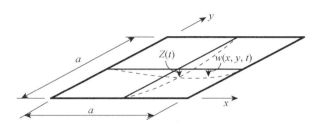

**图 8-4** 简支两维板处理为单自由度体系

$$\psi(x, y) = \sin\frac{\pi x}{a}\sin\frac{\pi y}{a}$$

(b) 若单位面积的均布外荷载为 $\bar{p}(t)$，试用(a)题的位移函数确定广义荷载 $p^*(t)$。

**解：** $\psi(x, y) = \sin\dfrac{\pi x}{a}\sin\dfrac{\pi y}{a}$

$\psi_x(x, y) = \dfrac{\pi}{a}\cos\dfrac{\pi x}{a}\sin\dfrac{\pi y}{a}$；$\psi_{xx}(x, y) = -\dfrac{\pi^2}{a^2}\sin\dfrac{\pi x}{a}\sin\dfrac{\pi y}{a} = -\dfrac{\pi^2}{a^2}\psi(x, y)$

$\psi_y(x, y) = \dfrac{\pi}{a}\sin\dfrac{\pi x}{a}\cos\dfrac{\pi y}{a}$；$\psi_{yy}(x, y) = -\dfrac{\pi^2}{a^2}\sin\dfrac{\pi x}{a}\sin\dfrac{\pi y}{a} = -\dfrac{\pi^2}{a^2}\psi(x, y)$

$\psi_{xy}(x, y) = \dfrac{\pi^2}{a^2}\cos\dfrac{\pi x}{a}\cos\dfrac{\pi y}{a} = \dfrac{\pi^2}{a^2}\psi_{yx}(x, y)$

$m^* = \displaystyle\int_A \gamma(x, y)\left[\psi(x, y)\right]^2 dA = \int_0^a\int_0^a \gamma\sin^2\dfrac{\pi x}{a}\sin^2\dfrac{\pi y}{a}dxdy$

$\qquad = \gamma\displaystyle\int_0^a\sin^2\dfrac{\pi x}{a}dx\int_0^a\sin^2\dfrac{\pi y}{a}dy = \dfrac{\gamma a^2}{4}$

$\displaystyle\int_A (\psi_{xx} + \psi_{yy})^2 dA = \int_A\left(-\dfrac{\pi^2}{a^2}\psi - \dfrac{\pi^2}{a^2}\psi\right)^2 dA = \dfrac{4\pi^4}{a^4}\int_A \psi^2 dA = \dfrac{\pi^4}{a^2}$

$\displaystyle\int_A (\psi_{xx}\cdot\psi_{yy})dA = \int_A\left(-\dfrac{\pi^2}{a^2}\psi\right)\cdot\left(-\dfrac{\pi^2}{a^2}\psi\right)dA = \dfrac{\pi^4}{a^4}\int_A \psi^2 dA = \dfrac{\pi^4}{4a^2}$

$\displaystyle\int_A \psi_{xy}dA = \dfrac{\pi^2}{a^2}\int_0^a\int_0^a\cos\dfrac{\pi x}{a}\cos\dfrac{\pi y}{a}dxdy = \dfrac{\pi^2}{a^2}\int_0^a\cos\dfrac{\pi x}{a}dx\int_0^a\cos\dfrac{\pi y}{a}dy = 0$

$k^* = D\displaystyle\int_A\left[(\psi_{xx} + \psi_{yy})^2 - 2(1-\mu)(\psi_{xx}\cdot\psi_{yy} - \psi_{xy})\right]dA$

$\qquad = D\displaystyle\int_A(\psi_{xx}+\psi_{yy})^2 dA - 2D(1-\mu)\int_A\psi_{xx}\cdot\psi_{yy}dA + 2D(1-\mu)\int_A\psi_{xy}dA$

$\qquad = D\dfrac{\pi^4}{a^2} - 2D(1-\mu)\dfrac{\pi^4}{4a^2} = \dfrac{D\pi^4}{2a^2}(1+\mu)$ 　其中：$\mu$ 为泊松比

(b) $p^* = \displaystyle\int_A p(x, y)\psi(x, y)dA = \int_0^a\int_0^a \bar{p}\sin\dfrac{\pi x}{a}\sin\dfrac{\pi y}{a}dxdy = \dfrac{4a^2\bar{p}}{\pi^2}$

**8-9** 一锥形混凝土烟囱，其外部直径、高度和材料特性如图 P8-5 所示。假设烟囱的均匀壁厚为 8 in[20.32 cm]，而挠曲形状函数为

$$\psi(x) = 1 - \cos\frac{\pi x}{2L}$$

试计算结构的广义质量 $m^*$ 和广义刚度 $k^*$。将高度二等分,用 Simpson 法则以底部、中间及顶部截面被积函数值计算积分,例如

$$m^* = \frac{\Delta x}{3}(y_0 + 4y_1 + y_2)$$

其中 $y_i = m_i \psi_i^2$,是在"$i$"水平面上所计算的被积函数值。

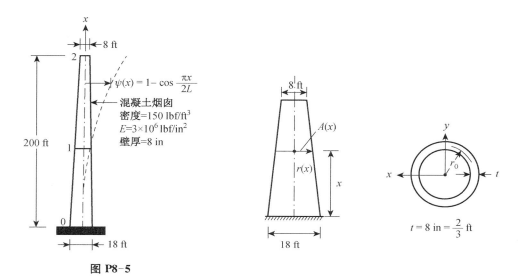

图 P8-5

**解**:烟筒壁厚:$t = 8$ in[20.32 cm];$L = 200$ ft[60.96 m];$E = 3 \times 10^6$ lbf/in$^2$ [20.685 GPa];

混凝土烟筒密度:$\rho = 150$ lbf/ft$^3$ [2 402.56 kg/m$^3$]

$r(x)$ 为距地面为 $x$ 处的外半径,$A(x)$ 为距地面为 $x$ 处的横截面面积。

$$r(x) = 4 + 5\left(1 - \frac{x}{L}\right) = 9 - 5\frac{x}{L} \text{ (ft)}$$

$$= 1.219\,2 + 1.524\left(1 - \frac{x}{L}\right) = 2.743\,2 - 1.524\frac{x}{L} \text{ (m)}$$

$$A(x) = \pi r^2 - \pi(r-t)^2 = \pi t(2r - t)$$

烟筒单位长度质量为:

$$\bar{m} = \rho A(x) = \rho \pi t (2r - t)$$

$$m^* = \int_0^L \bar{m}\psi^2 \, dx = \rho\pi t \int_0^L (2r - t)\left(1 - \cos\frac{\pi x}{2L}\right)^2 dx = \rho\pi t \int_0^L y(x) \, dx$$

$$\approx \rho\pi t \times \frac{\Delta x}{3}(y_0 + 4y_1 + y_2) = \rho\pi t \times \frac{\Delta x}{3}[y(0) + 4y(L/2) + y(L)]$$

$$= \rho\pi t \times \frac{30.48}{3}[0 + 4 \times 0.322\,5 + 2.235\,2] = 54\,931 \text{ kg}(积分值为:59\,002 \text{ kg})$$

$$r_0 = r(x) - \frac{t}{2} = 2.632 - 1.524\frac{x}{L}$$

$$I_x = \frac{\pi}{64}(D^4 - d^4) = \frac{\pi}{4}(r^4 - r_0^4)$$

$$\psi''(x) = \left(\frac{\pi}{2L}\right)^2 \cos\frac{\pi x}{2L}$$

$$k^* = \int_0^L EI_x [\psi''(x)]^2 \mathrm{d}x$$

$$= \int_0^L E\frac{\pi}{4}(r^4 - r_0^4) \times \left(\frac{\pi}{2L}\right)^4 \cos^2\frac{\pi x}{2L}\mathrm{d}x$$

$$\approx \frac{\Delta x}{3}(z_0 + 4z_1 + z_2) = \frac{\Delta x}{3}[z(0) + 4z(L/2) + z(L)]$$

$$= \frac{30.48}{3}[56\,829 + 4 \times 10\,476 + 0] = 1\,003.1\ \mathrm{kN/m}(积分值为:1\,053.5\ \mathrm{kN/m})$$

**8-10** 试用 Rayleigh 法计算图 P8-6 所示跨中支承质量 $m_1$ 的均质等截面梁的振动周期。采用跨中荷载 $p$ 引起的挠度作为假设的形状, 亦即 $v(x) = px(3L^2 - 4x^2)/48EI$ ($0 \leqslant x \leqslant L/2$), 在 $x = L/2$ 处对称。考察如下两种情况: (a) $m_1 = 0$; (b) $m_1 = 3\bar{m}L$。

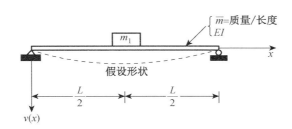

**图 P8-6**

**解**: (a) $m_1 = 0$

$$v^{(0)}\left(\frac{L}{2}\right) = \frac{pL^3}{48EI} = Z_0^{(0)}; \quad p = \frac{48EI}{L^3}Z_0^{(0)}$$

$$v^{(0)}(x) = \frac{px}{48EI}(3L^2 - 4x^2) = \frac{pL^3}{48EI}\cdot\frac{3L^2 x - 4x^3}{L^3} = Z_0^{(0)}\psi^{(0)}(x)$$

$$\psi^{(0)}(x) = \frac{3L^2 x - 4x^3}{L^3}$$

势能: $V_{\max} = \frac{1}{2}pZ_0^{(0)} = \frac{24EI}{L^3}[Z_0^{(0)}]^2$

动能: $T_{\max}^{杆} = \frac{1}{2}\int_0^L \bar{m}\omega^2[v^{(0)}(x)]^2 \mathrm{d}x = \frac{\bar{m}\omega^2}{2}[Z_0^{(0)}]^2 \int_0^L[\psi^{(0)}(x)]^2 \mathrm{d}x$

$$= \frac{\bar{m}\omega^2}{2}[Z_0^{(0)}]^2 \int_0^L\left[\frac{3L^2 x - 4x^3}{L^3}\right]^2 \mathrm{d}x = \frac{\bar{m}\omega^2}{2}[Z_0^{(0)}]^2 \cdot \frac{17}{35}L$$

$$= \frac{17}{70}L\bar{m}\omega^2 [Z_0^{(0)}]^2$$

$$T_{\max}^{\text{杆}} = V_{\max}; \frac{17}{70}L\bar{m}\omega^2 [Z_0^{(0)}]^2 = \frac{24EI}{L^3}[Z_0^{(0)}]^2;$$

$$\omega^2 = 98.82\frac{EI}{\bar{m}L^4}; 振动周期: T = \frac{2\pi}{\omega} = 0.632L^2\sqrt{\frac{\bar{m}}{EI}}$$

(b) $m_1 = 3\bar{m}L$

$$T_{\max}^{m_1} = \frac{1}{2}m_1\omega^2 [v(x=0.5L)]^2 = \frac{3L\bar{m}}{2}\omega^2 [Z_0^{(0)}]^2$$

$$T_{\max} = T_{\max}^{\text{杆}} + T_{\max}^{m_1} = \frac{17}{70}L\bar{m}\omega^2 [Z_0^{(0)}]^2 + \frac{3L\bar{m}}{2}\omega^2 [Z_0^{(0)}]^2 = \frac{61}{35}L\bar{m}\omega^2 [Z_0^{(0)}]^2$$

$$T_{\max}^{\text{杆}} = V_{\max}; \frac{61}{35}L\bar{m}\omega^2 [Z_0^{(0)}]^2 = \frac{24EI}{L^3}[Z_0^{(0)}]^2;$$

$$\omega^2 = 13.77\frac{EI}{\bar{m}L^4}; 振动周期: T = \frac{2\pi}{\omega} = 1.693L^2\sqrt{\frac{\bar{m}}{EI}}$$

**8-11** (a) 试确定图 P8-7 所示的刚架的振动周期。假设大梁是刚性的,并假设柱子的挠曲形状就是横向荷载 $p$ 作用在大梁上所引起的挠曲形状,即 $v(x) = p(3L^2x - x^3)/12EI$;

(b) 将全部柱子重量的多少集中到大梁上,才可以得到和(a)计算所得相同的振动周期。

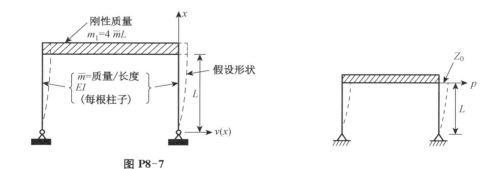

图 P8-7

**解**:(a) 柱的挠曲线函数为:

$$v(x) = \frac{p(3L^2x - x^3)}{12EI}; v(L) = \frac{pL^3}{6EI} = Z_0; p = \frac{6EI}{L^3}Z_0$$

$$v(x) = \frac{p(3L^2x - x^3)}{12EI} = \frac{6EI}{L^3}Z_0 \cdot \frac{3L^2x - x^3}{12EI} = \frac{3L^2x - x^3}{2L^3} \cdot Z_0 = \psi(x) \cdot Z_0$$

柱的形状函数为: $\psi(x) = \frac{3L^2x - x^3}{2L^3}$

势能: $V_{\max} = \frac{1}{2}pZ_0 = \frac{3EI}{L^3}Z_0^2$

动能:$T_{\max} = \frac{1}{2}m_1[\dot{v}(L)]^2 + 2\int_0^L \bar{m}[\dot{v}(x)]^2 \mathrm{d}x$

$= \frac{1}{2} \times 4\bar{m}L[Z_0\omega]^2 + 2\int_0^L \bar{m}[Z_0\omega\psi(x)]^2 \mathrm{d}x$

$= 2\bar{m}LZ_0^2\omega^2 + \bar{m}Z_0^2\omega^2 \int_0^L \left[\frac{3L^2x - x^3}{2L^3}\right]^2 \mathrm{d}x$

$= 2\bar{m}LZ_0^2\omega^2 + \bar{m}Z_0^2\omega^2 \times \frac{17}{35}L = \frac{87}{35}\bar{m}LZ_0^2\omega^2$

$V_{\max} = T_{\max}$;$\frac{3EI}{L^3}Z_0^2 = \frac{87}{35}\bar{m}LZ_0^2\omega^2$;$\omega^2 = \frac{105}{87}\frac{EI}{\bar{m}L^4} = 1.2069\frac{EI}{\bar{m}L^4}$

$\omega = 1.0986\sqrt{\frac{EI}{\bar{m}L^4}}$;$T = \frac{2\pi}{\omega} = 5.7193L^2\sqrt{\frac{\bar{m}}{EI}}$

(b)

势能:$V_{\max} = \frac{1}{2}pZ_0 = \frac{3EI}{L^3}Z_0^2$

动能:$T_{\max} = \frac{1}{2}m[\dot{v}(L)]^2 = \frac{(4+b)\bar{m}L}{2}[Z_0\omega]^2 = \frac{(4+b)\bar{m}L}{2}Z_0^2\omega^2$

$V_{\max} = T_{\max}$;$\frac{3EI}{L^3}Z_0^2 = \frac{(4+b)\bar{m}L}{2}Z_0^2\omega^2$;$\omega^2 = \frac{6}{4+b}\frac{EI}{\bar{m}L^4} = 1.2069\frac{EI}{\bar{m}L^4}$

$\frac{6}{4+b} = 1.2069$;$b = 0.9714$

所以,将全部柱子重量的0.4857倍集中到大梁上,可以得到和(a)计算所得相同的振动周期。

**8-12** 图P8-8所示剪切型建筑物,其所有的质量都集中在刚性大梁上,利用图中给定的质量和刚度特性,以及假设初始形状为线性的(如图所示),试用以下方法计算振动周期:

(a) Rayleigh $R_{00}$ 法;

(b) Rayleigh $R_{01}$ 法;

(c) Rayleigh $R_{11}$ 法。

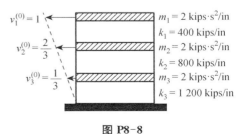

图 P8-8

**解:** (a) 令 $m = m_1 = m_2 = m_3 = 350.2 \times 10^3$ kg[2 kips·s²/in];

$k = k_1 = 70\,040$ kN/m[400 kips/in] 则 $k_2 = 2k$,$k_3 = 3k$

$Z_0^{(0)} = \psi_1^{(0)} = 1$;$\psi_2^{(0)} = \frac{2}{3}$;$\psi_3^{(0)} = \frac{1}{3}$

势能：$V_{\max}^{(0)} = \frac{1}{2} \sum k_i [\Delta v_i^{(0)}]^2 = \frac{1}{2} (Z_0^{(0)})^2 \sum k_i [\Delta \psi_i^{(0)}]^2$

$$= \frac{1}{2}\left[k\left(1-\frac{2}{3}\right)^2 + 2k\left(\frac{2}{3}-\frac{1}{3}\right)^2 + 3k\left(\frac{1}{3}-0\right)^2\right] = \frac{k}{3}$$

动能：$T_{\max}^{(0)} = \frac{1}{2}\sum m_i [\dot{v}_i^{(0)}]^2 = \frac{1}{2}\omega^2 (Z_0^{(0)})^2 \sum m_i [\psi_i^{(0)}]^2$

$$= \frac{1}{2}\omega^2 [m(1)^2 + m\left(\frac{2}{3}\right)^2 + m\left(\frac{1}{3}\right)^2] = \frac{7m}{9}\omega^2$$

$V_{\max}^{(0)} = T_{\max}^{(0)}$；$\omega^2 = \frac{3k}{7m} = \frac{3 \times 70\,040}{7 \times 350.2} = 85.71$；$\omega = 9.26 \text{ rad/s}$

(b) $F_i = \omega^2 m_i v_i^{(0)}$

$\Delta v_1 = \frac{m\omega^2}{k}$, $\Delta v_2 = \frac{\frac{5m}{3}\omega^2}{k_2} = \frac{5m\omega^2}{6k}$, $\Delta v_3 = \frac{2m\omega^2}{k_3} = \frac{2m\omega^2}{3k}$

$v_3^{(1)} = \Delta v_3 = \frac{2m\omega^2}{3k} = \left(\frac{4}{15}\omega^2\right)\bar{Z}_0^{(1)}$

$v_2^{(1)} = \Delta v_3 + \Delta v_2 = \frac{2m\omega^2}{3k} + \frac{5m\omega^2}{6k} = \frac{3m\omega^2}{2k} = \left(\frac{3}{5}\omega^2\right)\bar{Z}_0^{(1)}$

$v_1^{(1)} = \Delta v_3 + \Delta v_2 + \Delta v_1 = \frac{2m\omega^2}{3k} + \frac{5m\omega^2}{6k} + \frac{m\omega^2}{k} = \frac{5m\omega^2}{2k} = (1.0\omega^2)\bar{Z}_0^{(1)}$

$\bar{Z}_0^{(1)} = \frac{5m}{2k}$；$\psi_3^{(1)} = \frac{4}{15}\omega^2$；$\psi_2^{(1)} = \frac{3}{5}\omega^2$；$\psi_1^{(1)} = 1.0\omega^2$

$V_{\max}^{(1)} = \frac{1}{2}\sum p_i^{(0)} v_i^{(1)} = \frac{\omega^2}{2}\bar{Z}_0^{(1)} Z_0^{(0)} \sum m_i \psi_i^{(0)} \psi_i^{(1)}$

$$= \frac{\omega^2}{2} \times \frac{5m}{2k} \times 1 \times [m \times 1 \times \omega^2 + m \times \frac{2}{3} \times \frac{3}{5}\omega^2 + m \times \frac{1}{3} \times \frac{4}{15}\omega^2]$$

$$= \frac{5m^2\omega^4}{4k} \times \frac{67}{45} = \frac{67}{36}\frac{m^2\omega^4}{k}$$

$T_{\max}^{(0)} = \frac{1}{2}\sum m_i [\dot{v}_i^{(0)}]^2 = \frac{1}{2}\omega^2 (Z_0^{(0)})^2 \sum m_i [\psi_i^{(0)}]^2 = \frac{7m}{9}\omega^2$（同(a)部分解）

$V_{\max}^{(1)} = T_{\max}^{(0)}$；$\frac{67}{36}\frac{m^2}{k}\omega^4 = \frac{7m}{9}\omega^2$

$\omega^2 = \frac{28}{67} \cdot \frac{k}{m} = \frac{28}{67} \cdot \frac{70\,040 \times 10^3}{350.2 \times 10^3} = 83.582\,1$；$\omega = 9.142\,3 \text{ rad/s}$

(c)
$$T_{\max}^{(1)} = \frac{1}{2}\sum m_i [\dot{v}_i^{(1)}]^2 = \frac{1}{2}\omega^2 (\bar{Z}_0^{(1)})^2 \sum m_i [\psi_i^{(1)}]^2$$
$$= \frac{\omega^2}{2} \times \left(\frac{5m}{2k}\right)^2 \times \left[m \times (\omega^2)^2 + m \times \left(\frac{3}{5}\omega^2\right)^2 + m \times \left(\frac{4}{15}\omega^2\right)^2\right] = \frac{161}{36}\frac{m^3\omega^6}{k^2}$$

$V_{\max}^{(1)} = T_{\max}^{(1)}; \quad \frac{67}{36}\frac{m^2\omega^4}{k} = \frac{161}{36}\frac{m^3\omega^6}{k^2}$

$\omega^2 = \frac{67}{161} \cdot \frac{k}{m} = \frac{67}{161} \cdot \frac{70\,040 \times 10^3}{350.2 \times 10^3} = 83.240\,5; \quad \omega = 9.123\,6 \text{ rad/s}$

**8-13** 如果建筑物特性为 $m_1 = 1$ kips·s²/in[$175.1 \times 10^3$ kg], $m_2 = 2$ kips·s²/in [$350.2 \times 10^3$ kg], $m_3 = 3$ kips·s²/in[$525.3 \times 10^3$ kg], $k_1 = k_2 = k_3 = 800$ kips/in [140 080 kN/m], 试重新计算习题 8-12。

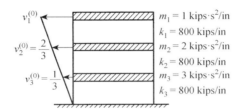

**解：**(a) 令 $k = k_1 = k_2 = k_3 = 140\,080$ kN/m;

$m = m_1 = 175.1 \times 10^3$ kg, $m_2 = 2m$, $m_3 = 3m$

$Z_0^{(0)} = \psi_1^{(0)} = 1; \quad \psi_2^{(0)} = \frac{2}{3}; \quad \psi_3^{(0)} = \frac{1}{3}$

$$V_{\max}^{(0)} = \frac{1}{2}\sum k_i [\Delta v_i^{(0)}]^2 = \frac{1}{2}(Z_0^{(0)})^2 \sum k_i [\Delta \psi_i^{(0)}]^2$$
$$= \frac{1}{2}\left[k\left(1-\frac{2}{3}\right)^2 + k\left(\frac{2}{3}-\frac{1}{3}\right)^2 + k\left(\frac{1}{3}-0\right)^2\right] = \frac{k}{6}$$

$$T_{\max}^{(0)} = \frac{1}{2}\sum m_i [\dot{v}_i^{(0)}]^2 = \frac{1}{2}\omega^2 (Z_0^{(0)})^2 \sum m_i [\psi_i^{(0)}]^2$$
$$= \frac{1}{2}\omega^2\left[m \times (1)^2 + 2m \times \left(\frac{2}{3}\right)^2 + 3m \times \left(\frac{1}{3}\right)^2\right] = \frac{10m}{9}\omega^2$$

$V_{\max}^{(0)} = T_{\max}^{(0)}; \quad \omega^2 = \frac{3k}{20m} = \frac{3 \times 140\,080 \times 10^3}{20 \times 175.1 \times 10^3} = 120; \omega = 10.95$ rad/s

(b)

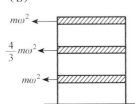

(剪力$= m\omega^2$)

(剪力$= (1+\frac{4}{3})m\omega^2 = \frac{7}{3}m\omega^2$)

(剪力$= (1+\frac{4}{3}+1)m\omega^2 = \frac{10}{3}m\omega^2$)

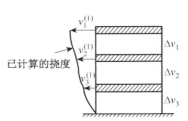

已计算的挠度

$$v_3^{(1)} = \Delta v_3 = \frac{10m}{3k}\omega^2 = \left(\frac{1}{2}\omega^2\right)\bar{Z}_0^{(1)}$$

$$v_2^{(1)} = \Delta v_3 + \Delta v_2 = \frac{10m\omega^2}{3k} + \frac{7m\omega^2}{3k} = \frac{17m\omega^2}{3k} = \left(\frac{17}{20}\omega^2\right)\bar{Z}_0^{(1)}$$

$$v_1^{(1)} = \Delta v_3 + \Delta v_2 + \Delta v_1 = \frac{10m\omega^2}{3k} + \frac{7m\omega^2}{3k} + \frac{m\omega^2}{k} = \frac{20m\omega^2}{3k} = (1.0\omega^2)\bar{Z}_0^{(1)}$$

$$\bar{Z}_0^{(1)} = \frac{20m}{3k}; \psi_3^{(1)} = \frac{1}{2}\omega^2; \psi_2^{(1)} = \frac{17}{20}\omega^2; \psi_1^{(1)} = 1.0\omega^2$$

$$V_{\max}^{(1)} = \frac{1}{2}\sum p_i^{(0)} v_i^{(1)} = \frac{\omega^2}{2}\bar{Z}_0^{(1)} Z_0^{(0)} \sum m_i \psi_i^{(0)} \psi_i^{(1)}$$

$$= \frac{\omega^2}{2} \times \frac{20m}{3k} \times 1 \times \left[m \times 1 \times \omega^2 + 2m \times \frac{2}{3} \times \frac{17}{20}\omega^2 + 3m \times \frac{1}{3} \times \frac{1}{2}\omega^2\right]$$

$$= \frac{10m^2}{3k}\omega^4 \times \frac{79}{30} = \frac{79}{9} \cdot \frac{m^2}{k}\omega^4$$

$$T_{\max}^{(0)} = \frac{1}{2}\sum m_i [\dot{v}_i^{(0)}]^2 = \frac{1}{2}\omega^2 (Z_0^{(0)})^2 \sum m_i [\psi_i^{(0)}]^2 = \frac{10m}{9}\omega^2 \text{(同(a)部分解)}$$

$$V_{\max}^{(1)} = T_{\max}^{(0)}; \frac{79m^2}{9k}\omega^4 = \frac{10m}{9}\omega^2$$

$$\omega^2 = \frac{10}{79} \cdot \frac{k}{m} = \frac{10}{79} \cdot \frac{140\,080 \times 10^3}{175.1 \times 10^3} = 101.266; \omega = 10.063\,1 \text{ rad/s}$$

(c) $T_{\max}^{(1)} = \frac{1}{2}\sum m_i [v_i^{(1)}]^2 = \frac{1}{2}\omega^2 (\bar{Z}_0^{(1)})^2 \sum m_i [\psi_i^{(1)}]^2$

$$= \frac{\omega^2}{2} \times \left(\frac{20m}{3k}\right)^2 \times \left[m(\omega^2)^2 + 2m \times \left(\frac{17}{20}\omega^2\right)^2 + 3m \times \left(\frac{1}{2}\omega^2\right)^2\right]$$

$$= \frac{213}{3} \cdot \frac{m^3}{k^2}\omega^6$$

$$V_{\max}^{(1)} = T_{\max}^{(1)}; \frac{79m^2}{9k}\omega^4 = \frac{213}{3} \cdot \frac{m^3}{k^2}\omega^6$$

$$\omega^2 = \frac{79}{213 \times 3} \cdot \frac{k}{m} = \frac{79}{213 \times 3} \cdot \frac{140\,080 \times 10^3}{175.1 \times 10^3} = 98.904\,5; \omega = 9.945\,1 \text{ rad/s}$$

# 第 II 篇　多自由度体系

# 第 9 章　多自由度运动方程的建立

**9-1**　简述选择结构多自由度分析模型的必要性?

**解**：虽然任何结构都可以简化为单自由度体系,但其结果的可靠性难以估计。为了更好地逼近结构真实的动力行为,并与结构主要的物理特性相适应,有必要构建结构的多自由度分析模型。

**9-2**　结构多自由度运动方程中刚度矩阵、质量矩阵和阻尼矩阵中各元素的物理意义?

**解**：结构的多自由度运动方程为 $m\ddot{v}(t) + c\dot{v}(t) + kv(t) = p(t)$

$m_{ij}$ 为质量影响系数,即由 $j$ 坐标单位加速度所引起的对应于 $i$ 坐标的力。

$c_{ij}$ 为阻尼影响系数,即由 $j$ 坐标单位速度所引起的对应于 $i$ 坐标的力。

$k_{ij}$ 为刚度影响系数,即由 $j$ 坐标单位位移所引起的对应于 $i$ 坐标的力。

**9-3**　建立图 9-1a 所示结构的运动方程。

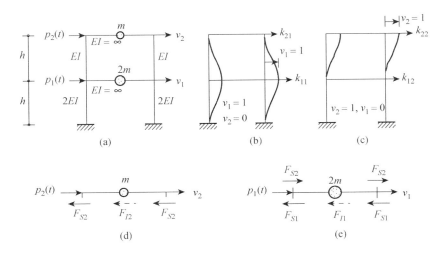

图 9-1

**解**：层间刚度为：

$$k_1 = 2 \times \frac{12 \times 2EI}{h^3} = \frac{48EI}{h^3} \; ; \; k_2 = 2 \times \frac{12 \times EI}{h^3} = \frac{24EI}{h^3}$$

利用 d'Alembert 原理的直接平衡法,由图 9-1d 和 9-1e 得：

$p_2(t)-2F_{S2}-F_{I2}=0$: $m\ddot{v}_2+k_2\times(v_2-v_1)=p_2(t)$

$p_1(t)-2F_{S1}+2F_{S2}-F_{I1}=0$: $2m\ddot{v}_1+k_1\times v_1-k_2\times(v_2-v_1)_1=p_1(t)$

运动方程：

$$m\begin{bmatrix}2 & 0\\ 0 & 1\end{bmatrix}\begin{bmatrix}\ddot{v}_1\\ \ddot{v}_2\end{bmatrix}+\frac{24EI}{h^3}\begin{bmatrix}3 & -1\\ -1 & 1\end{bmatrix}\begin{bmatrix}v_1\\ v_2\end{bmatrix}=\begin{bmatrix}p_1(t)\\ p_2(t)\end{bmatrix}$$

也可由图 9-1b 和图 9-1c 得到刚度影响系数：

$k_{11}=k_1+k_2=\dfrac{48EI}{h^3}+\dfrac{24EI}{h^3}=\dfrac{72EI}{h^3}$, $k_{21}=-k_2=-\dfrac{24EI}{h^3}$

$k_{22}=k_2=\dfrac{24EI}{h^3}$, $k_{12}=-k_2=-\dfrac{24EI}{h^3}$

刚度矩阵：

$$\boldsymbol{k}=\frac{24EI}{h^3}\begin{bmatrix}3 & -1\\ -1 & 1\end{bmatrix}$$

# 第 10 章 结构特性矩阵的计算

**10-1** 采用 Hermite 多项式[式(10-16)]作为形状函数 $\psi_i(x)$,试用式(10-21)的方法,对具有可变弯曲刚度 $EI(x) = EI_0(1+x/L)$ 的梁,计算有限单元刚度系数 $k_{23}$。

**解:** $\psi_2(x) = \dfrac{3x^2}{L^2} - \dfrac{2x^3}{L^3}$;$\psi_2''(x) = \dfrac{6}{L^2} - \dfrac{12x}{L^3}$

$\psi_3(x) = x - \dfrac{2x^2}{L} + \dfrac{x^3}{L^2}$;$\psi_3''(x) = -\dfrac{4}{L} + \dfrac{6x}{L^2}$

$$k_{23} = \int_0^L EI(x)\psi_2''(x)\psi_3''(x)\mathrm{d}x = \int_0^L EI_0\left(1+\dfrac{x}{L}\right)\left(\dfrac{6}{L^2} - \dfrac{12x}{L^3}\right)\left(-\dfrac{4}{L} + \dfrac{6x}{L^2}\right)\mathrm{d}x$$

$$= \dfrac{-12EI_0}{L^3}\int_0^L\left[2 - 5\dfrac{x}{L} - \left(\dfrac{x}{L}\right)^2 + 6\left(\dfrac{x}{L}\right)^3\right]\mathrm{d}x$$

$$= \dfrac{-12EI_0}{L^3}\left[2x - \dfrac{5x^2}{2L} - \dfrac{x^3}{3L^2} + \dfrac{3x^4}{2L^3}\right]_0^L = -\dfrac{8EI_0}{L^2}$$

**10-2** 把梁等分成四段,假定取式(10-16)的形状函数,并用 Simpson 法则计算积分,利用式(10-28)对具有非均匀质量分布 $m(x) = \bar{m}(1+x/L)$ 的梁计算一致质量系数 $m_{23}$。

**解:** $\psi_2(x) = \dfrac{3x^2}{L^2} - \dfrac{2x^3}{L^3}$;$\psi_3(x) = x - \dfrac{2x^2}{L} + \dfrac{x^3}{L^2}$;

$$m_{23} = \int_0^L m(x)\psi_2(x)\psi_3(x)\mathrm{d}x$$

$$= \int_0^L \bar{m}\left(1+\dfrac{x}{L}\right)\left(\dfrac{3x^2}{L^2} - \dfrac{2x^3}{L^3}\right)\left(x - \dfrac{2x^2}{L} + \dfrac{x^3}{L^2}\right)\mathrm{d}x$$

$$= \int_0^L y(x)\mathrm{d}x = 0.047\,6\bar{m}L^2$$

其中:$y(x) = \bar{m}\left(1+\dfrac{x}{L}\right)\left(\dfrac{3x^2}{L^2} - \dfrac{2x^3}{L^3}\right)\left(x - \dfrac{2x^2}{L} + \dfrac{x^3}{L^2}\right)$

用 Simpson 法则计算积分

$m_{23} = \dfrac{\Delta x}{3}(y_0 + 4y_1 + 2y_2 + 4y_3 + y_4)$

$y_0 = y(0) = 0$;$y_1 = y\left(\dfrac{L}{4}\right) = 0.027\,5L\bar{m}$;$y_2 = y\left(\dfrac{L}{2}\right) = 0.093\,8L\bar{m}$;

$y_3 = y\left(\dfrac{3L}{4}\right) = 0.069\,2L\bar{m}$;$y_4 = y(L) = 0$

$$m_{23} = \frac{\Delta x}{3}(y_0 + 4y_1 + 2y_2 + 4y_3 + y_4) = \frac{\frac{L}{4}}{3}(0 + 4 \times 0.027\,5L\bar{m} + 2 \times 0.093\,8L\bar{m}$$
$$+ 4 \times 0.069\,2L\bar{m} + 0) = 0.047\,9L^2\bar{m}$$

**10-3** 施加在某一根梁上的分布荷载为
$$p(x,t) = \bar{p}\left(2 + \frac{x}{L}\right)\sin\bar{\omega}t$$

用式(10-34a)，根据式(10-16)的形状函数写出随时间变化的一致荷载分量 $p_2(t)$ 的表达式。

**解：** $\psi_2(x) = \frac{3x^2}{L^2} - \frac{2x^3}{L^3}$

$$p_2(t) = \int_0^L p(x,t)\psi_2(x)dx$$
$$= \bar{p}\sin\bar{\omega}t \int_0^L \left(2 + \frac{x}{L}\right)\left(\frac{3x^2}{L^2} - \frac{2x^3}{L^3}\right)dx$$
$$= \bar{p}\sin\bar{\omega}t \int_0^L \left(\frac{6x^2}{L^2} - \frac{x^3}{L^3} - \frac{2x^4}{L^4}\right)dx$$
$$= \bar{p}\sin\bar{\omega}t \left[\frac{2x^3}{L^2} - \frac{x^4}{4L^3} - \frac{2x^5}{5L^4}\right]_0^L = \frac{27}{20}L\bar{p}\sin\bar{\omega}t = 1.35L\bar{p}\sin\bar{\omega}t$$

**10-4** 利用式(10-16)（注：书中有误）的形状函数和 Simpson 法则计算积分（取 $\Delta x = L/4$），应用式(10-42)对具有分布轴力 $N(x) = N_0(2 - x/L)$ 的梁计算一致几何刚度系数 $k_{G23}$（英文版中为 $k_{G24}$）。

**解：** $\psi_2(x) = \frac{3x^2}{L^2} - \frac{2x^3}{L^3}$; $\psi_2'(x) = \frac{6x}{L^2} - \frac{6x^2}{L^3} = \frac{6}{L^2}\left(x - \frac{x^2}{L}\right)$

$\psi_3(x) = x - \frac{2x^2}{L} + \frac{x^3}{L^2}$; $\psi_3'(x) = 1 - \frac{4x}{L} + \frac{3x^2}{L^2}$

$\psi_4(x) = \frac{x^3}{L^2} - \frac{x^2}{L}$; $\psi_4'(x) = \frac{3x^2}{L^2} - \frac{2x}{L}$

$$k_{G23} = \int_0^L N(x)\psi_2'(x)\psi_3'(x)dx = \int_0^L N_0\left(2 - \frac{x}{L}\right)\left(\frac{6x}{L^2} - \frac{6x^2}{L^3}\right)\left(1 - \frac{4x}{L} + \frac{3x^2}{L^2}\right)dx$$
$$= \int_0^L y(x)dx = -0.1N_0$$

其中：$y(x) = N_0\left(2 - \frac{x}{L}\right)\left(\frac{6x}{L^2} - \frac{6x^2}{L^3}\right)\left(1 - \frac{4x}{L} + \frac{3x^2}{L^2}\right)$

用 Simpson 法则计算积分

$$k_{G23} = \frac{\Delta x}{3}(y_0 + 4y_1 + 2y_2 + 4y_3 + y_4)$$

$y_0 = y(0) = 0$; $y_1 = y\left(\frac{L}{4}\right) = 0.369\,1\frac{N_0}{L}$; $y_2 = y\left(\frac{L}{2}\right) = -0.562\,5\frac{N_0}{L}$;

$$y_3 = y\left(\frac{3L}{4}\right) = -0.4395\frac{N_0}{L}; \quad y_4 = y(L) = 0$$

$$k_{G23} = \frac{\Delta x}{3}(y_0 + 4y_1 + 2y_2 + 4y_3 + y_4)$$

$$= \frac{\frac{L}{4}}{3}[0 + 4\times 0.3691 + 2\times(-0.5625) + 4\times(-0.4395) + 0]\frac{N_0}{L}$$

$$= -0.1172 N_0$$

$$k_{G24} = \int_0^L N(x)\psi_2'(x)\psi_4'(x)\mathrm{d}x = \int_0^L N_0\left(2 - \frac{x}{L}\right)\left(\frac{6x}{L^2} - \frac{6x^2}{L^3}\right)\left(\frac{3x^2}{L^2} - \frac{2x}{L}\right)\mathrm{d}x$$

$$= \int_0^L z(x)\mathrm{d}x = -0.2 N_0$$

其中：$z(x) = N_0\left(2 - \frac{x}{L}\right)\left(\frac{6x}{L^2} - \frac{6x^2}{L^3}\right)\left(\frac{3x^2}{L^2} - \frac{2x}{L}\right)$

用 Simpson 法则计算积分

$$k_{G24} = \frac{\Delta x}{3}(z_0 + 4z_1 + 2z_2 + 4z_3 + z_4)$$

$$z_0 = z(0) = 0; \quad z_1 = z\left(\frac{L}{4}\right) = -0.6152\frac{N_0}{L}; \quad z_2 = z\left(\frac{L}{2}\right) = -0.5625\frac{N_0}{L};$$

$$z_3 = z\left(\frac{3L}{4}\right) = 0.2637\frac{N_0}{L}; \quad z_4 = y(L) = 0$$

$$k_{G24} = \frac{\Delta x}{3}(z_0 + 4z_1 + 2z_2 + 4z_3 + z_4)$$

$$= \frac{\frac{L}{4}}{3}[0 + 4\times(-0.6152) + 2\times(-0.5625) + 4\times 0.2637 + 0]\frac{N_0}{L}$$

$$= -0.2109 N_0$$

**10-5** 图 P10-1 的平面框架由等截面构件组成，各构件的特性如图所示。单元刚度系数按式(10-22)计算，集装指定的三个自由度所确定的刚度矩阵。

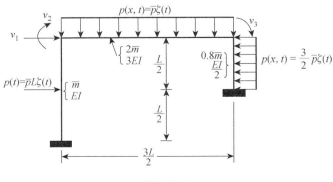

图 P10-1

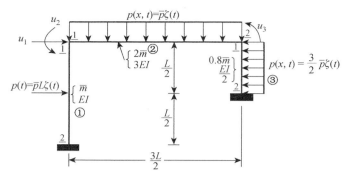

图 P10-1(a)

**解：** 结点位移和单元结点编号如图 P10-1(a) 所示，单元刚度矩阵由式(10-22)可得

$$\begin{Bmatrix} \bar{F}_{Si}^e \\ \bar{F}_{Sj}^e \\ \bar{M}_i^e \\ \bar{M}_j^e \end{Bmatrix} = \frac{2EI}{L^3} \begin{bmatrix} 6 & -6 & 3L & 3L \\ -6 & 6 & -3L & -3L \\ 3L & -3L & 2L^2 & L^2 \\ 3L & -3L & L^2 & 2L^2 \end{bmatrix} \begin{Bmatrix} \bar{v}_i^e \\ \bar{v}_j^e \\ \bar{\varphi}_i^e \\ \bar{\varphi}_j^e \end{Bmatrix}$$

单元 ①  $\theta = 270°$

$$\boldsymbol{k}^1 = \frac{2EI}{L^3} \begin{bmatrix} 6 & 3L & 0 \\ 3L & 2L^2 & 0 \\ 0 & 0 & 0 \end{bmatrix} \begin{matrix} u_1 \\ u_2 \\ u_3 \end{matrix}$$

单元 ②  $\theta = 0°$

$$\boldsymbol{k}^2 = \frac{2 \times 3EI}{\left(\frac{3L}{2}\right)^3} \begin{bmatrix} 0 & 0 & 0 \\ 0 & 2\left(\frac{3L}{2}\right)^2 & \left(\frac{3L}{2}\right)^2 \\ 0 & \left(\frac{3L}{2}\right)^2 & 2\left(\frac{3L}{2}\right)^2 \end{bmatrix} = \frac{2EI}{L^3} \begin{bmatrix} 0 & 0 & 0 \\ 0 & 4L^2 & 2L^2 \\ 0 & 2L^2 & 4L^2 \end{bmatrix} \begin{matrix} u_1 \\ u_2 \\ u_3 \end{matrix}$$

单元 ③  $\theta = 270°$

$$\boldsymbol{k}^3 = \frac{2 \times \frac{EI}{2}}{\left(\frac{L}{2}\right)^3} \begin{bmatrix} 6 & 0 & 3\left(\frac{L}{2}\right) \\ 0 & 0 & 0 \\ 3\left(\frac{L}{2}\right) & 0 & 2\left(\frac{L}{2}\right)^2 \end{bmatrix} = \frac{2EI}{L^3} \begin{bmatrix} 24 & 0 & 6L \\ 0 & 0 & 0 \\ 6L & 0 & 2L^2 \end{bmatrix} \begin{matrix} u_1 \\ u_2 \\ u_3 \end{matrix}$$

$$\boldsymbol{k} = \boldsymbol{k}^1 + \boldsymbol{k}^2 + \boldsymbol{k}^3 = \frac{2EI}{L^3} \begin{bmatrix} 6 & 3L & 0 \\ 3L & 2L^2 & 0 \\ 0 & 0 & 0 \end{bmatrix} + \frac{2EI}{L^3} \begin{bmatrix} 0 & 0 & 0 \\ 0 & 4L^2 & 2L^2 \\ 0 & 2L^2 & 4L^2 \end{bmatrix} + \frac{2EI}{L^3} \begin{bmatrix} 24 & 0 & 6L \\ 0 & 0 & 0 \\ 6L & 0 & 2L^2 \end{bmatrix}$$

$$= \frac{2EI}{L^3} \begin{bmatrix} 30 & 3L & 6L \\ 3L & 6L^2 & 2L^2 \\ 6L & 2L^2 & 6L^2 \end{bmatrix} \begin{matrix} u_1 \\ u_2 \\ u_3 \end{matrix}$$

$$\begin{Bmatrix} u_1 \\ u_2 \\ u_3 \end{Bmatrix} = \begin{Bmatrix} v_1 \\ -v_2 \\ -v_3 \end{Bmatrix} = \begin{bmatrix} 1 & 0 & 0 \\ 0 & -1 & 0 \\ 0 & 0 & -1 \end{bmatrix} \begin{Bmatrix} v_1 \\ v_2 \\ v_3 \end{Bmatrix} = \boldsymbol{T} \begin{Bmatrix} v_1 \\ v_2 \\ v_3 \end{Bmatrix}$$

$$\boldsymbol{K} = \boldsymbol{T}^{\mathrm{T}} k \boldsymbol{T} = \begin{bmatrix} 1 & 0 & 0 \\ 0 & -1 & 0 \\ 0 & 0 & -1 \end{bmatrix} \frac{2EI}{L^3} \begin{bmatrix} 30 & 3L & 6L \\ 3L & 6L^2 & 2L^2 \\ 6L & 2L^2 & 6L^2 \end{bmatrix} \begin{bmatrix} 1 & 0 & 0 \\ 0 & -1 & 0 \\ 0 & 0 & -1 \end{bmatrix}$$

$$= \frac{2EI}{L^3} \begin{bmatrix} 30 & -3L & -6L \\ -3L & 6L^2 & 2L^2 \\ -6L & 2L^2 & 6L^2 \end{bmatrix} \begin{matrix} v_1 \\ v_2 \\ v_3 \end{matrix}$$

**10-6** 集装习题 10-5 中结构的质量矩阵，单个构件的质量系数用式(10-29)计算。

**解**：各杆的局部坐标和整体坐标的关系同 10-5 题解，单元质量矩阵由式(10-29)可得：

$$\begin{Bmatrix} \bar{F}^e_{Ii} \\ \bar{F}^e_{Ij} \\ \bar{M}^e_{Ii} \\ \bar{M}^e_{Ij} \end{Bmatrix} = \frac{\bar{m}L}{420} \begin{bmatrix} 156 & 54 & 22L & -13L \\ 54 & 156 & 13L & -22L \\ 22L & 13L & 4L^2 & -3L^2 \\ -13L & -22L & -3L^2 & 4L^2 \end{bmatrix} \begin{Bmatrix} \ddot{\bar{v}}^e_i \\ \ddot{\bar{v}}^e_j \\ \ddot{\bar{\varphi}}^e_i \\ \ddot{\bar{\varphi}}^e_j \end{Bmatrix}$$

单元 ①　$\theta = 270°$

$$\boldsymbol{m}^1 = \frac{\bar{m}L}{420} \begin{bmatrix} 156 & 22L & 0 \\ 22L & 4L^2 & 0 \\ 0 & 0 & 0 \end{bmatrix} \begin{matrix} \ddot{u}_1 \\ \ddot{u}_2 \\ \ddot{u}_3 \end{matrix}$$

单元 ②　$\theta = 0°$

$$\boldsymbol{m}^2 = \frac{2\bar{m} \times \frac{3L}{2}}{420} \begin{bmatrix} 420^{\text{注}*} & 0 & 0 \\ 0 & 4\left(\frac{3L}{2}\right)^2 & -3\left(\frac{3L}{2}\right)^2 \\ 0 & -3\left(\frac{3L}{2}\right)^2 & 4\left(\frac{3L}{2}\right)^2 \end{bmatrix}$$

$$= \frac{\bar{m}L}{420} \begin{bmatrix} 1\,260 & 0 & 0 \\ 0 & 27L^2 & -\frac{81L^2}{4} \\ 0 & -\frac{81L^2}{4} & 27L^2 \end{bmatrix} \begin{matrix} \ddot{u}_1 \\ \ddot{u}_2 \\ \ddot{u}_3 \end{matrix}$$

单元 ③　$\theta = 270°$

$$\boldsymbol{m}^3 = \frac{0.8\bar{m} \times \frac{L}{2}}{420} \begin{bmatrix} 156 & 0 & 22\left(\frac{L}{2}\right) \\ 0 & 0 & 0 \\ 22\left(\frac{L}{2}\right) & 0 & 4\left(\frac{L}{2}\right)^2 \end{bmatrix} = \frac{\bar{m}L}{420} \begin{bmatrix} 62.4 & 0 & 4.4L \\ 0 & 0 & 0 \\ 4.4L & 0 & 0.4L^2 \end{bmatrix} \begin{matrix} \ddot{u}_1 \\ \ddot{u}_2 \\ \ddot{u}_3 \end{matrix}$$

$m = m^1 + m^2 + m^3$

$$= \frac{\bar{m}L}{420}\begin{bmatrix} 156 & 22L & 0 \\ 22L & 4L^2 & 0 \\ 0 & 0 & 0 \end{bmatrix} + \frac{\bar{m}L}{420}\begin{bmatrix} 1\,260 & 0 & 0 \\ 0 & 27L^2 & -\dfrac{81L^2}{4} \\ 0 & -\dfrac{81L^2}{4} & 27L^2 \end{bmatrix} + \frac{\bar{m}L}{420}\begin{bmatrix} 62.4 & 0 & 4.4L \\ 0 & 0 & 0 \\ 4.4L & 0 & 0.4L^2 \end{bmatrix}$$

$$= \frac{\bar{m}L}{420}\begin{bmatrix} 1\,478.4 & 22L & 4.4L \\ 22L & 31L^2 & -20.25L^2 \\ 4.4L & -20.25L^2 & 27.4L^2 \end{bmatrix}\begin{matrix} \ddot{u}_1 \\ \ddot{u}_2 \\ \ddot{u}_3 \end{matrix}$$

$M = T^{\mathrm{T}}mT$

$$= \begin{bmatrix} 1 & 0 & 0 \\ 0 & -1 & 0 \\ 0 & 0 & -1 \end{bmatrix}\frac{\bar{m}L}{420}\begin{bmatrix} 1\,478.4 & 22L & 4.4L \\ 22L & 31L^2 & -20.25L^2 \\ 4.4L & -20.25L^2 & 27.4L^2 \end{bmatrix}\begin{bmatrix} 1 & 0 & 0 \\ 0 & -1 & 0 \\ 0 & 0 & -1 \end{bmatrix}$$

$$= \frac{\bar{m}L}{420}\begin{bmatrix} 1\,478.4 & -22L & -4.4L \\ -22L & 31L^2 & -20.25L^2 \\ -4.4L & -20.25L^2 & 27.4L^2 \end{bmatrix}\begin{matrix} \ddot{v}_1 \\ \ddot{v}_2 \\ \ddot{v}_3 \end{matrix}$$

注 *：①、③杆单元可忽略轴向惯性力，但②杆单元由于水平位移 $u_1$ 引起的轴向惯性力不能忽略。

**10-7** 集装习题 10-5 中结构的荷载向量，单个构件的结点荷载用式(10-32)计算。

**解：** 各杆的局部坐标和整体坐标的关系同习题 10-5 题解。

定义：

对应 $\psi_i$, $i = 1, 2, \cdots, 6$

$$\int_0^L \psi_2(x)\mathrm{d}x = \int_0^L\left[1 - 3\left(\frac{x}{L}\right)^2 + 2\left(\frac{x}{L}\right)^3\right]\mathrm{d}x = \frac{1}{2}L$$

$$\int_0^L \psi_3(x)\mathrm{d}x = \int_0^L x\left(1 - \frac{x}{L}\right)^2\mathrm{d}x = \frac{1}{12}L^2$$

$$\int_0^L \psi_6(x)\mathrm{d}x = \int_0^L\left[3\left(\frac{x}{L}\right)^2 - 2\left(\frac{x}{L}\right)^3\right]\mathrm{d}x = -\frac{1}{12}L^2$$

① 杆：

$$p_1^1 = \int_0^L p(x, t)\psi_2(x)\mathrm{d}x = p(t)\psi_2\left(\frac{L}{2}\right)$$

$$= [\bar{p}L\zeta(t)]\left[1 - 3\left(\frac{1}{2}\right)^2 + 2\left(\frac{1}{2}\right)^3\right] = \frac{1}{2}\bar{p}L\zeta(t)$$

$$p_2^1 = \int_0^L p(x, t)\psi_3(x)\mathrm{d}x = p(t)\psi_3\left(\frac{L}{2}\right)$$

$$= [\bar{p}L\zeta(t)] \left[ \frac{L}{2}\left(1-\frac{1}{2}\right)^2 \right] = \frac{1}{8}\bar{p}L^2\zeta(t)$$

② 杆：

$$p_2^2 = -\int_0^{\frac{3L}{2}} p(x,t)\psi_3(x)\mathrm{d}x = -\bar{p}\zeta(t)\int_0^{\frac{3L}{2}}\psi_3(x)\mathrm{d}x$$

$$= -\bar{p}\zeta(t) \times \frac{1}{12}\left(\frac{3L}{2}\right)^2 = -\frac{3}{16}\bar{p}\zeta(t)L^2$$

$$p_3^2 = -\int_0^{\frac{3L}{2}} p(x,t)\psi_6(x)\mathrm{d}x = -\bar{p}\zeta(t)\int_0^{\frac{3L}{2}}\psi_6(x)\mathrm{d}x$$

$$= -\bar{p}\zeta(t) \times \left[-\frac{1}{12}\left(\frac{3L}{2}\right)^2\right] = \frac{3}{16}\bar{p}\zeta(t)L^2$$

③ 杆：

$$p_1^3 = -\int_0^{\frac{L}{2}} p(x,t)\psi_2(x)\mathrm{d}x = -\frac{3}{2}\bar{p}\zeta(t)\int_0^{\frac{L}{2}}\psi_2(x)\mathrm{d}x$$

$$= -\frac{3}{2}\bar{p}\zeta(t) \times \frac{1}{2}\left(\frac{L}{2}\right) = -\frac{3}{8}\bar{p}\zeta(t)L$$

$$p_3^3 = -\int_0^{\frac{L}{2}} p(x,t)\psi_3(x)\mathrm{d}x = -\frac{3}{2}\bar{p}\zeta(t)\int_0^{\frac{L}{2}}\psi_3(x)\mathrm{d}x$$

$$= -\frac{3}{2}\bar{p}\zeta(t) \times \frac{1}{12}\left(\frac{L}{2}\right)^2 = -\frac{1}{32}\bar{p}\zeta(t)L^2$$

$$\boldsymbol{p} = \begin{bmatrix} p_1 \\ p_2 \\ p_3 \end{bmatrix} = \begin{bmatrix} p_1^1 + p_1^3 \\ p_2^1 + p_2^2 \\ p_3^2 + p_3^3 \end{bmatrix} = \begin{bmatrix} \left(\frac{1}{2} - \frac{3}{8}\right)\bar{p}L \\ \left(\frac{1}{8} - \frac{3}{16}\right)\bar{p}L^2 \\ \left(\frac{3}{16} - \frac{1}{32}\right)\bar{p}L^2 \end{bmatrix}\zeta(t) = \frac{\bar{p}L}{32}\begin{bmatrix} 4 \\ -2L \\ 5L \end{bmatrix}\zeta(t)$$

$$\boldsymbol{P} = \boldsymbol{T}^\mathrm{T}\boldsymbol{p} = \begin{bmatrix} 1 & 0 & 0 \\ 0 & -1 & 0 \\ 0 & 0 & -1 \end{bmatrix}\frac{\bar{p}L}{32}\begin{bmatrix} 4 \\ -2L \\ 5L \end{bmatrix}\zeta(t) = \frac{\bar{p}L}{32}\begin{bmatrix} 4 \\ 2L \\ -5L \end{bmatrix}\zeta(t)$$

**10-8** 一个与习题 10-5 中外形相同但构件长度和物理特性不同的平面框架，其刚度矩阵和集中质量矩阵如下：

$$\boldsymbol{k} = \frac{EI}{L^3}\begin{bmatrix} 20 & -10L & -5L \\ -10L & 15L^2 & 8L^2 \\ -5L & 8L^2 & 12L^2 \end{bmatrix} \quad \boldsymbol{m} = \bar{m}L\begin{bmatrix} 30 & 0 & 0 \\ 0 & 0 & 0 \\ 0 & 0 & 0 \end{bmatrix}$$

（a）用静力凝聚，从刚度矩阵中消去两个转动自由度。
（b）用凝聚刚度矩阵，写出单自由度无阻尼自由振动方程。

**解：**（a）

$$\boldsymbol{k} = \frac{EI}{L^3}\begin{bmatrix} 20 & -10L & -5L \\ -10L & 15L^2 & 8L^2 \\ -5L & 8L^2 & 12L^2 \end{bmatrix} = \begin{bmatrix} \boldsymbol{k}_{tt} & \boldsymbol{k}_{t\theta} \\ \boldsymbol{k}_{\theta t} & \boldsymbol{k}_{\theta\theta} \end{bmatrix}$$

$$\begin{bmatrix} k_{tt} & k_{t\theta} \\ k_{\theta t} & k_{\theta\theta} \end{bmatrix} \begin{bmatrix} v_t \\ v_\theta \end{bmatrix} = \begin{bmatrix} f_{st} \\ f_\theta \end{bmatrix};$$

$$f_\theta = 0 = k_{\theta t} v_t + k_{\theta\theta} v_\theta$$

$$v_\theta = - k_{\theta\theta}^{-1} k_{\theta t} v_t$$

$$f_{st} = k_{tt} v_t + k_{t\theta} v_\theta = k_{tt} v_t + k_{t\theta}(- k_{\theta\theta}^{-1} k_{\theta t} v_t)$$

$$= (k_{tt} - k_{t\theta} k_{\theta\theta}^{-1} k_{\theta t}) v_t = k_t v_t$$

其中:$k_t = k_{tt} - k_{t\theta} k_{\theta\theta}^{-1} k_{\theta t}$

$$k_{\theta\theta} = \frac{EI}{L} \begin{bmatrix} 15 & -8 \\ -8 & 12 \end{bmatrix}; \quad k_{\theta\theta}^{-1} = \frac{L}{116 EI} \begin{bmatrix} 12 & 8 \\ 8 & 5 \end{bmatrix}$$

$$k_t = k_{tt} - k_{t\theta} k_{\theta\theta}^{-1} k_{\theta t}$$

$$= \frac{20 EI}{L^3} - \frac{EI}{L^2} [-10 \quad -5] \times \frac{L}{116 EI} \begin{bmatrix} 12 & 8 \\ 8 & 5 \end{bmatrix} \times \frac{EI}{L^2} \begin{bmatrix} -10 \\ -5 \end{bmatrix}$$

$$= -0.474 \frac{EI}{L^3}$$

(b) $30 \bar{m} L \ddot{v}_1 - 0.474 \dfrac{EI}{L^3} v_1 = 0$

# 第 11 章 无阻尼自由振动

**11-1** 一座三层剪切型建筑物,其特性如图 P8-8 所示,假定该建筑物的全部质量集中于刚性横梁上:

(a) 解行列式方程,求该结构的无阻尼振动频率。
(b) 按算得的频率求相应的振型,并以顶层振幅为 1 进行规格化。
(c) 用数值说明所得的振型满足按质量和刚度的正交条件。

**解:** $m = m_1 = m_2 = m_3 = 2 \text{ kips} \cdot \text{s}^2/\text{in}$
$[350.2 \times 10^3 \text{ kg}]$;
$k = k_1 = 400 \text{ kips/in}[70\ 040 \text{ kN/m}]$
$k_2 = 2k, k_3 = 3k; \boldsymbol{m} = \begin{bmatrix} m & 0 & 0 \\ 0 & m & 0 \\ 0 & 0 & m \end{bmatrix}$

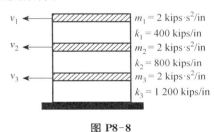

图 P8-8

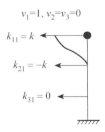 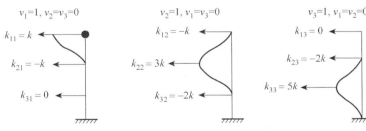

$$\boldsymbol{k} = \begin{bmatrix} k & -k & 0 \\ -k & 3k & -2k \\ 0 & -2k & 5k \end{bmatrix} = k \begin{bmatrix} 1 & -1 & 0 \\ -1 & 3 & -2 \\ 0 & -2 & 5 \end{bmatrix}$$

(a)

$$\|\boldsymbol{k} - \omega^2 \boldsymbol{m}\| = k \begin{vmatrix} 1-B & -1 & 0 \\ -1 & 3-B & -2 \\ 0 & -2 & 5-B \end{vmatrix} = 0; \text{其中}: B = \frac{m\omega^2}{k} = \frac{\omega^2}{200}$$

$B^3 - 9B^2 + 18B - 6 = 0$
$B_1 = 0.415\ 8; B_2 = 2.294\ 3; B_3 = 6.289\ 9$
$\omega_1 = 9.118\ 9 \text{ rad/s}; \omega_2 = 21.420\ 9 \text{ rad/s}; \omega_3 = 35.468\ 1 \text{ rad/s}$

(b) $B_1 = 0.415\ 8$

$$\begin{bmatrix} 1-B & -1 & 0 \\ -1 & 3-B & -2 \\ 0 & -2 & 5-B \end{bmatrix} \begin{bmatrix} v_1 \\ v_2 \\ v_3 \end{bmatrix} = \begin{bmatrix} 1-0.415\,8 & -1 & 0 \\ -1 & 3-0.415\,8 & -2 \\ 0 & -2 & 5-0.415\,8 \end{bmatrix} \begin{bmatrix} v_1 \\ v_2 \\ v_3 \end{bmatrix} = \mathbf{0}$$

$$\boldsymbol{\phi}_1 = \begin{bmatrix} 1 \\ 0.584\,2 \\ 0.254\,9 \end{bmatrix}$$

$B_2 = 2.294\,3$

$$\begin{bmatrix} 1-B & -1 & 0 \\ -1 & 3-B & -2 \\ 0 & -2 & 5-B \end{bmatrix} \begin{bmatrix} v_1 \\ v_2 \\ v_3 \end{bmatrix} = \begin{bmatrix} 1-2.294\,3 & -1 & 0 \\ -1 & 3-2.294\,3 & -2 \\ 0 & -2 & 5-2.294\,3 \end{bmatrix} \begin{bmatrix} v_1 \\ v_2 \\ v_3 \end{bmatrix} = \mathbf{0}$$

$$\boldsymbol{\phi}_2 = \begin{bmatrix} 1 \\ -1.294\,3 \\ -0.956\,7 \end{bmatrix}$$

$B_3 = 6.289\,9$

$$\begin{bmatrix} 1-B & -1 & 0 \\ -1 & 3-B & -2 \\ 0 & -2 & 5-B \end{bmatrix} \begin{bmatrix} v_1 \\ v_2 \\ v_3 \end{bmatrix} = \begin{bmatrix} 1-6.289\,9 & -1 & 0 \\ -1 & 3-6.289\,9 & -2 \\ 0 & -2 & 5-6.289\,9 \end{bmatrix} \begin{bmatrix} v_1 \\ v_2 \\ v_3 \end{bmatrix} = \mathbf{0}$$

$$\boldsymbol{\phi}_3 = \begin{bmatrix} 1 \\ -5.289\,9 \\ 8.201\,8 \end{bmatrix}$$

(c)

$$\boldsymbol{\Phi} = \begin{bmatrix} \boldsymbol{\phi}_1 & \boldsymbol{\phi}_2 & \boldsymbol{\phi}_3 \end{bmatrix} = \begin{bmatrix} 1 & 1 & 1 \\ 0.584\,2 & -1.294\,3 & -5.289\,9 \\ 0.254\,9 & -0.956\,7 & 8.201\,8 \end{bmatrix}$$

$$\boldsymbol{\Phi}^{\mathrm{T}} \boldsymbol{m} \boldsymbol{\Phi} = \begin{bmatrix} 1 & 0.584\,2 & 0.254\,9 \\ 1 & -1.294\,3 & -0.956\,7 \\ 1 & -5.289\,9 & 8.201\,8 \end{bmatrix} \begin{bmatrix} m & 0 & 0 \\ 0 & m & 0 \\ 0 & 0 & m \end{bmatrix} \begin{bmatrix} 1 & 1 & 1 \\ 0.584\,2 & -1.294\,3 & -5.289\,9 \\ 0.254\,9 & -0.956\,7 & 8.201\,8 \end{bmatrix}$$

$$= m \begin{bmatrix} 1.406\,3 & 0.000 & 0.000 \\ 0.000 & 3.590\,4 & 0.000 \\ 0.000 & 0.000 & 96.253\,3 \end{bmatrix} = \begin{bmatrix} 0.049\,2 & 0 & 0 \\ 0 & 0.125\,7 & 0 \\ 0 & 0 & 3.370\,8 \end{bmatrix} \times 10^7 \text{ kg}$$

振型矩阵满足质量正交条件。

$$\boldsymbol{\Phi}^{\mathrm{T}} k \boldsymbol{\Phi} = \begin{bmatrix} 1 & 0.584\,2 & 0.254\,9 \\ 1 & -1.294\,3 & -0.956\,7 \\ 1 & -5.289\,9 & 8.201\,8 \end{bmatrix} \times k \begin{bmatrix} 1 & -1 & 0 \\ -1 & 3 & -2 \\ 0 & -2 & 5 \end{bmatrix}$$

$$\times \begin{bmatrix} 1 & 1 & 1 \\ 0.584\,2 & -1.294\,3 & -5.289\,9 \\ 0.254\,9 & -0.956\,7 & 8.201\,8 \end{bmatrix}$$

$$= k \begin{bmatrix} 0.584\,7 & 0.000 & 0.000 \\ 0.000 & 8.237\,5 & 0.000 \\ 0.000 & 0.000 & 605.427\,8 \end{bmatrix}$$

$$= \begin{bmatrix} 0.004\,1 & 0 & 0 \\ 0 & 0.057\,7 & 0 \\ 0 & 0 & 4.240\,4 \end{bmatrix} \times 10^{10} \text{ kN/m}$$

振型矩阵满足刚度正交条件。

**11-2** 用习题 8-13 给定的质量和刚度特性，重算习题 11-1。

**解：** $m_1 = m = 1 \text{ kips} \cdot \text{s}^2/\text{in} [175.1 \times 10^3 \text{ kg}]$;
$m_2 = 2m = 2 \text{ kips} \cdot \text{s}^2/\text{in} [350.2 \times 10^3 \text{ kg}]$;
$m_3 = 3m = 3 \text{ kips} \cdot \text{s}^2/\text{in} [525.3 \times 10^3 \text{ kg}]$;
$k_1 = k = k_2 = k_3 = 800 \text{ kips/in} [140\,080 \text{ kN/m}]$

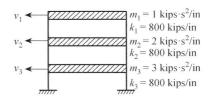

$$\boldsymbol{m} = m \begin{bmatrix} 1 & 0 & 0 \\ 0 & 2 & 0 \\ 0 & 0 & 3 \end{bmatrix} = 175.1 \times 10^3 \begin{bmatrix} 1 & 0 & 0 \\ 0 & 2 & 0 \\ 0 & 0 & 3 \end{bmatrix} \text{ kg}$$

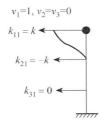
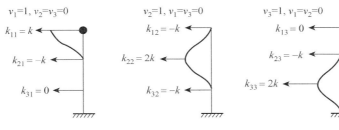
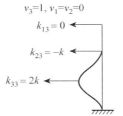

$$\boldsymbol{k} = k \begin{bmatrix} 1 & -1 & 0 \\ -1 & 2 & -1 \\ 0 & -1 & 2 \end{bmatrix} = 140\,080 \begin{bmatrix} 1 & -1 & 0 \\ -1 & 2 & -1 \\ 0 & -1 & 2 \end{bmatrix} \text{ kN/m}$$

(a)

$$\|\boldsymbol{k} - \omega^2 \boldsymbol{m}\| = 140\,080 \begin{vmatrix} 1-B & -1 & 0 \\ -1 & 2-2B & -1 \\ 0 & -1 & 2-3B \end{vmatrix} = 0; \text{其中}: B = \frac{m\omega^2}{k} = \frac{\omega^2}{800}$$

$6B^3 - 16B^2 + 10B - 1 = 0$
$B_1 = 0.123\,1; B_2 = 0.758\,0; B_3 = 1.785\,5$
$\omega_1 = 9.925\,4 \text{ rad/s}; \omega_2 = 24.625\,6 \text{ rad/s}; \omega_3 = 37.794\,2 \text{ rad/s}$

(b) $B_1 = 0.123\,1$

$$\begin{bmatrix} 1-B & -1 & 0 \\ -1 & 2-2B & -1 \\ 0 & -1 & 2-3B \end{bmatrix} \begin{bmatrix} v_1 \\ v_2 \\ v_3 \end{bmatrix}$$

$$= \begin{bmatrix} 1-0.1231 & -1 & 0 \\ -1 & 2-2\times 0.1231 & -1 \\ 0 & -1 & 2-3\times 0.1231 \end{bmatrix} \begin{bmatrix} v_1 \\ v_2 \\ v_3 \end{bmatrix} = \mathbf{0}$$

$$\boldsymbol{\phi}_1 = \begin{bmatrix} 1 \\ 0.8769 \\ 0.5378 \end{bmatrix}$$

$B_2 = 0.7580$

$$\begin{bmatrix} 1-B & -1 & 0 \\ -1 & 2-2B & -1 \\ 0 & -1 & 2-3B \end{bmatrix} \begin{bmatrix} v_1 \\ v_2 \\ v_3 \end{bmatrix}$$

$$= \begin{bmatrix} 1-0.7580 & -1 & 0 \\ -1 & 2-2\times 0.7580 & -1 \\ 0 & -1 & 2-3\times 0.7580 \end{bmatrix} \begin{bmatrix} v_1 \\ v_2 \\ v_3 \end{bmatrix} = \mathbf{0}$$

$$\boldsymbol{\phi}_2 = \begin{bmatrix} 1 \\ 0.2420 \\ -0.8829 \end{bmatrix}$$

$B_3 = 1.7855$

$$\begin{bmatrix} 1-B & -1 & 0 \\ -1 & 2-2B & -1 \\ 0 & -1 & 2-3B \end{bmatrix} \begin{bmatrix} v_1 \\ v_2 \\ v_3 \end{bmatrix}$$

$$= \begin{bmatrix} 1-1.7855 & -1 & 0 \\ -1 & 2-2\times 1.7855 & -1 \\ 0 & -1 & 2-3\times 1.7855 \end{bmatrix} \begin{bmatrix} v_1 \\ v_2 \\ v_3 \end{bmatrix} = \mathbf{0}$$

$$\boldsymbol{\phi}_3 = \begin{bmatrix} 1 \\ -0.7855 \\ 0.2340 \end{bmatrix}$$

(c)

$$\boldsymbol{\Phi} = [\boldsymbol{\phi}_1 \quad \boldsymbol{\phi}_2 \quad \boldsymbol{\phi}_3] = \begin{bmatrix} 1 & 1 & 1 \\ 0.8769 & 0.2420 & -0.7855 \\ 0.5378 & -0.8829 & 0.2340 \end{bmatrix}$$

$$\boldsymbol{\Phi}^\mathrm{T} \boldsymbol{m} \boldsymbol{\Phi} = \begin{bmatrix} 1 & 0.8769 & 0.5378 \\ 1 & 0.2420 & -0.8829 \\ 1 & -0.7855 & 0.2340 \end{bmatrix} \begin{bmatrix} m & 0 & 0 \\ 0 & 2m & 0 \\ 0 & 0 & 3m \end{bmatrix} \begin{bmatrix} 1 & 1 & 1 \\ 0.8769 & 0.2420 & -0.7855 \\ 0.5378 & -0.8829 & 0.2340 \end{bmatrix}$$

$$= m \begin{bmatrix} 3.4053 & 0 & 0 \\ 0 & 3.4566 & 0 \\ 0 & 0 & 2.3983 \end{bmatrix} = \begin{bmatrix} 5.9627 & 0 & 0 \\ 0 & 6.0525 & 0 \\ 0 & 0 & 4.1994 \end{bmatrix} \times 10^5 \text{ kg}$$

振型矩阵满足质量正交条件。

$$\boldsymbol{\Phi}^{\mathrm{T}} k \boldsymbol{\Phi} = \begin{bmatrix} 1 & 0.8769 & 0.5378 \\ 1 & 0.2420 & -0.8829 \\ 1 & -0.7855 & 0.2340 \end{bmatrix} \times k \begin{bmatrix} 1 & -1 & 0 \\ -1 & 2 & -1 \\ 0 & -1 & 2 \end{bmatrix} \times$$

$$\begin{bmatrix} 1 & 1 & 1 \\ 0.8769 & 0.2420 & -0.7855 \\ 0.5378 & -0.8829 & 0.2340 \end{bmatrix}$$

$$= k \begin{bmatrix} 0.4193 & 0 & 0 \\ 0 & 2.6192 & 0 \\ 0 & 0 & 4.2822 \end{bmatrix}$$

$$= \begin{bmatrix} 0.5874 & 0 & 0 \\ 0 & 3.6690 & 0 \\ 0 & 0 & 5.9985 \end{bmatrix} \times 10^8 \text{ kN/m}$$

振型矩阵满足刚度正交条件。

**11-3** 两根相同的等截面梁支承着一个重量为 3 kips[13.344 kN] 的设备，其布置如图 P11-1 的等视图所示。图中给出了梁的弯曲刚度和每英尺的重量。假定每一根梁总分布质量的一半集中于它的中部，1/4 集中于端部，用坐标 $v_1$ 和 $v_2$ 计算它的两个频率和振型 [提示：中点承载的等截面梁的中点挠度是 $PL^3/48EI$。用柔度公式的行列式解法，见式(11-18)]。

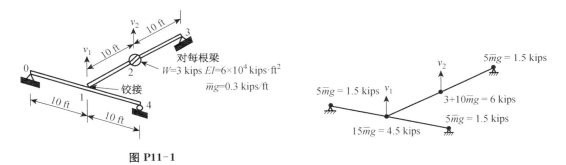

图 P11-1

**解**：$W = 3$ kips[13.344 kN]；$W_1 = W_2 = 0.3 \times 20 = 6$ kips[26.688 kN]；$L = 20$ ft[6.096 m]；

$m_1 = 4.5 \times 10^3 \times 4.448/9.807 = 2041$ kg；$m_2 = 6 \times 10^3 \times 4.448/9.807 = 2721.3$ kg；$EI = 6 \times 10^4$ kips·ft² $= 2.4794 \times 10^7$ N·m²；

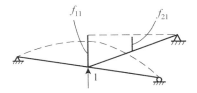

$$f_{11} = \frac{L^3}{48EI} = \frac{6.096^3}{48 \times 2.479\,4 \times 10^7} = 1.903\,5 \times 10^{-7} = f; f_{21} = \frac{f_{11}}{2} = 0.5f$$

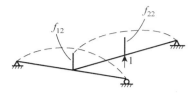

$$f_{12} = \frac{\frac{1}{2}L^3}{48EI} = \frac{f_{11}}{2}; \quad f_{22} = \frac{f_{12}}{2} + \frac{L^3}{48EI} = 1.25f$$

$$\boldsymbol{f} = 1.903\,5 \times 10^{-7} \times \begin{bmatrix} 1 & 0.5 \\ 0.5 & 1.25 \end{bmatrix} = f \begin{bmatrix} 1 & 0.5 \\ 0.5 & 1.25 \end{bmatrix}$$

$$\boldsymbol{m} = \begin{bmatrix} 2.041 & 0 \\ 0 & 2.721\,3 \end{bmatrix} \times 10^3 \text{ kg}$$

$$\boldsymbol{fm} = \begin{bmatrix} 3.885\,0 & 2.590\,0 \\ 1.942\,5 & 6.475\,0 \end{bmatrix} \times 10^{-4}$$

$$\left\| \frac{1}{\omega^2} \boldsymbol{I} - \boldsymbol{fm} \right\| = \begin{vmatrix} B - 3.885\,0 \times 10^{-4} & -2.590\,0 \times 10^{-4} \\ -1.942\,5 \times 10^{-4} & B - 6.475\,0 \times 10^{-4} \end{vmatrix} = 0, \text{其中}: B = \frac{1}{\omega^2}$$

$$B^2 - 0.103\,6 \times 10^{-2} B + 0.201\,2 \times 10^{-6} = 0$$

$$B_1 = 7.771\,0 \times 10^{-4}; \quad B_2 = 2.589\,0 \times 10^{-4}$$

$$\omega_1 = 35.874\,8 \text{ rad/s}; \quad \omega_2 = 62.136\,7 \text{ rad/s}$$

$$B_1 = 7.771\,0 \times 10^{-4}; \quad \omega_1 = 35.874\,8 \text{ rad/s}$$

$$\begin{bmatrix} B_1 - 3.885 \times 10^{-4} & -2.590\,0 \times 10^{-4} \\ -1.942\,5 \times 10^{-4} & B_1 - 6.475\,0 \times 10^{-4} \end{bmatrix} \begin{bmatrix} v_1 \\ v_2 \end{bmatrix}$$

$$= \begin{bmatrix} 7.771 - 3.885 & -2.590\,0 \\ -1.942\,5 & 7.771 - 6.475\,0 \end{bmatrix} \begin{bmatrix} v_1 \\ v_2 \end{bmatrix} \times 10^{-4} = \boldsymbol{0}$$

$$v_2 = 1.5 v_1; \quad \hat{\boldsymbol{v}}_1 = \begin{bmatrix} v_1 \\ v_2 \end{bmatrix} = \begin{bmatrix} 1 \\ 1.5 \end{bmatrix} v_1; \quad \boldsymbol{\phi}_1 = \begin{bmatrix} 1 \\ 1.5 \end{bmatrix}$$

$$B_2 = 2.589\,0 \times 10^{-4}; \quad \omega_2 = 62.136\,7 \text{ rad/s}$$

$$\begin{bmatrix} B_2 - 3.885 \times 10^{-4} & -2.590\,0 \times 10^{-4} \\ -1.942\,5 \times 10^{-4} & B_2 - 6.475\,0 \times 10^{-4} \end{bmatrix} \begin{bmatrix} v_1 \\ v_2 \end{bmatrix}$$

$$= \begin{bmatrix} 2.589\,0 - 3.885 & -2.590\,0 \\ -1.942\,5 & 2.589\,0 - 6.475\,0 \end{bmatrix} \begin{bmatrix} v_1 \\ v_2 \end{bmatrix} \times 10^{-4} = \boldsymbol{0}$$

$$v_2 = -0.5 v_1; \quad \hat{\boldsymbol{v}}_2 = \begin{bmatrix} v_1 \\ v_2 \end{bmatrix} = \begin{bmatrix} 1 \\ -0.5 \end{bmatrix} v_1; \quad \boldsymbol{\phi}_1 = \begin{bmatrix} 1 \\ -0.5 \end{bmatrix}$$

$$\boldsymbol{\phi} = \begin{bmatrix} 1 & 1 \\ 1.5 & -0.5 \end{bmatrix}$$

**11-4** 一块用三根柱支承的刚性矩阵厚板,柱与板、柱与基础均为刚结(如图 P11-2 所示)。

(a) 考虑所示的三个位移坐标,试求该体系的质量和刚度矩阵(用 $m$、$EI$ 和 $L$ 表示)(提示:施加与每一个坐标相应的单位位移或加速度,根据平衡条件,计算作用于每一坐标的力)。

(b) 试计算该体系的频率和振型,以 $v_2$ 或 $v_3$ 为 1 将振型规格化。

**解**:(a) 每根柱子的刚度为:

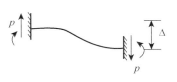

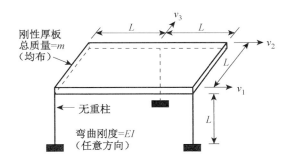

图 P11-2

因为:$p = \dfrac{12EI}{L^3}\Delta$,所以 $k = \dfrac{12EI}{L^3}$

定义坐标:

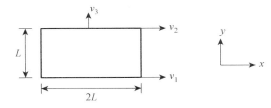

$v_1 = 1, v_2 = v_3 = 0$;及 $\ddot{v}_1 = 1, \ddot{v}_2 = \ddot{v}_3 = 0$

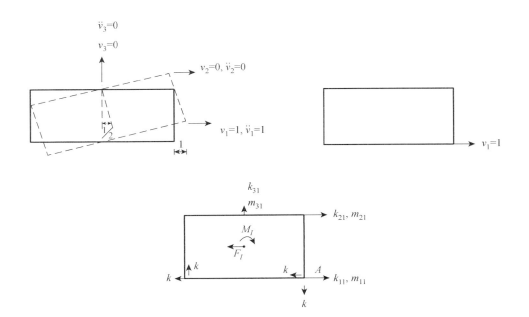

$$I_0 = m\left(\frac{L^2 + 4L^2}{12}\right) = \frac{5}{12}mL^2;$$

$$F_I = ma_c = m\frac{\ddot{v}_1}{2} = \frac{1}{2}m; \quad M_I = I_0\alpha = \frac{5}{12}mL^2 \times \frac{\ddot{v}_1}{L} = \frac{5}{12}mL$$

求 $k_{i1}$, $i = 1, 2, 3$

$\sum F_y = 0$, $k_{31} - k + k = 0 \Rightarrow k_{31} = 0$

$\sum M_A = 0$, $k_{21} = -2k$

$\sum F_x = 0$, $k_{11} + k_{21} - k - k = 0 \Rightarrow k_{11} = 4k$

求 $m_{i1}$, $i = 1, 2, 3$

$\sum F_y = 0$, $m_{31} = 0$

$\sum M_A = 0$, $m_{21}L - F_I \times \frac{L}{2} + M_I = 0 \Rightarrow m_{21} = -\frac{m}{6}$

$\sum F_x = 0$, $m_{11} + m_{21} - F_I = 0 \Rightarrow m_{11} = \frac{2m}{3}$

$v_2 = 1$, $v_1 = v_3 = 0$; 及 $\ddot{v}_2 = 1$, $\ddot{v}_1 = \ddot{v}_3 = 0$

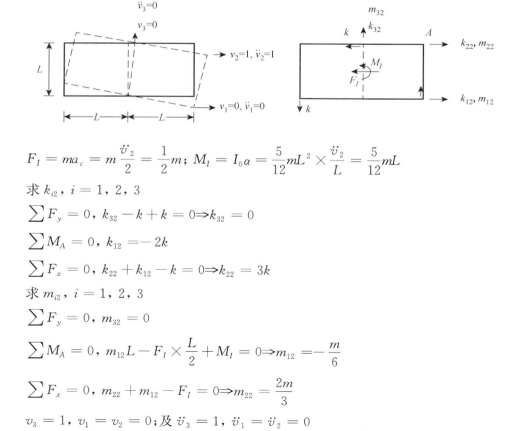

$$F_I = ma_c = m\frac{\ddot{v}_2}{2} = \frac{1}{2}m; \quad M_I = I_0\alpha = \frac{5}{12}mL^2 \times \frac{\ddot{v}_2}{L} = \frac{5}{12}mL$$

求 $k_{i2}$, $i = 1, 2, 3$

$\sum F_y = 0$, $k_{32} - k + k = 0 \Rightarrow k_{32} = 0$

$\sum M_A = 0$, $k_{12} = -2k$

$\sum F_x = 0$, $k_{22} + k_{12} - k = 0 \Rightarrow k_{22} = 3k$

求 $m_{i2}$, $i = 1, 2, 3$

$\sum F_y = 0$, $m_{32} = 0$

$\sum M_A = 0$, $m_{12}L - F_I \times \frac{L}{2} + M_I = 0 \Rightarrow m_{12} = -\frac{m}{6}$

$\sum F_x = 0$, $m_{22} + m_{12} - F_I = 0 \Rightarrow m_{22} = \frac{2m}{3}$

$v_3 = 1$, $v_1 = v_2 = 0$; 及 $\ddot{v}_3 = 1$, $\ddot{v}_1 = \ddot{v}_2 = 0$

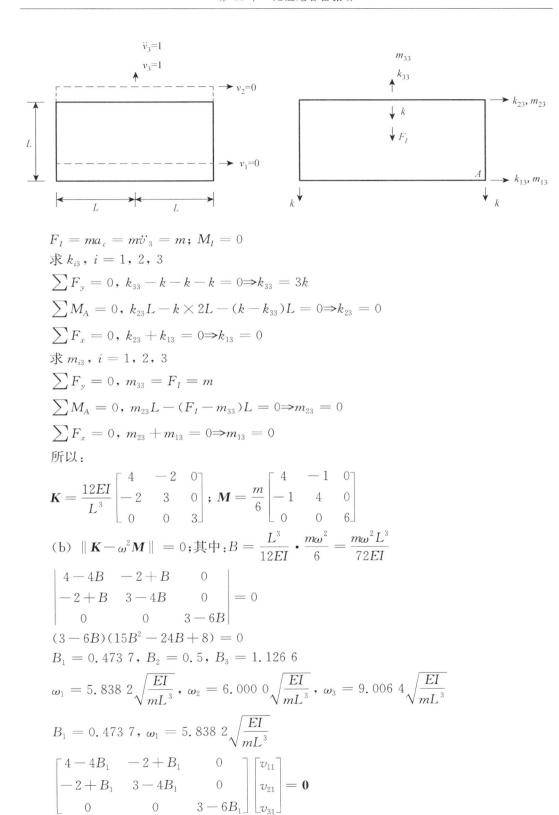

$F_I = ma_c = m\ddot{v}_3 = m$; $M_I = 0$

求 $k_{i3}$, $i = 1, 2, 3$

$\sum F_y = 0$, $k_{33} - k - k - k = 0 \Rightarrow k_{33} = 3k$

$\sum M_A = 0$, $k_{23}L - k \times 2L - (k - k_{33})L = 0 \Rightarrow k_{23} = 0$

$\sum F_x = 0$, $k_{23} + k_{13} = 0 \Rightarrow k_{13} = 0$

求 $m_{i3}$, $i = 1, 2, 3$

$\sum F_y = 0$, $m_{33} = F_I = m$

$\sum M_A = 0$, $m_{23}L - (F_I - m_{33})L = 0 \Rightarrow m_{23} = 0$

$\sum F_x = 0$, $m_{23} + m_{13} = 0 \Rightarrow m_{13} = 0$

所以：

$$\boldsymbol{K} = \frac{12EI}{L^3}\begin{bmatrix} 4 & -2 & 0 \\ -2 & 3 & 0 \\ 0 & 0 & 3 \end{bmatrix}; \boldsymbol{M} = \frac{m}{6}\begin{bmatrix} 4 & -1 & 0 \\ -1 & 4 & 0 \\ 0 & 0 & 6 \end{bmatrix}$$

(b) $\|\boldsymbol{K} - \omega^2 \boldsymbol{M}\| = 0$；其中：$B = \frac{L^3}{12EI} \cdot \frac{m\omega^2}{6} = \frac{m\omega^2 L^3}{72EI}$

$$\begin{vmatrix} 4-4B & -2+B & 0 \\ -2+B & 3-4B & 0 \\ 0 & 0 & 3-6B \end{vmatrix} = 0$$

$(3-6B)(15B^2 - 24B + 8) = 0$

$B_1 = 0.4737$, $B_2 = 0.5$, $B_3 = 1.1266$

$\omega_1 = 5.8382\sqrt{\dfrac{EI}{mL^3}}$, $\omega_2 = 6.0000\sqrt{\dfrac{EI}{mL^3}}$, $\omega_3 = 9.0064\sqrt{\dfrac{EI}{mL^3}}$

$B_1 = 0.4737$, $\omega_1 = 5.8382\sqrt{\dfrac{EI}{mL^3}}$

$$\begin{bmatrix} 4-4B_1 & -2+B_1 & 0 \\ -2+B_1 & 3-4B_1 & 0 \\ 0 & 0 & 3-6B_1 \end{bmatrix}\begin{bmatrix} v_{11} \\ v_{21} \\ v_{31} \end{bmatrix} = \boldsymbol{0}$$

$$\begin{bmatrix} 4-4\times0.473\ 7 & -2+0.473\ 7 & 0 \\ -2+0.473\ 7 & 3-4\times0.473\ 7 & 0 \\ 0 & 0 & 3-6\times0.473\ 7 \end{bmatrix} \begin{bmatrix} v_{11} \\ v_{21} \\ v_{31} \end{bmatrix} = \mathbf{0}$$

$$\begin{bmatrix} v_{11} \\ v_{21} \\ v_{31} \end{bmatrix} = \begin{bmatrix} 0.724\ 7 \\ 1.000\ 0 \\ 0.000\ 0 \end{bmatrix}$$

$B_2 = 0.5$, $\omega_2 = 6.000\ 0\sqrt{\dfrac{EI}{mL^3}}$

$$\begin{bmatrix} 4-4B_2 & -2+B_2 & 0 \\ -2+B_2 & 3-4B_2 & 0 \\ 0 & 0 & 3-6B_2 \end{bmatrix} \begin{bmatrix} v_{12} \\ v_{22} \\ v_{32} \end{bmatrix} = \mathbf{0}$$

$$\begin{bmatrix} 4-4\times0.5 & -2+0.5 & 0 \\ -2+0.5 & 3-4\times0.5 & 0 \\ 0 & 0 & 3-6\times0.5 \end{bmatrix} \begin{bmatrix} v_{12} \\ v_{22} \\ v_{32} \end{bmatrix} = \mathbf{0}$$

$$\begin{bmatrix} v_{12} \\ v_{22} \\ v_{32} \end{bmatrix} = \begin{bmatrix} 0.000\ 0 \\ 0.000\ 0 \\ 1.000\ 0 \end{bmatrix}$$

$B_3 = 1.126\ 6$, $\omega_3 = 9.006\ 4\sqrt{\dfrac{EI}{mL^3}}$

$$\begin{bmatrix} 4-4B_3 & -2+B_3 & 0 \\ -2+B_3 & 3-4B_3 & 0 \\ 0 & 0 & 3-6B_3 \end{bmatrix} \begin{bmatrix} v_{13} \\ v_{23} \\ v_{33} \end{bmatrix} = \mathbf{0}$$

$$\begin{bmatrix} 4-4\times1.126\ 6 & -2+1.126\ 6 & 0 \\ -2+1.126\ 6 & 3-4\times1.126\ 6 & 0 \\ 0 & 0 & 3-6\times1.126\ 6 \end{bmatrix} \begin{bmatrix} v_{13} \\ v_{23} \\ v_{33} \end{bmatrix} = \mathbf{0}$$

$$\begin{bmatrix} v_{13} \\ v_{23} \\ v_{33} \end{bmatrix} = \begin{bmatrix} -1.724\ 7 \\ 1.000\ 0 \\ 0.000\ 0 \end{bmatrix}$$

**11-5** 用质量中心的转动和平移（平行和垂直于对称轴）为坐标重算习题 11-4。

**解：**（a）

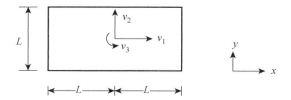

令：$v_1 = 1$，$v_2 = v_3 = 0$；及 $\ddot{v}_1 = 1$，$\ddot{v}_2 = \ddot{v}_3 = 0$

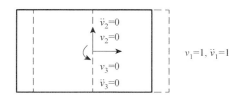

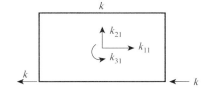 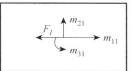

求 $k_{i1}$，$i = 1, 2, 3$

$\sum F_x = 0$，$k_{11} - k - k - k = 0 \Rightarrow k_{11} = 3k$

$\sum F_y = 0$，$k_{21} = 0$

$\sum M_C = 0$，$k_{31} + k \times \dfrac{L}{2} - k \times \dfrac{L}{2} - k \times \dfrac{L}{2} = 0 \Rightarrow k_{31} = \dfrac{1}{2}kL$

求 $m_{i1}$，$i = 1, 2, 3$

$F_I = ma_c = m\ddot{v}_1 = m$；$M_I = I_0 \alpha = 0$

$\sum F_x = 0$，$m_{11} - F_I = 0 \Rightarrow m_{11} = m$

$\sum F_y = 0$，$m_{21} = 0$

$\sum M_C = 0$，$m_{31} = 0$

令：$v_2 = 1$，$v_1 = v_3 = 0$；及 $\ddot{v}_2 = 1$，$\ddot{v}_1 = \ddot{v}_3 = 0$

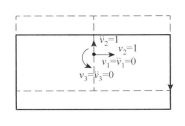 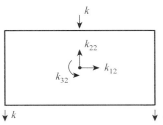 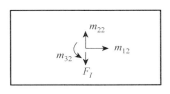

求 $k_{i2}$，$i = 1, 2, 3$

$\sum F_x = 0$，$k_{12} = 0$

$\sum F_y = 0$，$k_{22} - k - k - k = 0 \Rightarrow k_{22} = 3k$

$\sum M_C = 0$，$k_{32} - k \times \dfrac{L}{2} + k \times \dfrac{L}{2} = 0 \Rightarrow k_{32} = 0$

求 $m_{i2}$，$i = 1, 2, 3$

$$F_I = ma_c = m\ddot{v}_2 = m; \quad M_I = I_0\alpha = 0$$

$\sum F_x = 0, \; m_{12} = 0$

$\sum F_y = 0, \; m_{22} - F_I = 0 \Rightarrow m_{22} = m$

$\sum M_C = 0, \; m_{32} = 0$

令：$v_3 = 1, \; v_1 = v_2 = 0$；及 $\ddot{v}_3 = 1, \; \ddot{v}_1 = \ddot{v}_2 = 0$

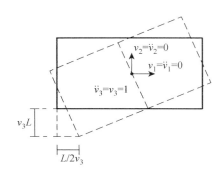

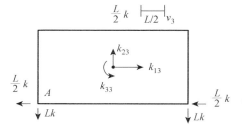
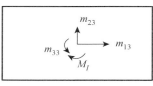

求 $k_{i3}, \; i = 1, 2, 3$

$\sum F_x = 0, \; k_{13} - k \times \dfrac{L}{2} - k \times \dfrac{L}{2} + k \times \dfrac{L}{2} = 0 \Rightarrow k_{13} = \dfrac{1}{2}kL$

$\sum F_y = 0, \; k_{23} - kL + Lk = 0 \Rightarrow k_{23} = 0$

$\sum M_C = 0, \; k_{33} - 3 \times \dfrac{kL}{2} \times \dfrac{L}{2} - 2 \times kL \times L = 0 \Rightarrow k_{33} = \dfrac{11}{4}kL^2$

求 $m_{i3}, \; i = 1, 2, 3$

$I_0 = m\left(\dfrac{L^2 + 4L^2}{12}\right) = \dfrac{5}{12}mL^2;$

$F_I = ma_c = 0; \quad M_I = I_0\alpha = \dfrac{5}{12}mL^2 \times \ddot{v}_3 = \dfrac{5}{12}mL^2$

$\sum F_x = 0, \; m_{13} = 0$

$\sum F_y = 0, \; m_{23} = 0$

$\sum M_C = 0, \; m_{33} - M_I = 0 \Rightarrow m_{33} = \dfrac{5}{12}mL^2$

所以：

$$\boldsymbol{K} = \frac{12EI}{L^3}\begin{bmatrix} 3 & 0 & L/2 \\ 0 & 3 & 0 \\ L/2 & 0 & 11L^2/4 \end{bmatrix} = \frac{3EI}{L^3}\begin{bmatrix} 12 & 0 & 2L \\ 0 & 12 & 0 \\ 2L & 0 & 11L^2 \end{bmatrix}; \boldsymbol{M} = \frac{m}{12}\begin{bmatrix} 12 & 0 & 0 \\ 0 & 12 & 0 \\ 0 & 0 & 5L^2 \end{bmatrix}$$

(b) $\|\boldsymbol{K} - \omega^2 \boldsymbol{M}\| = 0$；

令：$B = \dfrac{L^3}{3EI} \cdot \dfrac{m\omega^2}{12} = \dfrac{m\omega^2 L^3}{36EI}$

$$\begin{vmatrix} 12-12B & 0 & 2L \\ 0 & 12-12B & 0 \\ 2L & 0 & 11L^2-5L^2B \end{vmatrix} = 0$$

$(1-B)(15B^2 - 48B + 32) = 0$

$B_1 = 0.946\,7,\ B_2 = 1,\ B_3 = 2.253\,2$

$\omega_1 = 5.838\,2\sqrt{\dfrac{EI}{mL^3}},\ \omega_2 = 6.000\,0\sqrt{\dfrac{EI}{mL^3}},\ \omega_3 = 9.006\,4\sqrt{\dfrac{EI}{mL^3}}$

$B_1 = 0.946\,7;\ \omega_1 = 5.838\,2\sqrt{\dfrac{EI}{mL^3}}$

$$\begin{bmatrix} 12-12B_1 & 0 & 2L \\ 0 & 12-12B_1 & 0 \\ 2L & 0 & 11L^2-5L^2B_1 \end{bmatrix}\begin{bmatrix} v_{11} \\ v_{21} \\ v_{31} \end{bmatrix} = \boldsymbol{0}$$

$$\begin{bmatrix} 12-12\times 0.946\,7 & 0 & 2L \\ 0 & 12-12\times 0.946\,7 & 0 \\ 2L & 0 & 11L^2-5L^2\times 0.946\,7 \end{bmatrix}\begin{bmatrix} v_{11} \\ v_{21} \\ v_{31} \end{bmatrix} = \boldsymbol{0}$$

$$\begin{bmatrix} v_{11} \\ v_{21} \\ v_{31} \end{bmatrix} = \begin{bmatrix} -3.133\,0L \\ 0.000\,0 \\ 1.000\,0 \end{bmatrix}$$

$B_2 = 1;\ \omega_2 = 6.000\,0\sqrt{\dfrac{EI}{mL^3}}$

$$\begin{bmatrix} 12-12B_2 & 0 & 2L \\ 0 & 12-12B_2 & 0 \\ 2L & 0 & 11L^2-5L^2B_2 \end{bmatrix}\begin{bmatrix} v_{12} \\ v_{22} \\ v_{32} \end{bmatrix} = \boldsymbol{0}$$

$$\begin{bmatrix} 12-12\times 1 & 0 & 2L \\ 0 & 12-12\times 1 & 0 \\ 2L & 0 & 11L^2-5L^2\times 1 \end{bmatrix}\begin{bmatrix} v_{12} \\ v_{22} \\ v_{32} \end{bmatrix} = \boldsymbol{0}$$

$$\begin{bmatrix} v_{12} \\ v_{22} \\ v_{32} \end{bmatrix} = \begin{bmatrix} 0 \\ 1 \\ 0 \end{bmatrix}$$

$B_3 = 2.2532;\ \omega_3 = 9.0064\sqrt{\dfrac{EI}{mL^3}}$

$$\begin{bmatrix} 12-12B_3 & 0 & 2L \\ 0 & 12-12B_3 & 0 \\ 2L & 0 & 11L^2-5L^2B_3 \end{bmatrix}\begin{bmatrix} v_{13} \\ v_{23} \\ v_{33} \end{bmatrix} = \mathbf{0}$$

$$\begin{bmatrix} 12-12\times 2.2532 & 0 & 2L \\ 0 & 12-12\times 2.2532 & 0 \\ 2L & 0 & 11L^2-5L^2\times 2.2532 \end{bmatrix}\begin{bmatrix} v_{13} \\ v_{23} \\ v_{33} \end{bmatrix} = \mathbf{0}$$

$$\begin{bmatrix} v_{13} \\ v_{23} \\ v_{33} \end{bmatrix} = \begin{bmatrix} 0.1330L \\ 0 \\ 1 \end{bmatrix}$$

**11-6** 由无重柱支承的一根刚性杆,如图 P11-3 所示。

(a) 按所示的两个坐标,计算该体系的质量和柔度矩阵。

(b) 计算该体系的两个振型和频率,令每一个振型的广义质量为1,即 $M_1 = M_2 = 1$,将振型规格化。

**解**:(a) 柔度矩阵

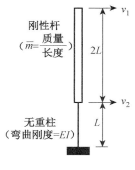

图 P11-3

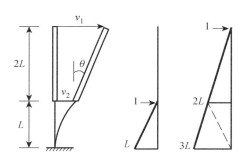

$$f_{11} = \dfrac{1}{EI}\left[\dfrac{1}{2}\cdot 2L\cdot L\cdot \left(\dfrac{2}{3}\cdot 2L+\dfrac{1}{3}\cdot 3L\right)+\dfrac{1}{2}\cdot 3L\cdot L\cdot \left(\dfrac{2}{3}\cdot 3L+\dfrac{1}{3}\cdot 2L\right)\right]$$

$$= \dfrac{19L^3}{3EI}$$

$$f_{21} = \dfrac{1}{EI}\cdot \dfrac{1}{2}\cdot L\cdot L\cdot \left(\dfrac{2}{3}\cdot L+2L\right) = \dfrac{4L^3}{3EI} = f_{12}$$

$$f_{22} = \dfrac{1}{EI}\cdot \dfrac{1}{2}\cdot L\cdot L\cdot \dfrac{2}{3}\cdot L = \dfrac{L^3}{3EI}$$

$$f = \dfrac{L^3}{3EI}\begin{bmatrix} 19 & 4 \\ 4 & 1 \end{bmatrix}$$

质量矩阵:

求 $\psi_1$

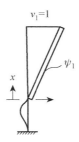

$$\psi_1 = \frac{v_1}{2L}x = \frac{x}{2L} \ (v_1 = 1)$$

求 $\psi_2$

$$\psi_2 = v_2\left(1 - \frac{x}{2L}\right) = 1 - \frac{x}{2L} \ (v_2 = 1)$$

$$m_{ij} = \int_0^{2L} m(x)\psi_i(x)\psi_j(x)\mathrm{d}x = \bar{m}\int_0^{2L} \psi_i(x)\psi_j(x)\mathrm{d}x$$

$$m_{11} = \bar{m}\int_0^{2L} \psi_1^2(x)\mathrm{d}x = \bar{m}\int_0^{2L} \frac{x^2}{4L^2}\mathrm{d}x = \frac{2}{3}\bar{m}L$$

$$m_{12} = \bar{m}\int_0^{2L} \psi_1(x)\psi_2(x)\mathrm{d}x = \bar{m}\int_0^{2L} \frac{x}{2L}\times\left(1 - \frac{x}{2L}\right)\mathrm{d}x = \frac{1}{3}\bar{m}L$$

$$m_{22} = \bar{m}\int_0^{2L} \psi_2^2(x)\mathrm{d}x = \bar{m}\int_0^{2L} \left(1 - \frac{x}{2L}\right)^2\mathrm{d}x = \frac{2}{3}\bar{m}L$$

$$\boldsymbol{m} = \frac{\bar{m}L}{3}\begin{bmatrix} 2 & 1 \\ 1 & 2 \end{bmatrix}$$

$$T = \frac{1}{2}\cdot\bar{m}\cdot 2L\cdot\left(\frac{\dot{v}_1+\dot{v}_2}{2}\right)^2 + \frac{1}{2}\cdot\frac{\bar{m}\cdot 2L}{12}\cdot(2L)^2\cdot\left(\frac{\dot{v}_1-\dot{v}_2}{2L}\right)^2$$

$$= \frac{1}{2}\cdot[\dot{v}_1 \ \ \dot{v}_2]\cdot\frac{\bar{m}L}{3}\cdot\begin{bmatrix} 2 & 1 \\ 1 & 2 \end{bmatrix}\cdot\begin{bmatrix} \dot{v}_1 \\ \dot{v}_2 \end{bmatrix} = \frac{1}{2}\cdot[\dot{v}_1 \ \ \dot{v}_2]\cdot\boldsymbol{m}\cdot\begin{bmatrix} \dot{v}_1 \\ \dot{v}_2 \end{bmatrix}$$

(b)

$$\left\|\frac{1}{\omega^2}\boldsymbol{I} - \boldsymbol{fm}\right\| = 0$$

$$\boldsymbol{fm} = \frac{L^3}{3EI}\begin{bmatrix} 19 & 4 \\ 4 & 1 \end{bmatrix}\times\frac{\bar{m}L}{3}\begin{bmatrix} 2 & 1 \\ 1 & 2 \end{bmatrix} = \frac{\bar{m}L^4}{3EI}\begin{bmatrix} 14 & 9 \\ 3 & 2 \end{bmatrix}$$

$$\begin{vmatrix} \dfrac{1}{\omega^2} - \dfrac{14}{3}\dfrac{\bar{m}L^4}{EI} & -\dfrac{3\bar{m}L^4}{EI} \\ -\dfrac{\bar{m}L^4}{EI} & \dfrac{1}{\omega^2} - \dfrac{2}{3}\dfrac{\bar{m}L^4}{EI} \end{vmatrix} = 0;$$

令:$B = \dfrac{1}{\omega^2}$; $\begin{vmatrix} B - \dfrac{14}{3}\dfrac{\bar{m}L^4}{EI} & -\dfrac{3\bar{m}L^4}{EI} \\ -\dfrac{\bar{m}L^4}{EI} & B - \dfrac{2}{3}\dfrac{\bar{m}L^4}{EI} \end{vmatrix} = 0;$

$$B^2 - \dfrac{16}{3}\dfrac{\bar{m}L^4}{EI}B + \dfrac{1}{9}\left(\dfrac{\bar{m}L^4}{EI}\right)^2 = 0$$

$B_1 = 5.3124\dfrac{\bar{m}L^4}{EI}; B_2 = 0.0209\dfrac{\bar{m}L^4}{EI}$

$\omega_1 = 0.4339\sqrt{\dfrac{EI}{\bar{m}L^4}}; \omega_2 = 6.9146\sqrt{\dfrac{EI}{\bar{m}L^4}}$

当 $B_1 = 5.3124\dfrac{\bar{m}L^4}{EI}; \omega_1 = 0.4339\sqrt{\dfrac{EI}{\bar{m}L^4}}$ 时

$$\begin{bmatrix} B_1 - \dfrac{14}{3}\dfrac{\bar{m}L^4}{EI} & -\dfrac{3\bar{m}L^4}{EI} \\ -\dfrac{\bar{m}L^4}{EI} & B_1 - \dfrac{2}{3}\dfrac{\bar{m}L^4}{EI} \end{bmatrix}\begin{bmatrix} v_{11} \\ v_{21} \end{bmatrix} = \mathbf{0}$$

$$\begin{bmatrix} 5.3124\dfrac{\bar{m}L^4}{EI} - \dfrac{14}{3}\dfrac{\bar{m}L^4}{EI} & -\dfrac{3\bar{m}L^4}{EI} \\ -\dfrac{\bar{m}L^4}{EI} & 5.3124\dfrac{\bar{m}L^4}{EI} - \dfrac{2}{3}\dfrac{\bar{m}L^4}{EI} \end{bmatrix}\begin{bmatrix} v_{11} \\ v_{21} \end{bmatrix} = \mathbf{0}$$

$$\hat{\mathbf{v}}_1 = \begin{bmatrix} v_{11} \\ v_{21} \end{bmatrix} = \begin{bmatrix} 1 \\ 0.2153 \end{bmatrix}$$

当 $B_2 = 0.0209\dfrac{\bar{m}L^4}{EI}; \omega_2 = 6.9146\sqrt{\dfrac{EI}{\bar{m}L^4}}$ 时

$$\begin{bmatrix} B_2 - \dfrac{14}{3}\dfrac{\bar{m}L^4}{EI} & -\dfrac{3\bar{m}L^4}{EI} \\ -\dfrac{\bar{m}L^4}{EI} & B_2 - \dfrac{2}{3}\dfrac{\bar{m}L^4}{EI} \end{bmatrix}\begin{bmatrix} v_{12} \\ v_{22} \end{bmatrix} = \mathbf{0}$$

$$\begin{bmatrix} 0.0209\dfrac{\bar{m}L^4}{EI} - \dfrac{14}{3}\dfrac{\bar{m}L^4}{EI} & -\dfrac{3\bar{m}L^4}{EI} \\ -\dfrac{\bar{m}L^4}{EI} & 0.0209\dfrac{\bar{m}L^4}{EI} - \dfrac{2}{3}\dfrac{\bar{m}L^4}{EI} \end{bmatrix}\begin{bmatrix} v_{12} \\ v_{22} \end{bmatrix} = \mathbf{0}$$

$$\hat{\mathbf{v}}_2 = \begin{bmatrix} v_{12} \\ v_{12} \end{bmatrix} = \begin{bmatrix} 1 \\ -1.5486 \end{bmatrix}$$

$$\hat{M}_n = \hat{\boldsymbol{v}}_n^{\mathrm{T}} \boldsymbol{m} \hat{\boldsymbol{v}}_n$$

$$\hat{M}_1 = \begin{bmatrix} 1 & 0.215\ 3 \end{bmatrix} \times \frac{\overline{m}L}{3} \begin{bmatrix} 2 & 1 \\ 1 & 2 \end{bmatrix} \times \begin{bmatrix} 1 \\ 0.215\ 3 \end{bmatrix} = 0.841\ 1\ \overline{m}L$$

$$\hat{M}_2 = \begin{bmatrix} 1 & -1.548\ 6 \end{bmatrix} \times \frac{\overline{m}L}{3} \begin{bmatrix} 2 & 1 \\ 1 & 2 \end{bmatrix} \times \begin{bmatrix} 1 \\ -1.548\ 6 \end{bmatrix} = 1.233\ 0\ \overline{m}L$$

$$\hat{\boldsymbol{\phi}}_n = \frac{\hat{\boldsymbol{v}}_n}{\sqrt{\hat{M}_n}}$$

$$\hat{\boldsymbol{\phi}}_1 = \frac{\hat{\boldsymbol{v}}_1}{\sqrt{\hat{M}_1}} = \frac{1}{\sqrt{0.841\ 1\overline{m}L}} \begin{bmatrix} 1 \\ 0.215\ 3 \end{bmatrix} = \frac{1}{\sqrt{\overline{m}L}} \begin{bmatrix} 1.090\ 4 \\ 0.234\ 7 \end{bmatrix}$$

$$\hat{\boldsymbol{\phi}}_2 = \frac{\hat{\boldsymbol{v}}_2}{\sqrt{\hat{M}_2}} = \frac{1}{\sqrt{1.233\ 0\ \overline{m}L}} \begin{bmatrix} 1 \\ -1.548\ 6 \end{bmatrix} = \frac{1}{\sqrt{\overline{m}L}} \begin{bmatrix} 0.900\ 6 \\ -1.394\ 6 \end{bmatrix}$$

$$\boldsymbol{\phi} = \begin{bmatrix} \hat{\boldsymbol{\phi}}_1 & \hat{\boldsymbol{\phi}}_2 \end{bmatrix} = \frac{1}{\sqrt{\overline{m}L}} \begin{bmatrix} 1.090\ 4 & 0.900\ 6 \\ 0.234\ 7 & -1.394\ 6 \end{bmatrix}$$

$$\boldsymbol{\phi}^{\mathrm{T}} \boldsymbol{m} \boldsymbol{\phi} = \frac{1}{\sqrt{\overline{m}L}} \begin{bmatrix} 1.090\ 4 & 0.234\ 7 \\ 0.900\ 6 & -1.394\ 6 \end{bmatrix} \times \frac{\overline{m}L}{3} \begin{bmatrix} 2 & 1 \\ 1 & 2 \end{bmatrix} \times \frac{1}{\sqrt{\overline{m}L}} \begin{bmatrix} 1.090\ 4 & 0.900\ 6 \\ 0.234\ 7 & -1.394\ 6 \end{bmatrix}$$

$$= \begin{bmatrix} 1 & 0 \\ 0 & 1 \end{bmatrix} = \boldsymbol{I}$$

# 第 12 章 动力反应分析
## ——叠加法

**12-1** 图 P12-1 所示的一根支承三个相等集中质量的悬臂梁,并列出了它的无阻尼振型 $\boldsymbol{\Phi}$ 和振动频率 $\boldsymbol{\omega}$。在质量 2 上施加一个 8 kips[35.584 kN] 的阶跃函数荷载(即在 $t=0$ 时突然施加 8 kips 并永久保留在结构上),试写出不计阻尼时该体系质量 3 包括所有三个振型在内的动力反应表达式,画出时段 $0 < t < T_1$ 中反应 $v_3(t)$ 的时程曲线,其中 $T_1 = 2\pi/\omega_1 = 2\pi/3.61$。

$$\boldsymbol{\Phi} = \begin{bmatrix} 0.054 & 0.283 & 0.957 \\ 0.406 & 0.870 & -0.281 \\ 0.913 & -0.402 & 0.068 \end{bmatrix}; \boldsymbol{\omega} = \begin{bmatrix} 3.61 \\ 24.2 \\ 77.7 \end{bmatrix} \text{rad/s}$$

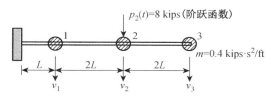

图 P12-1

**解**: $m = 0.4 \text{ kips} \cdot \text{s}^2/\text{ft} = 5\,836 \text{ kg}$; $p(t) = 8 \text{ kips} = 35.584 \text{ kN}$

$$\underline{\boldsymbol{m}} = \begin{bmatrix} m & 0 & 0 \\ 0 & m & 0 \\ 0 & 0 & m \end{bmatrix} = \boldsymbol{I}m; \text{其中}: \boldsymbol{I} = \begin{bmatrix} 1 & 0 & 0 \\ 0 & 1 & 0 \\ 0 & 0 & 1 \end{bmatrix}$$

$$\boldsymbol{M} = \boldsymbol{\Phi}^{\mathrm{T}} \underline{\boldsymbol{m}} \boldsymbol{\Phi} = m \begin{bmatrix} 0.054 & 0.283 & 0.957 \\ 0.406 & 0.870 & -0.281 \\ 0.913 & -0.402 & 0.068 \end{bmatrix}^{\mathrm{T}} \begin{bmatrix} 0.054 & 0.283 & 0.957 \\ 0.406 & 0.870 & -0.281 \\ 0.913 & -0.402 & 0.068 \end{bmatrix}$$

$$= \begin{bmatrix} 5.843\,7 & 0.008\,6 & -0.001\,9 \\ 0.008\,6 & 5.827\,8 & -0.005\,7 \\ -0.001\,9 & -0.005\,7 & 5.832\,7 \end{bmatrix} \times 10^3$$

$$\begin{bmatrix} p_1(t) \\ p_2(t) \\ p_3(t) \end{bmatrix} = \boldsymbol{\Phi}^{\mathrm{T}} \begin{bmatrix} 0 \\ p(t) \\ 0 \end{bmatrix} = \begin{bmatrix} 0.054 & 0.283 & 0.957 \\ 0.406 & 0.870 & -0.281 \\ 0.913 & -0.402 & 0.068 \end{bmatrix}^{\mathrm{T}} \begin{bmatrix} 0 \\ 1 \\ 0 \end{bmatrix} p(t) = \begin{bmatrix} 0.406 \\ 0.870 \\ -0.281 \end{bmatrix} p(t)$$

$$Y_n(t) = \frac{1}{M_n\omega_n}\int_0^t p_n(\tau)\sin\omega_n(t-\tau)\mathrm{d}\tau$$

$$= \frac{\phi_{2n}}{M_n\omega_n}\int_0^t p(\tau)\sin\omega_n(t-\tau)\mathrm{d}\tau$$

$$= \frac{35.584\phi_{2n}}{M_n\omega_n}\int_0^t \sin\omega_n(t-\tau)\mathrm{d}\tau$$

$$= \frac{71.168\,0\times10^3\phi_{2n}}{M_n\omega_n^2}\sin^2\frac{\omega_n}{2}t$$

$$Y_1(t) = \frac{71.168\,0\times10^3\times0.406}{5.843\,7\times10^3\times3.61^2}\sin^2\frac{3.61}{2}t = 0.379\,4\sin^2 1.805t$$

$$Y_2(t) = \frac{71.168\,0\times10^3\times0.870}{5.827\,8\times10^3\times24.2^2}\sin^2\frac{24.2}{2}t = 0.018\,1\sin^2 12.1t$$

$$Y_3(t) = \frac{71.168\,0\times10^3\times(-0.281)}{5.832\,7\times10^3\times77.7^2}\sin^2\frac{77.7}{2}t = -5.679\,1\times10^{-4}\sin^2 38.85t$$

$$v_3(t) = \sum_{n=1}^{3}\phi_{3n}Y_n$$

$$= 0.913\times0.379\,4\sin^2 1.805t - 0.402\times0.018\,1\sin^2 12.1t +$$

$$0.068\times(-5.679\,1\times10^{-4})\sin^2 38.85t$$

$$= 0.346\,4\sin^2 1.805t - 7.276\,2\times10^{-3}\sin^2 12.1t - 3.861\,8\times10^{-5}\sin^2 38.85t$$

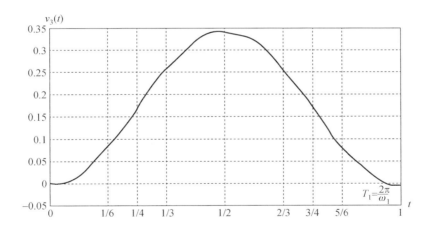

**12-2** 考虑习题 12-1 中的梁,但是假定在质量 2 上施加了简谐荷载 $p_2(t) = 3\sin\bar{\omega}t$ kips $[p_2(t) = 13.344\sin\bar{\omega}t$ kN$]$,其中 $\bar{\omega} = \frac{3}{4}\omega_1$。

(a) 假定结构无阻尼,写出质量 1 的稳态反应表达式。

(b) 求在最大稳态反应时刻所有质量的位移值,并画出该时刻的挠曲线形状。

**解:**(a)

$$\underline{m} = \begin{bmatrix} m & 0 & 0 \\ 0 & m & 0 \\ 0 & 0 & m \end{bmatrix} = Im \text{;其中:} I = \begin{bmatrix} 1 & 0 & 0 \\ 0 & 1 & 0 \\ 0 & 0 & 1 \end{bmatrix}$$

$$M = \boldsymbol{\Phi}^T \underline{m} \boldsymbol{\Phi} = m \begin{bmatrix} 0.054 & 0.283 & 0.957 \\ 0.406 & 0.870 & -0.281 \\ 0.913 & -0.402 & 0.068 \end{bmatrix}^T \begin{bmatrix} 0.054 & 0.283 & 0.957 \\ 0.406 & 0.870 & -0.281 \\ 0.913 & -0.402 & 0.068 \end{bmatrix}$$

$$= \begin{bmatrix} 5.843\,7 & 0.008\,6 & -0.001\,9 \\ 0.008\,6 & 5.827\,8 & -0.005\,7 \\ -0.001\,9 & -0.005\,7 & 5.832\,7 \end{bmatrix} \times 10^3$$

$$\begin{bmatrix} p_1(t) \\ p_2(t) \\ p_3(t) \end{bmatrix} = \boldsymbol{\Phi}^T \begin{bmatrix} 0 \\ p(t) \\ 0 \end{bmatrix} = \begin{bmatrix} 0.054 & 0.283 & 0.957 \\ 0.406 & 0.870 & -0.281 \\ 0.913 & -0.402 & 0.068 \end{bmatrix}^T \begin{bmatrix} 0 \\ 13.344 \\ 0 \end{bmatrix} \times 10^3 \sin \bar{\omega} t$$

$$= \begin{bmatrix} 5\,417.66 \\ 11\,609.28 \\ -3\,749.66 \end{bmatrix} \sin \bar{\omega} t$$

$$Y_n(t) = \frac{1}{M_n \omega_n} \int_0^t p_n(\tau) \sin \omega_n (t-\tau) d\tau$$

$$= \frac{p_n}{M_n \omega_n^2} \cdot \frac{1}{1-\beta_n^2} (\sin \bar{\omega} t - \beta_n \sin \omega_n t)$$

$$\bar{\omega} = \frac{3}{4} \omega_1 = \frac{3}{4} \times 3.61 = 2.707\,5; \quad \beta_1 = \frac{\bar{\omega}}{\omega_1} = \frac{3}{4} = 0.75$$

$$\beta_2 = \frac{\bar{\omega}}{\omega_2} = \frac{\bar{\omega}}{\omega_1} \cdot \frac{\omega_1}{\omega_2} = 0.75 \times \frac{3.61}{24.2} = 0.111\,9$$

$$\beta_3 = \frac{\bar{\omega}}{\omega_3} = \frac{\bar{\omega}}{\omega_1} \cdot \frac{\omega_1}{\omega_3} = 0.75 \times \frac{3.61}{77.7} = 0.034\,8$$

$$Y(t) = \begin{bmatrix} Y_1(t) \\ Y_2(t) \\ Y_3(t) \end{bmatrix}$$

$$= \begin{bmatrix} \dfrac{5\,417.66}{5\,843.7 \times 3.61^2} \cdot \dfrac{1}{1-0.75^2} (\sin 2.708t - 0.75 \sin 3.61t) \\ \dfrac{11\,609.28}{5\,827.8 \times 24.2^2} \cdot \dfrac{1}{1-0.111\,9^2} (\sin 2.708t - 0.112 \sin 24.2t) \\ \dfrac{-3\,749.66}{5\,832.7 \times 77.7^2} \cdot \dfrac{1}{1-0.034\,8^2} (\sin 2.708t - 0.034\,8 \sin 77.7t) \end{bmatrix}$$

$$= \begin{bmatrix} 0.162\,8 \sin 2.708t - 0.122\,1 \sin 3.61t \\ 0.003\,4 \sin 2.708t - 0.000\,38 \sin 24.2t \\ -0.000\,1 \sin 2.708t + 3.71 \times 10^{-6} \sin 77.7t \end{bmatrix}$$

$$v_1(t) = \sum_{n=1}^{3} \phi_{1n} Y_n$$
$$= 0.054 \times (0.162\,8\sin 2.708t - 0.122\,1\sin 3.61t) +$$
$$0.283 \times (0.003\,4\sin 2.708t - 0.000\,38\sin 24.2t) +$$
$$0.957 \times (-0.000\,1\sin 2.708t + 3.71 \times 10^{-6}\sin 77.7t)$$
$$= 0.009\,6\sin 2.708t - 0.006\,6\sin 3.61t$$

(b) 求极值时忽略后两项

对质量 1 的位移最大值

$$\frac{dv_1}{dt} = 0.026\,0\cos 2.708t - 0.024\cos 3.61t = 0$$

$t = 0.98$ s, $v_{1\max} = 0.007\,07$ m

对质量 2 的位移最大值

$$v_2(t) = \sum_{n=1}^{3} \phi_{2n} Y_n = 0.069\,1\sin 2.708t - 0.049\,6\sin 3.61t - $$
$$3.306 \times 10^{-4}\sin 24.2t - 1.042\,5 \times 10^{-6}\sin 77.7t$$

$$\frac{dv_2}{dt} = 0.187\,1\cos 2.708t - 0.179\,0\cos 3.61t = 0$$

$t = 0.979$ s, $v_{2\max} = 0.051\,82$ m

对质量 3 的位移最大值

$$v_3(t) = \sum_{n=1}^{3} \phi_{3n} Y_n = 0.147\,2\sin 2.708t - 0.111\,5\sin 3.61t$$
$$+ 1.527\,6 \times 10^{-4}\sin 24.2t - 2.522\,8 \times 10^{-7}\sin 77.7t$$

$$\frac{dv_3}{dt} = 0.398\,6\cos 2.708t - 0.402\,5\cos 3.61t = 0$$

$t = 0.997$ s, $v_{3\max} = 0.112\,0$ m

此时：$v_1 = 0.007\,13$ m, $v_2 = 0.051\,69$ m

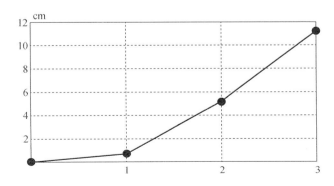

**12-3** 假定结构各振型的阻尼为临界阻尼的 10%。重算习题 12-2 的(a) 部分。

**解**：$\xi_n = 0.1$, $n = 1, 2, 3$, 其余各物理量同习题 12-2。

$$\omega_{Dn} = \omega_n \sqrt{1-\xi_n^2} = \omega_n \sqrt{1-0.1^2}$$

$$[\omega_{D1} \quad \omega_{D2} \quad \omega_{D3}] = [3.5919 \quad 24.0787 \quad 77.3105]$$

$$\ddot{Y}_n + 2\xi_n\omega_n \dot{Y}_n + \omega_n^2 Y_n = \frac{p_n(t)}{M_n}$$

稳态解为：

$$Y_n(t) = \frac{1}{M_n \omega_{Dn}} \int_0^t p_n(\tau) e^{-\xi_n\omega_n(t-\tau)} \sin \omega_{Dn}(t-\tau) d\tau$$

$$Y_1(t) = \frac{1}{5843.7 \times 3.5919} \int_0^t 5417.66 \sin 2.708\tau \cdot e^{-0.1 \times 3.61(t-\tau)} \sin 3.592(t-\tau) d\tau$$

$$= 0.2581 \int_0^t e^{-0.361(t-\tau)} \sin 2.708\tau \cdot \sin 3.592(t-\tau) d\tau$$

$$Y_2(t) = \frac{1}{5827.8 \times 24.0787} \int_0^t 11609.28 \sin 2.708\tau \cdot e^{-0.1 \times 24.2(t-\tau)} \sin 24.079(t-\tau) d\tau$$

$$= 0.0827 \int_0^t e^{-2.42(t-\tau)} \sin 2.708\tau \cdot \sin 24.079(t-\tau) d\tau$$

$$Y_3(t) = \frac{1}{5832.7 \times 77.3105} \int_0^t -3749.66 \sin 2.708\tau \cdot e^{-0.1 \times 77.7(t-\tau)} \sin 77.312(t-\tau) d\tau$$

$$= -0.0083 \int_0^t e^{-7.77(t-\tau)} \sin 2.708\tau \cdot \sin 77.312(t-\tau) d\tau$$

$$v_1(t) = \sum_{n=1}^{3} \phi_{1n} Y_n$$

$$= 0.054 \times 0.2581 \int_0^t e^{-0.361(t-\tau)} \sin 2.708\tau \cdot \sin 3.592(t-\tau) d\tau +$$

$$0.283 \times 0.0827 \int_0^t e^{-2.42(t-\tau)} \sin 2.708\tau \cdot \sin 24.079(t-\tau) d\tau -$$

$$0.957 \times 0.0083 \int_0^t e^{-7.77(t-\tau)} \sin 2.708\tau \cdot \sin 77.312(t-\tau) d\tau$$

$$= 0.0139 \int_0^t e^{-0.361(t-\tau)} \sin 2.708\tau \cdot \sin 3.592(t-\tau) d\tau +$$

$$0.0234 \int_0^t e^{-2.42(t-\tau)} \sin 2.708\tau \cdot \sin 24.079(t-\tau) d\tau -$$

$$0.008 \int_0^t e^{-7.77(t-\tau)} \sin 2.708\tau \cdot \sin 77.312(t-\tau) d\tau$$

**12-4** 在图 P12-2 中给出了一座三层剪切型建筑物的质量和刚度特性，以及它的无阻尼振动的振型和频率。设楼面移位了 $v_1 = 0.3$ in$[0.762$ cm$]$、$v_2 = -0.8$ in $[-2.032$ cm$]$ 和 $v_3 = 0.3$ in$[0.762$ cm$]$，然后再在 $t=0$ 时突然释放形成结构的自由振动。试确定时间 $t = 2\pi/\omega_1$ 的位移形状：

（a）假定无阻尼；

（b）假定每一振型的 $\xi = 10\%$。

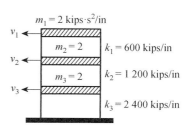

图 P12-2

$$\boldsymbol{\Phi} = \begin{bmatrix} 1.000 & 1.000 & 1.00 \\ 0.548 & -1.522 & -6.26 \\ 0.198 & -0.872 & 12.10 \end{bmatrix}; \quad \boldsymbol{\omega} = \begin{bmatrix} 11.62 \\ 27.50 \\ 45.90 \end{bmatrix} \text{rad/s}$$

**解：** $m_1 = m_2 = m_3 = 2 \text{ kips} \cdot \text{s}^2/\text{in} = 350.2 \times 10^3 \text{ kg}$

$$\boldsymbol{m} = \begin{bmatrix} m_1 & 0 & 0 \\ 0 & m_2 & 0 \\ 0 & 0 & m_3 \end{bmatrix} = 350.2 \times 10^3 \boldsymbol{I}$$

$\boldsymbol{M} = \boldsymbol{\Phi}^{\mathrm{T}} \boldsymbol{m} \boldsymbol{\Phi} = 350.2 \times 10^3 \boldsymbol{\Phi}^{\mathrm{T}} \boldsymbol{\Phi}$

$$= 350.2 \times 10^3 \begin{bmatrix} 1.000 & 1.000 & 1.00 \\ 0.548 & -1.522 & -6.26 \\ 0.198 & -0.872 & 12.10 \end{bmatrix}^{\mathrm{T}} \begin{bmatrix} 1.000 & 1.000 & 1.00 \\ 0.548 & -1.522 & -6.26 \\ 0.198 & -0.872 & 12.10 \end{bmatrix}$$

$$= \begin{bmatrix} 4.691\,0 & 0 & 0 \\ 0 & 14.277\,2 & 0 \\ 0 & 0 & 653.464\,8 \end{bmatrix} \times 10^5 \text{ kg}$$

**（a）无阻尼情况**

$\ddot{Y}_n + \omega_n^2 Y_n = 0$

$Y_n = \dfrac{\dot{Y}_n(0)}{\omega_n} \sin \omega_n t + Y_n(0) \cos \omega_n t = Y_n(0) \cos \omega_n t$

$\boldsymbol{v} = \boldsymbol{\Phi} \boldsymbol{Y}; \quad \boldsymbol{\Phi}^{\mathrm{T}} \boldsymbol{m} \boldsymbol{v} = \boldsymbol{\Phi}^{\mathrm{T}} \boldsymbol{m} \boldsymbol{\Phi} \boldsymbol{Y} = \boldsymbol{M} \boldsymbol{Y}$

$\boldsymbol{Y}(0) = \boldsymbol{\Phi}^{-1} \boldsymbol{v}(0) = \boldsymbol{M}^{-1} \boldsymbol{\Phi}^{\mathrm{T}} \boldsymbol{m} \boldsymbol{v}(0)$

$$= \begin{bmatrix} 1.000 & 1.000 & 1.00 \\ 0.548 & -1.522 & -6.26 \\ 0.198 & -0.872 & 12.10 \end{bmatrix}^{-1} \begin{bmatrix} 0.762 \\ -2.032 \\ 0.762 \end{bmatrix} = \begin{bmatrix} -0.142\,7 \\ 0.783\,0 \\ 0.121\,7 \end{bmatrix}$$

$$\boldsymbol{Y} = \begin{bmatrix} Y_1 \\ Y_2 \\ Y_3 \end{bmatrix} = \begin{bmatrix} -0.142\,7 \cos 11.62 t \\ 0.783\,0 \cos 27.50 t \\ 0.121\,7 \cos 45.90 t \end{bmatrix}$$

当 $t = \dfrac{2\pi}{\omega_1} = \dfrac{2\pi}{11.62} = 0.540\,7 \text{ s}$

$\boldsymbol{v}(0.540\,7) = \boldsymbol{\Phi} \boldsymbol{Y}(0.540\,7)$

$$= \begin{bmatrix} 1.000 & 1.000 & 1.00 \\ 0.548 & -1.522 & -6.26 \\ 0.198 & -0.872 & 12.10 \end{bmatrix} \begin{bmatrix} -0.142\,7 \cos(11.62 \times 0.540\,7) \\ 0.783\,0 \cos(27.50 \times 0.540\,7) \\ 0.121\,7 \cos(45.90 \times 0.540\,7) \end{bmatrix}$$

$$= \begin{bmatrix} -0.550\,6 \\ -0.006\,0 \\ 1.829\,6 \end{bmatrix} \text{ cm}$$

**（b）** $\xi_n = 0.1, n = 1, 2, 3$

$\ddot{Y}_n + 2\xi_n \omega_n \dot{Y}_n + \omega_n^2 Y_n = 0$

$$Y_n(t) = e^{-\xi_n \omega_n t} \left[ \frac{\dot{Y}_n(0) + Y_n(0)\xi_n \omega_n}{\omega_{Dn}} \sin \omega_{Dn} t + Y_n(0) \cos \omega_{Dn} t \right]$$

$$= e^{-\xi_n \omega_n t} Y_n(0) \left[ \frac{\xi_n}{\sqrt{1-\xi_n^2}} \sin \omega_{Dn} t + \cos \omega_{Dn} t \right]$$

$$\boldsymbol{\omega}_{Dn} = \boldsymbol{\omega} \sqrt{1-\xi_n^2} = \begin{bmatrix} 11.62 \\ 27.50 \\ 45.90 \end{bmatrix} \sqrt{1-0.1^2} = \begin{bmatrix} 11.5618 \\ 27.3622 \\ 45.6699 \end{bmatrix} \text{rad/s}$$

$$Y_1(t)\big|_{t=0.5407} = e^{-0.1 \times 11.62 \times 0.5407} \times (-0.1427)$$
$$\times \left[ \frac{0.1}{\sqrt{1-0.1^2}} \sin(11.5618 \times 0.5407) + \cos(11.5618 \times 0.5407) \right]$$
$$= -0.0759$$

$$Y_2(t)\big|_{t=0.5407} = e^{-0.1 \times 27.5 \times 0.5407} \times 0.7830$$
$$\times \left[ \frac{0.1}{\sqrt{1-0.1^2}} \sin(27.3622 \times 0.5407) + \cos(27.3622 \times 0.5407) \right]$$
$$= -0.0942$$

$$Y_3(t)\big|_{t=0.5407} = e^{-0.1 \times 45.9 \times 0.5407} \times 0.1217$$
$$\times \left[ \frac{0.1}{\sqrt{1-0.1^2}} \sin(45.6699 \times 0.5407) + \cos(45.6699 \times 0.5407) \right]$$
$$= 0.0088$$

$$\boldsymbol{v}(0.5407) = \boldsymbol{\Phi} \boldsymbol{Y}(0.5407)$$
$$= \begin{bmatrix} 1.000 & 1.000 & 1.00 \\ 0.548 & -1.522 & -6.26 \\ 0.198 & -0.872 & 12.10 \end{bmatrix} \begin{bmatrix} -0.0759 \\ -0.0942 \\ 0.0088 \end{bmatrix}$$
$$= \begin{bmatrix} -0.1613 \\ -0.0468 \\ 0.1734 \end{bmatrix} \text{cm}$$

**12-5** 在习题 12-4b 建筑物的顶层楼面上作用一简谐荷载：$p_1 = 5\sin \bar{\omega} t$ kips $[p_1 = 22.24\sin \bar{\omega} t$ kN]，这里 $\bar{\omega} = 1.1\omega_1$。计算三个楼层水平运动的稳态振幅及作用荷载向量和各层位移反应之间的相位角 $\theta$。

**解：**(a) 无阻尼时，稳态运动的位移与外力之间无相位差存在。

(b) $\xi_n = 0.1$, $n = 1, 2, 3$；$\bar{\omega} = 1.1\omega_1 = 1.1 \times 11.62 = 12.782$

$$\ddot{Y}_n + 2\xi_n \omega_n \dot{Y}_n + \omega_n^2 Y_n = p_n^* / M_n$$

$$\boldsymbol{p}^*(t) = \boldsymbol{\Phi}^T \boldsymbol{p}(t) = \begin{bmatrix} 1.000 & 1.000 & 1.00 \\ 0.548 & -1.522 & -6.26 \\ 0.198 & -0.872 & 12.10 \end{bmatrix}^T \begin{bmatrix} 22.24 \times 10^3 \\ 0 \\ 0 \end{bmatrix} \sin \bar{\omega} t$$

$$= 22.24 \times 10^3 \begin{bmatrix} 1 \\ 1 \\ 1 \end{bmatrix} \sin \bar{\omega} t = \begin{bmatrix} p_1^* \\ p_2^* \\ p_3^* \end{bmatrix}$$

$$Y_n(t) = \rho_n \sin(\bar{\omega}t - \theta)$$

$$\boldsymbol{M} = \boldsymbol{\Phi}^{\mathrm{T}} \boldsymbol{m}\boldsymbol{\Phi} = 350.2 \times 10^3 \boldsymbol{\Phi}^{\mathrm{T}}\boldsymbol{\Phi}$$

$$= 350.2 \times 10^3 \begin{bmatrix} 1.000 & 1.000 & 1.000 \\ 0.548 & -1.522 & -6.26 \\ 0.198 & -0.872 & 12.10 \end{bmatrix}^{\mathrm{T}} \begin{bmatrix} 1.000 & 1.000 & 1.000 \\ 0.548 & -1.522 & -6.26 \\ 0.198 & -0.872 & 12.10 \end{bmatrix}$$

$$= \begin{bmatrix} 4.691 & 0 & 0 \\ 0 & 14.2772 & 0 \\ 0 & 0 & 653.4648 \end{bmatrix} \times 10^5 \text{ kg}$$

$$\boldsymbol{\omega}_{Dn} = \boldsymbol{\omega}\sqrt{1-\xi_n^2} = \begin{bmatrix} 11.62 \\ 27.50 \\ 45.90 \end{bmatrix} \sqrt{1-0.1^2} = \begin{bmatrix} 11.5618 \\ 27.3622 \\ 45.6699 \end{bmatrix} \text{ rad/s}$$

$$\begin{bmatrix} \beta_1 \\ \beta_2 \\ \beta_3 \end{bmatrix} = \begin{bmatrix} \dfrac{\bar{\omega}}{\omega_1} \\ \dfrac{\bar{\omega}}{\omega_2} \\ \dfrac{\bar{\omega}}{\omega_3} \end{bmatrix} = \begin{bmatrix} \dfrac{12.782}{11.62} \\ \dfrac{12.782}{27.5} \\ \dfrac{12.782}{45.9} \end{bmatrix} = \begin{bmatrix} 1.1000 \\ 0.4648 \\ 0.2785 \end{bmatrix}$$

$$\rho_n = \dfrac{p_n^*}{M_n \omega_n^2} \left[ (1-\beta_n^2)^2 + (2\xi_n \beta_n)^2 \right]^{-1/2}$$

$$\boldsymbol{\rho} = \begin{bmatrix} \rho_1 \\ \rho_2 \\ \rho_3 \end{bmatrix}$$

$$= \begin{bmatrix} \dfrac{22.24}{469.1 \times 11.62^2} \left[ (1-1.1^2)^2 + (2\times 0.1 \times 1.1)^2 \right]^{-1/2} \\ \dfrac{22.24}{1\,427.72 \times 27.5^2} \left[ (1-0.4648^2)^2 + (2\times 0.1 \times 0.4648)^2 \right]^{-1/2} \\ \dfrac{22.24}{65\,346.48 \times 45.9^2} \left[ (1-0.2785^2)^2 + (2\times 0.1 \times 0.2785)^2 \right]^{-1/2} \end{bmatrix}$$

$$= \begin{bmatrix} 0.1154 \\ 0.0026 \\ 1.7480 \times 10^{-5} \end{bmatrix} \text{ cm}$$

$$\theta_n = \arctan \dfrac{2\xi_n \beta_n}{1-\beta_n^2}$$

$$\boldsymbol{\theta} = \begin{bmatrix} \theta_1 \\ \theta_2 \\ \theta_3 \end{bmatrix} = \begin{bmatrix} \arctan \dfrac{2\times 0.1 \times 1.1}{1-1.1^2} \\ \arctan \dfrac{2\times 0.1 \times 0.4648}{1-0.4648^2} \\ \arctan \dfrac{2\times 0.1 \times 0.2785}{1-0.2785^2} \end{bmatrix} = \begin{bmatrix} -0.8086 \\ 0.1180 \\ 0.0603 \end{bmatrix}$$

$$v = \boldsymbol{\Phi}Y = \begin{bmatrix} 1.000 & 1.000 & 1.000 \\ 0.548 & -1.522 & -6.26 \\ 0.198 & -0.872 & 12.10 \end{bmatrix} \begin{bmatrix} 0.115\ 4\sin(12.782t + 0.808\ 6) \\ 0.002\ 6\sin(12.782t - 0.118\ 0) \\ 1.748\ 0 \times 10^{-5}\sin(12.782t - 0.060\ 3) \end{bmatrix}$$

$$= \begin{bmatrix} 0.115\ 4 & 0.002\ 6 & 1.748\ 0 \times 10^{-5} \\ 0.063\ 3 & -0.004\ 0 & 1.094\ 3 \times 10^{-4} \\ 0.022\ 9 & -0.002\ 3 & 2.115\ 1 \times 10^{-4} \end{bmatrix} \begin{bmatrix} \sin(12.782t + 0.808\ 6) \\ \sin(12.782t - 0.118\ 0) \\ \sin(12.782t - 0.060\ 3) \end{bmatrix}$$

对应于基频的第一阶振型对位移的贡献最大,其他频率对应的振型对位移的贡献可忽略不计,则位移可近似为:

$$\begin{bmatrix} v_1 \\ v_2 \\ v_3 \end{bmatrix} \approx \begin{bmatrix} 0.115\ 4\sin(12.782t + 0.808\ 6) \\ 0.063\ 3\sin(12.782t - 0.118\ 1) \\ 0.022\ 9\sin(12.782t - 0.060\ 3) \end{bmatrix}$$

各层稳态位移反应的振幅:

$$\begin{bmatrix} A_1 \\ A_2 \\ A_3 \end{bmatrix} = \begin{bmatrix} 0.115\ 4 \\ 0.063\ 3 \\ 0.022\ 9 \end{bmatrix}$$

各层位移反应与作用力间的相位角之差:

$$\begin{bmatrix} \phi_1 \\ \phi_2 \\ \phi_3 \end{bmatrix} = \begin{bmatrix} 0.808\ 6 \\ -0.118\ 0 \\ -0.060\ 3 \end{bmatrix} \text{rad}$$

**12-6** 假定习题12-4的建筑物具有Rayleigh阻尼,对结构第一和第三振型中的阻尼比分别规定为5%和15%时,用式(12-40)和式(12-38a)计算结构的阻尼矩阵。这个矩阵给出的第二振型的阻尼比是多少?

**解:** 式(12-40)为:

$$\begin{bmatrix} a_0 \\ a_1 \end{bmatrix} = 2\frac{\omega_1 \omega_3}{\omega_3^2 - \omega_1^2} \begin{bmatrix} \omega_3 & -\omega_1 \\ -\dfrac{1}{\omega_3} & \dfrac{1}{\omega_1} \end{bmatrix} \begin{bmatrix} \xi_1 \\ \xi_3 \end{bmatrix}$$

$$= 2\frac{11.62 \times 45.9}{45.9^2 - 11.62^2}\begin{bmatrix} 45.9 & -11.62 \\ -\dfrac{1}{45.9} & \dfrac{1}{11.62} \end{bmatrix} \begin{bmatrix} 0.05 \\ 0.15 \end{bmatrix} = \begin{bmatrix} 0.298\ 6 \\ 0.006\ 4 \end{bmatrix}$$

$$\boldsymbol{m} = 350.2 \times 10^3 \begin{bmatrix} 1 & 0 & 0 \\ 0 & 1 & 0 \\ 0 & 0 & 1 \end{bmatrix} \text{kg}; \quad \boldsymbol{k} = \begin{bmatrix} 1 & -1 & 0 \\ -1 & 3 & -2 \\ 0 & -2 & 6 \end{bmatrix} \times 105\ 060\ \text{kN/m}$$

$$\boldsymbol{c} = a_0 \boldsymbol{m} + a_1 \boldsymbol{k} = 0.298\ 6\boldsymbol{m} + 0.006\ 4\boldsymbol{k} \quad (\text{注:式(12-38a)})$$

$$= \begin{bmatrix} 0.776\ 4 & -0.671\ 8 & 0 \\ -0.671\ 8 & 2.119\ 9 & -1.343\ 6 \\ 0 & -1.343\ 6 & 4.135\ 2 \end{bmatrix} \times 10^6\ \text{N·s/m}$$

$$c_2 = \boldsymbol{\phi}_2^{\text{T}} \boldsymbol{c} \boldsymbol{\phi}_2 = 0.298\ 6 M_2 + 0.006\ 4\omega_2^2 M_2 = 2\xi_2 \omega_2 M_2$$

$$\xi_2 = \frac{a_0 + a_1\omega_2^2}{2\omega_2} = \frac{0.298\,6 + 0.006\,4 \times 27.5^2}{2 \times 27.5} = 9.34\%$$

**12-7** 对于习题12-4中的建筑物，计算粘滞阻尼矩阵，使之对结构的第一、第二和第三振型提供的临界阻尼比分别为8%、10%和12%。采用式(12-57a)得到相应于第三阶振型频率的系数$a_1$和所需的第三阶振型阻尼。将所得的刚度比例贡献($c_s = a_1 k$)和式(12-56c)给出的前二阶振型贡献[所需的附加阻尼比由式(12-57c)给出]进行组合，形成阻尼矩阵。

**解**：结构特性矩阵同习题12-4。

$$\boldsymbol{m} = \begin{bmatrix} m_1 & 0 & 0 \\ 0 & m_2 & 0 \\ 0 & 0 & m_3 \end{bmatrix} = 350.2 \times 10^3 \boldsymbol{I}$$

$$\boldsymbol{M} = \begin{bmatrix} 4.691\,0 & 0 & 0 \\ 0 & 14.277\,2 & 0 \\ 0 & 0 & 653.464\,8 \end{bmatrix} \times 10^5 \text{ kg}$$

$$\boldsymbol{\Phi} = \begin{bmatrix} 1.000 & 1.000 & 1.00 \\ 0.548 & -1.522 & -6.26 \\ 0.198 & -0.872 & 12.10 \end{bmatrix}; \quad \boldsymbol{\omega} = \begin{bmatrix} 11.62 \\ 27.50 \\ 45.90 \end{bmatrix} \text{rad/s}$$

$$\boldsymbol{k} = \begin{bmatrix} 1 & -1 & 0 \\ -1 & 3 & -2 \\ 0 & -2 & 6 \end{bmatrix} \times 105\,060 \text{ kN/m}$$

由式(12-57a)
$$\boldsymbol{\xi} = \begin{bmatrix} 0.08 & 0.10 & 0.12 \end{bmatrix}$$

由式(12-57a)
$$a_1 = \frac{2\xi_c}{\omega_c} = \frac{2\xi_3}{\omega_3} = \frac{2 \times 0.12}{45.9} = 0.005\,2$$

由式(12-57c)
$$\bar{\xi}_n = \xi_n - \xi_c\left(\frac{\omega_n}{\omega_c}\right) = \xi_n - \frac{a_1}{2}\omega_n$$

$$\bar{\boldsymbol{\xi}} = \begin{bmatrix} 0.049\,6 & 0.028\,1 & 0.000\,0 \end{bmatrix}$$

由式(12-57d)
$$\boldsymbol{c} = a_1\boldsymbol{k} + \boldsymbol{m}\left[\sum_{n=1}^{2} \frac{2\bar{\xi}_n\omega_n}{M_n}\boldsymbol{\phi}_n\boldsymbol{\phi}_n^{\text{T}}\right]\boldsymbol{m}$$

$$= \begin{bmatrix} 0.983\,6 & -0.586\,2 & -0.056\,1 \\ -0.586\,2 & 2.046\,1 & -0.889\,7 \\ -0.056\,1 & -0.889\,7 & 3.408\,8 \end{bmatrix} \times 10^6 \text{ N}\cdot\text{s/m}$$

# 第 13 章  振动分析的矩阵迭代法

**13-1** 用矩阵迭代法计算习题8-12中建筑物的基本振型和频率。注意,可以从给定的层间剪切刚度或是通过刚度矩阵求逆,或是在每一楼层上相继施加单位荷载,以计算每层产生的位移来得到柔度矩阵。

**解:**

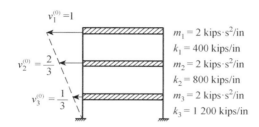

$$m = 350.2 \times 10^3 \begin{bmatrix} 1 & 0 & 0 \\ 0 & 1 & 0 \\ 0 & 0 & 1 \end{bmatrix} \text{ kg}$$

求结构的柔度

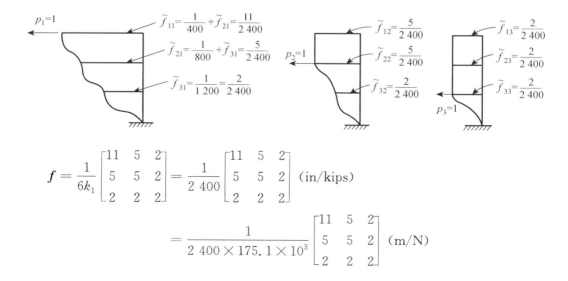

$$f = \frac{1}{6k_1}\begin{bmatrix} 11 & 5 & 2 \\ 5 & 5 & 2 \\ 2 & 2 & 2 \end{bmatrix} = \frac{1}{2\,400}\begin{bmatrix} 11 & 5 & 2 \\ 5 & 5 & 2 \\ 2 & 2 & 2 \end{bmatrix} \text{ (in/kips)}$$

$$= \frac{1}{2\,400 \times 175.1 \times 10^3}\begin{bmatrix} 11 & 5 & 2 \\ 5 & 5 & 2 \\ 2 & 2 & 2 \end{bmatrix} \text{ (m/N)}$$

$$\boldsymbol{D} = \boldsymbol{fm} = \frac{m_1}{6k_1}\begin{bmatrix} 11 & 5 & 2 \\ 5 & 5 & 2 \\ 2 & 2 & 2 \end{bmatrix}\begin{bmatrix} 1 & 0 & 0 \\ 0 & 1 & 0 \\ 0 & 0 & 1 \end{bmatrix} = \frac{1}{1\,200}\begin{bmatrix} 11 & 5 & 2 \\ 5 & 5 & 2 \\ 2 & 2 & 2 \end{bmatrix}$$

$$\bar{\boldsymbol{v}}_1^{(k+1)} = \boldsymbol{D}\boldsymbol{v}_1^{(k)}; \quad \boldsymbol{v}_1^{(k+1)} = \frac{1}{\text{ref}(\bar{\boldsymbol{v}}_1^{(k+1)})}\bar{\boldsymbol{v}}_1^{(k+1)}$$

$$\boldsymbol{D}\boldsymbol{v}_1^{(0)} = \frac{1}{1\,200}\begin{bmatrix} 11 & 5 & 2 \\ 5 & 5 & 2 \\ 2 & 2 & 2 \end{bmatrix} \times \frac{1}{3}\begin{bmatrix} 3 \\ 2 \\ 1 \end{bmatrix} = \frac{1}{1\,200}\begin{bmatrix} 15 \\ 9 \\ 4 \end{bmatrix} = \frac{15}{1\,200}\begin{bmatrix} 1.000\,0 \\ 0.600\,0 \\ 0.266\,7 \end{bmatrix}$$

$$\boldsymbol{D}\boldsymbol{v}_1^{(1)} = \frac{1}{1\,200}\begin{bmatrix} 11 & 5 & 2 \\ 5 & 5 & 2 \\ 2 & 2 & 2 \end{bmatrix} \times \begin{bmatrix} 1.000\,0 \\ 0.600\,0 \\ 0.266\,7 \end{bmatrix} = \frac{1}{1\,200}\begin{bmatrix} 14.533\,3 \\ 8.533\,3 \\ 3.733\,3 \end{bmatrix} = \frac{14.533\,3}{1\,200}\begin{bmatrix} 1.000\,0 \\ 0.587\,2 \\ 0.256\,9 \end{bmatrix}$$

$$\boldsymbol{D}\boldsymbol{v}_1^{(2)} = \frac{1}{1\,200}\begin{bmatrix} 11 & 5 & 2 \\ 5 & 5 & 2 \\ 2 & 2 & 2 \end{bmatrix} \times \begin{bmatrix} 1.000\,0 \\ 0.587\,2 \\ 0.256\,9 \end{bmatrix} = \frac{1}{1\,200}\begin{bmatrix} 14.449\,5 \\ 8.449\,5 \\ 3.688\,1 \end{bmatrix} = \frac{14.449\,5}{1\,200}\begin{bmatrix} 1.000\,0 \\ 0.584\,8 \\ 0.255\,2 \end{bmatrix}$$

$$\boldsymbol{D}\boldsymbol{v}_1^{(3)} = \frac{1}{1\,200}\begin{bmatrix} 11 & 5 & 2 \\ 5 & 5 & 2 \\ 2 & 2 & 2 \end{bmatrix} \times \begin{bmatrix} 1.000\,0 \\ 0.584\,8 \\ 0.255\,2 \end{bmatrix} = \frac{1}{1\,200}\begin{bmatrix} 14.434\,3 \\ 8.434\,3 \\ 3.680\,0 \end{bmatrix} = \frac{14.434\,3}{1\,200}\begin{bmatrix} 1.000\,0 \\ 0.584\,3 \\ 0.254\,9 \end{bmatrix}$$

$$\boldsymbol{D}\boldsymbol{v}_1^{(4)} = \frac{1}{1\,200}\begin{bmatrix} 11 & 5 & 2 \\ 5 & 5 & 2 \\ 2 & 2 & 2 \end{bmatrix} \times \begin{bmatrix} 1.000\,0 \\ 0.584\,3 \\ 0.254\,9 \end{bmatrix} = \frac{1}{1\,200}\begin{bmatrix} 14.431\,5 \\ 8.431\,5 \\ 3.678\,5 \end{bmatrix} = \frac{14.431\,5}{1\,200}\begin{bmatrix} 1.000\,0 \\ 0.584\,2 \\ 0.254\,9 \end{bmatrix}$$

$$\omega_1^2 = \frac{v_{11}^4}{\bar{v}_{11}^5} = \frac{1.000}{\frac{1}{1\,200} \times 14.431\,5} = 83.151\,4$$

$$\omega_1 = 9.118\,7 \text{ rad/s}$$

$$\boldsymbol{\phi}_1 = \begin{bmatrix} 1.000\,0 \\ 0.584\,2 \\ 0.254\,9 \end{bmatrix}$$

**13-2** 使用式(13-45)所示刚度形式的动力矩阵,由矩阵迭代计算习题13-1中建筑物的最高阶振型和频率。

**解**:式(13-45)为

$$\boldsymbol{E} = \boldsymbol{m}^{-1}\boldsymbol{k} = \boldsymbol{D}^{-1}; \quad \omega_3^2 \boldsymbol{v}_3^{(1)} = \boldsymbol{E}\boldsymbol{v}_3^{(0)}; \quad \omega_3^2 \approx \frac{\bar{v}_{k3}^{(1)}}{v_{k3}^{(0)}}$$

$$\boldsymbol{D} = \frac{1}{1\,200}\begin{bmatrix} 11 & 5 & 2 \\ 5 & 5 & 2 \\ 2 & 2 & 2 \end{bmatrix};$$

$$\boldsymbol{E} = \boldsymbol{D}^{-1} = 1\,200\begin{bmatrix} 11 & 5 & 2 \\ 5 & 5 & 2 \\ 2 & 2 & 2 \end{bmatrix}^{-1} = 200\begin{bmatrix} 1 & -1 & 0 \\ -1 & 3 & -2 \\ 0 & -2 & 5 \end{bmatrix}$$

$$\bar{\boldsymbol{v}}_3^{(k+1)} = \boldsymbol{E}\boldsymbol{v}_3^{(k)}; \quad \boldsymbol{v}_3^{(k+1)} = \frac{1}{\mathrm{ref}(\bar{\boldsymbol{v}}_3^{(k+1)})}\bar{\boldsymbol{v}}_3^{(k+1)}$$

$$\boldsymbol{E}\boldsymbol{v}_3^{(0)} = 200\begin{bmatrix} 1 & -1 & 0 \\ -1 & 3 & -2 \\ 0 & -2 & 5 \end{bmatrix}\begin{bmatrix} -1 \\ 1 \\ -1 \end{bmatrix} = 200\begin{bmatrix} -2 \\ 6 \\ -7 \end{bmatrix} = 200\times 7\begin{bmatrix} -0.285\ 7 \\ 0.857\ 1 \\ -1.000\ 0 \end{bmatrix}$$

$$\boldsymbol{E}\boldsymbol{v}_3^{(1)} = 200\begin{bmatrix} 1 & -1 & 0 \\ -1 & 3 & -2 \\ 0 & -2 & 5 \end{bmatrix}\begin{bmatrix} -0.285\ 7 \\ 0.857\ 1 \\ -1.000\ 0 \end{bmatrix} = 200\begin{bmatrix} -1.142\ 9 \\ 4.857\ 1 \\ -6.714\ 3 \end{bmatrix}$$

$$= 200\times 6.714\ 3\begin{bmatrix} -0.170\ 2 \\ 0.723\ 4 \\ -1.000\ 0 \end{bmatrix}$$

$$\boldsymbol{E}\boldsymbol{v}_3^{(2)} = 200\begin{bmatrix} 1 & -1 & 0 \\ -1 & 3 & -2 \\ 0 & -2 & 5 \end{bmatrix}\begin{bmatrix} -0.170\ 2 \\ 0.723\ 4 \\ -1.000\ 0 \end{bmatrix} = 200\begin{bmatrix} -0.893\ 6 \\ 4.340\ 4 \\ -6.446\ 8 \end{bmatrix}$$

$$= 200\times 6.446\ 8\begin{bmatrix} -0.138\ 6 \\ 0.673\ 3 \\ -1.000\ 0 \end{bmatrix}$$

$$\boldsymbol{E}\boldsymbol{v}_3^{(3)} = 200\begin{bmatrix} 1 & -1 & 0 \\ -1 & 3 & -2 \\ 0 & -2 & 5 \end{bmatrix}\begin{bmatrix} -0.138\ 6 \\ 0.673\ 3 \\ -1.000\ 0 \end{bmatrix} = 200\begin{bmatrix} -0.811\ 9 \\ 4.158\ 4 \\ -6.346\ 5 \end{bmatrix}$$

$$= 200\times 6.346\ 5\begin{bmatrix} -0.127\ 9 \\ 0.655\ 2 \\ -1.000\ 0 \end{bmatrix}$$

| $\boldsymbol{v}_3^{(4)}$ | $\bar{\boldsymbol{v}}_3^{(5)}$ | $\boldsymbol{v}_3^{(5)}$ | $\bar{\boldsymbol{v}}_3^{(6)}$ | $\boldsymbol{v}_3^{(6)}$ | $\bar{\boldsymbol{v}}_3^{(7)}$ |
|---|---|---|---|---|---|
| $-0.127\ 9$ | $-0.783\ 2$ | $-0.124\ 1$ | $-0.772\ 8$ | $-0.122\ 7$ | $-0.769\ 0$ |
| $0.655\ 2$ | $4.093\ 6$ | $0.648\ 7$ | $4.070\ 2$ | $0.646\ 3$ | $4.061\ 7$ |
| $-1.000\ 0$ | $-6.310\ 5$ | $-1.000\ 0$ | $-6.297\ 4$ | $-1.000\ 0$ | $-6.292\ 6$ |

| $\boldsymbol{v}_3^{(7)}$ | $\bar{\boldsymbol{v}}_3^{(8)}$ | $\boldsymbol{v}_3^{(8)}$ | $\bar{\boldsymbol{v}}_3^{(9)}$ | $\boldsymbol{v}_3^{(9)}$ | $\bar{\boldsymbol{v}}_3^{(10)}$ |
|---|---|---|---|---|---|
| $-0.122\ 2$ | $-0.767\ 7$ | $-0.122\ 0$ | $-0.767\ 2$ | $-0.122\ 0$ | $-0.767\ 0$ |
| $0.645\ 5$ | $4.058\ 6$ | $0.645\ 2$ | $4.057\ 5$ | $0.645\ 0$ | $4.057\ 1$ |
| $-1.000\ 0$ | $-6.291\ 0$ | $-1.000\ 0$ | $-6.290\ 3$ | $-1.000\ 0$ | $-6.290\ 1$ |

| $\boldsymbol{v}_3^{(10)}$ | $\bar{\boldsymbol{v}}_3^{(11)}$ | $\boldsymbol{v}_3^{(11)}$ | $\bar{\boldsymbol{v}}_3^{(12)}$ |
|---|---|---|---|
| $-0.121\ 9$ | $-0.766\ 9$ | $-0.121\ 9$ | $-0.766\ 9$ |
| $0.645\ 0$ | $4.056\ 9$ | $0.645\ 0$ | $4.056\ 8$ |
| $-1.000\ 0$ | $-6.290\ 0$ | $-1.000\ 0$ | $-6.289\ 9$ |

$$\omega_3^2 = \frac{\bar{v}_{33}^{(12)}}{v_{33}^{(11)}} = \frac{200\times(-6.289\ 9)}{-1.000} = 1\ 258$$

$$\omega_3 = 35.468\ 3\ \mathrm{rad/s}$$

$$\boldsymbol{\phi}_3 = \begin{bmatrix} -0.1219 \\ 0.6450 \\ -1.0000 \end{bmatrix}$$

**13-3** 按照习题 8-13 所述建筑物的特性，重解习题 13-1。

**解：**

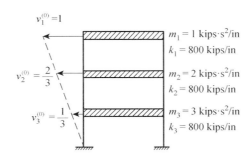

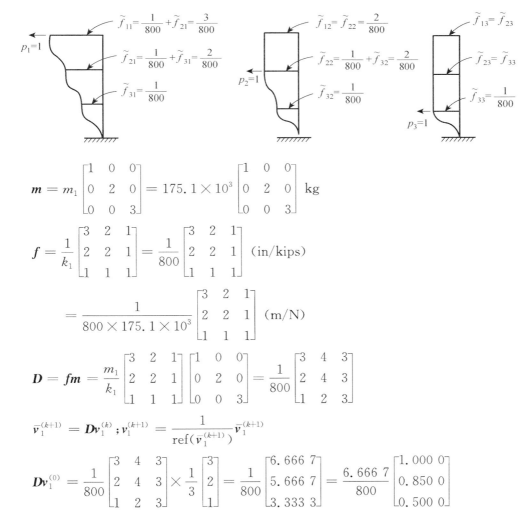

$$\boldsymbol{m} = m_1 \begin{bmatrix} 1 & 0 & 0 \\ 0 & 2 & 0 \\ 0 & 0 & 3 \end{bmatrix} = 175.1 \times 10^3 \begin{bmatrix} 1 & 0 & 0 \\ 0 & 2 & 0 \\ 0 & 0 & 3 \end{bmatrix} \text{ kg}$$

$$\boldsymbol{f} = \frac{1}{k_1}\begin{bmatrix} 3 & 2 & 1 \\ 2 & 2 & 1 \\ 1 & 1 & 1 \end{bmatrix} = \frac{1}{800}\begin{bmatrix} 3 & 2 & 1 \\ 2 & 2 & 1 \\ 1 & 1 & 1 \end{bmatrix} \text{ (in/kips)}$$

$$= \frac{1}{800 \times 175.1 \times 10^3}\begin{bmatrix} 3 & 2 & 1 \\ 2 & 2 & 1 \\ 1 & 1 & 1 \end{bmatrix} \text{ (m/N)}$$

$$\boldsymbol{D} = \boldsymbol{fm} = \frac{m_1}{k_1}\begin{bmatrix} 3 & 2 & 1 \\ 2 & 2 & 1 \\ 1 & 1 & 1 \end{bmatrix}\begin{bmatrix} 1 & 0 & 0 \\ 0 & 2 & 0 \\ 0 & 0 & 3 \end{bmatrix} = \frac{1}{800}\begin{bmatrix} 3 & 4 & 3 \\ 2 & 4 & 3 \\ 1 & 2 & 3 \end{bmatrix}$$

$$\bar{\boldsymbol{v}}_1^{(k+1)} = \boldsymbol{D}\boldsymbol{v}_1^{(k)}; \quad \boldsymbol{v}_1^{(k+1)} = \frac{1}{\text{ref}(\bar{\boldsymbol{v}}_1^{(k+1)})}\bar{\boldsymbol{v}}_1^{(k+1)}$$

$$\boldsymbol{D}\boldsymbol{v}_1^{(0)} = \frac{1}{800}\begin{bmatrix} 3 & 4 & 3 \\ 2 & 4 & 3 \\ 1 & 2 & 3 \end{bmatrix} \times \frac{1}{3}\begin{bmatrix} 3 \\ 2 \\ 1 \end{bmatrix} = \frac{1}{800}\begin{bmatrix} 6.6667 \\ 5.6667 \\ 3.3333 \end{bmatrix} = \frac{6.6667}{800}\begin{bmatrix} 1.0000 \\ 0.8500 \\ 0.5000 \end{bmatrix}$$

$$\begin{matrix} v_1^{(1)} & \overline{v}_1^{(2)} \\ \begin{bmatrix} 1.000\,0 & 7.900\,0 \\ 0.850\,0 & 6.900\,0 \\ 0.500\,0 & 4.200\,0 \end{bmatrix} & \begin{matrix} v_1^{(2)} & \overline{v}_1^{(3)} \\ \begin{bmatrix} 1.000\,0 & 8.088\,6 \\ 0.873\,4 & 7.088\,6 \\ 0.531\,6 & 4.341\,8 \end{bmatrix} \end{matrix} & \begin{matrix} v_1^{(3)} & \overline{v}_1^{(4)} \\ \begin{bmatrix} 1.000\,0 & 8.115\,8 \\ 0.876\,4 & 7.115\,8 \\ 0.536\,8 & 4.363\,0 \end{bmatrix} \end{matrix} \end{matrix}$$

$$\begin{matrix} v_1^{(4)} & \overline{v}_1^{(5)} \\ \begin{bmatrix} 1.000\,0 & 8.119\,9 \\ 0.876\,8 & 7.119\,9 \\ 0.537\,6 & 4.366\,4 \end{bmatrix} & \begin{matrix} v_1^{(5)} & \overline{v}_1^{(6)} \\ \begin{bmatrix} 1.000\,0 & 8.120\,6 \\ 0.876\,8 & 7.120\,6 \\ 0.537\,7 & 4.366\,9 \end{bmatrix} \end{matrix} \end{matrix}$$

$$\begin{matrix} v_1^{(6)} & \overline{v}_1^{(7)} \\ \begin{bmatrix} 1.000\,0 & 8.120\,7 \\ 0.876\,9 & 7.120\,7 \\ 0.537\,8 & 4.367\,0 \end{bmatrix} & \begin{matrix} v_1^{(7)} & \overline{v}_1^{(8)} \\ \begin{bmatrix} 1.000\,0 & 8.120\,7 \\ 0.876\,9 & 7.120\,7 \\ 0.537\,8 & 4.367\,0 \end{bmatrix} \end{matrix} \end{matrix}$$

$$\omega_1^2 = \frac{v_{11}^{(7)}}{\overline{v}_{11}^{(8)}} = \frac{1}{\frac{1}{800} \times 8.120\,7} = 98.513\,7$$

$$\omega_1 = 9.925\,4 \text{ rad/s}$$

$$\boldsymbol{\phi}_3 = \begin{bmatrix} 1.000\,0 \\ 0.876\,9 \\ 0.537\,8 \end{bmatrix}$$

**13-4** 用矩阵迭代计算习题 12-4 中剪切型建筑物的第二振型和频率。用给定的第一振型 $\boldsymbol{\phi}_1$ 和式(13-30)列出第一振型的滤型矩阵 $\boldsymbol{S}_1$。

**解：** 第一振型的滤型矩阵 $\boldsymbol{S}_1$ 为：

$$\boldsymbol{m} = 2\begin{bmatrix} 1 & 0 & 0 \\ 0 & 1 & 0 \\ 0 & 0 & 1 \end{bmatrix}(\text{kips} \cdot \text{s}^2/\text{in}) = 350.2 \times 10^3 \begin{bmatrix} 1 & 0 & 0 \\ 0 & 1 & 0 \\ 0 & 0 & 1 \end{bmatrix}(\text{kg}); \boldsymbol{\phi}_1 = \begin{bmatrix} 1.000 \\ 0.548 \\ 0.198 \end{bmatrix};$$

$$\boldsymbol{k} = k_1 \begin{bmatrix} 1 & -1 & 0 \\ -1 & 3 & -2 \\ 0 & -2 & 5 \end{bmatrix} = 105\,060 \times 10^3 \begin{bmatrix} 1 & -1 & 0 \\ -1 & 3 & -2 \\ 0 & -2 & 5 \end{bmatrix}(\text{N/m})$$

$$\boldsymbol{S}_1 = \boldsymbol{I} - \frac{1}{M_1}\boldsymbol{\phi}_1\boldsymbol{\phi}_1^{\text{T}}\boldsymbol{m}$$

$$= \begin{bmatrix} 1.000 & 0 & 0 \\ 0 & 1.000 & 0 \\ 0 & 0 & 1.000 \end{bmatrix} - \frac{350.2 \times 10^3}{469.10 \times 10^3}\begin{bmatrix} 1.000 \\ 0.548 \\ 0.198 \end{bmatrix}\begin{bmatrix} 1.000 & 0.548 & 0.198 \end{bmatrix}$$

$$= \begin{bmatrix} 0.253\,5 & -0.409\,1 & -0.147\,8 \\ -0.409\,1 & 0.775\,8 & -0.081\,0 \\ -0.147\,8 & -0.081\,0 & 0.970\,7 \end{bmatrix}$$

$$\boldsymbol{D}_2 = \boldsymbol{D}\boldsymbol{S}_1 = \boldsymbol{f}\boldsymbol{m}\boldsymbol{S}_1$$

$$= \frac{350.2}{420\,240} \begin{bmatrix} 7 & 3 & 1 \\ 3 & 3 & 1 \\ 1 & 1 & 1 \end{bmatrix} \begin{bmatrix} 1 & 0 & 0 \\ 0 & 1 & 0 \\ 0 & 0 & 1 \end{bmatrix} \begin{bmatrix} 0.2535 & -0.4091 & -0.1478 \\ -0.4091 & 0.7758 & -0.0810 \\ -0.1478 & -0.0810 & 0.9707 \end{bmatrix}$$

$$= \frac{1}{1\,200} \begin{bmatrix} 0.3991 & -0.6173 & -0.3070 \\ -0.6148 & 1.0191 & 0.2843 \\ -0.3035 & 0.2857 & 0.7419 \end{bmatrix}$$

$$\bar{\boldsymbol{v}}_2^{(k+1)} = \boldsymbol{D}_2 \boldsymbol{v}_2^{(k)}; \quad \boldsymbol{v}_2^{(k+1)} = \frac{1}{\mathrm{ref}(\bar{\boldsymbol{v}}_2^{(k+1)})} \bar{\boldsymbol{v}}_2^{(k+1)}$$

$$\boldsymbol{D}_2 \boldsymbol{v}_2^{(0)} = \frac{1}{1\,200} \begin{bmatrix} 0.3991 & -0.6173 & -0.3070 \\ -0.6148 & 1.0191 & 0.2843 \\ -0.3035 & 0.2857 & 0.7419 \end{bmatrix} \times \begin{bmatrix} 1 \\ -1 \\ -1 \end{bmatrix} = \frac{1}{1\,200} \begin{bmatrix} 1.3234 \\ -1.9181 \\ -1.3311 \end{bmatrix} =$$

$$\frac{1.9181}{1\,200} \begin{bmatrix} 0.6899 \\ -1.0000 \\ -0.6939 \end{bmatrix}$$

$$\begin{array}{cc} \boldsymbol{v}_2^{(1)} & \bar{\boldsymbol{v}}_2^{(2)} \\ \begin{vmatrix} 0.6899 & 1.1057 \\ -1.0000 & -1.6405 \\ -0.6939 & -1.0099 \end{vmatrix} & \begin{array}{cc} \boldsymbol{v}_2^{(2)} & \bar{\boldsymbol{v}}_2^{(3)} \\ \begin{vmatrix} 0.6740 & 1.0753 \\ -1.0000 & -1.6084 \\ -0.6156 & -0.9470 \end{vmatrix} & \begin{array}{cc} \boldsymbol{v}_2^{(3)} & \bar{\boldsymbol{v}}_2^{(4)} \\ \begin{vmatrix} 0.6685 & 1.0648 \\ -1.0000 & -1.5974 \\ -0.5887 & -0.9254 \end{vmatrix} \end{array} \end{array}$$

$$\begin{array}{cc} \boldsymbol{v}_2^{(4)} & \bar{\boldsymbol{v}}_2^{(5)} \\ \begin{vmatrix} 0.6666 & 1.0611 \\ -1.0000 & -1.5936 \\ -0.5793 & -0.9178 \end{vmatrix} & \begin{array}{cc} \boldsymbol{v}_2^{(5)} & \bar{\boldsymbol{v}}_2^{(6)} \\ \begin{vmatrix} 0.6659 & 1.0598 \\ -1.0000 & -1.5922 \\ -0.5759 & -0.9151 \end{vmatrix} & \begin{array}{cc} \boldsymbol{v}_2^{(6)} & \bar{\boldsymbol{v}}_2^{(7)} \\ \begin{vmatrix} 0.6656 & 1.0594 \\ -1.0000 & -1.5917 \\ -0.5747 & -0.9141 \end{vmatrix} \end{array} \end{array}$$

$$\begin{array}{cc} \boldsymbol{v}_2^{(7)} & \bar{\boldsymbol{v}}_2^{(8)} \\ \begin{vmatrix} 0.6656 & 1.0592 \\ -1.0000 & -1.5915 \\ -0.5743 & -0.9137 \end{vmatrix} & \begin{array}{cc} \boldsymbol{v}_2^{(8)} & \bar{\boldsymbol{v}}_2^{(9)} \\ \begin{vmatrix} 0.6656 & 1.0592 \\ -1.0000 & -1.5915 \\ -0.5741 & -0.9136 \end{vmatrix} \end{array}$$

$$\omega_2^2 = \frac{v_{22}^{(8)}}{\bar{v}_{22}^{(9)}} = \frac{1}{\frac{1}{1\,200} \times 1.5915} = 754.0057$$

$$\omega_2 = 27.4592 \text{ rad/s}$$

$$\boldsymbol{\phi}_2 = \begin{bmatrix} 0.6656 \\ -1.0000 \\ -0.5741 \end{bmatrix}$$

**13-5** 按式(13-65)和对它的讨论，用带移位的逆迭代重解习题13-4。作为示例，此题移位 $\mu = 98\% (\omega_2)^2$，其中 $\omega_2$ 采用习题12-4算出的值。

**解：** $\mu = 98\% (\omega_2)^2 = 0.98 \times 27.5^2 = 741.125$

$$\hat{\boldsymbol{E}} = \boldsymbol{E} - \mu \boldsymbol{I} = \boldsymbol{D}^{-1} - \mu \boldsymbol{I} = \boldsymbol{m}^{-1} \boldsymbol{k} - \mu \boldsymbol{I}$$

$$= \frac{1}{350.2}\begin{bmatrix} 1 & 0 & 0 \\ 0 & 1 & 0 \\ 0 & 0 & 1 \end{bmatrix} \times 105\,060 \begin{bmatrix} 1 & -1 & 0 \\ -1 & 3 & -2 \\ 0 & -2 & 6 \end{bmatrix} - 741.125 \begin{bmatrix} 1 & 0 & 0 \\ 0 & 1 & 0 \\ 0 & 0 & 1 \end{bmatrix}$$

$$= \begin{bmatrix} -0.441\,1 & -0.300\,0 & 0.000\,0 \\ -0.300\,0 & 0.158\,9 & -0.600\,0 \\ 0.000\,0 & -0.600\,0 & 1.058\,9 \end{bmatrix} \times 10^3$$

$$\hat{\boldsymbol{E}}^{-1} = \frac{1}{100}\begin{bmatrix} 1.791\,6 & -2.967\,8 & -1.681\,7 \\ -2.967\,8 & 4.363\,9 & 2.472\,8 \\ -1.681\,7 & 2.472\,8 & 1.495\,6 \end{bmatrix}$$

$$\hat{\boldsymbol{E}}^{-1}\boldsymbol{v}_2^{(0)} = \frac{1}{100}\begin{bmatrix} 1.791\,6 & -2.967\,8 & -1.681\,7 \\ -2.967\,8 & 4.363\,9 & 2.472\,8 \\ -1.681\,7 & 2.472\,8 & 1.495\,6 \end{bmatrix}\begin{bmatrix} 1 \\ -1 \\ -1 \end{bmatrix} = \frac{1}{100}\begin{bmatrix} 6.441\,1 \\ -9.804\,4 \\ -5.650\,0 \end{bmatrix}$$

$$\begin{array}{ccccc} \bar{\boldsymbol{v}}_2^{(1)} & \boldsymbol{v}_2^{(1)} & \bar{\boldsymbol{v}}_2^{(2)} & \boldsymbol{v}_2^{(2)} & \bar{\boldsymbol{v}}_2^{(3)} \\ \begin{vmatrix} 6.441\,1 \\ -9.804\,4 \\ -5.650\,0 \end{vmatrix} & \begin{vmatrix} 0.657\,3 \\ -1.000\,0 \\ -0.576\,3 \end{vmatrix} & \begin{vmatrix} 5.113\,9 \\ -7.738\,6 \\ -4.439\,4 \end{vmatrix} & \begin{vmatrix} 0.660\,8 \\ -1.000\,0 \\ -0.573\,7 \end{vmatrix} & \begin{vmatrix} 5.116\,5 \\ -7.743\,7 \\ -4.442\,0 \end{vmatrix} \end{array}$$

$$\begin{array}{cccc} \boldsymbol{v}_2^{(3)} & \bar{\boldsymbol{v}}_2^{(4)} & \boldsymbol{v}_2^{(4)} & \bar{\boldsymbol{v}}_2^{(5)} \\ \begin{vmatrix} 0.660\,7 \\ -1.000\,0 \\ -0.573\,6 \end{vmatrix} & \begin{vmatrix} 5.116\,3 \\ -7.743\,3 \\ -4.441\,8 \end{vmatrix} & \begin{vmatrix} 0.660\,7 \\ -1.000\,0 \\ -0.573\,6 \end{vmatrix} & \begin{vmatrix} 5.116\,3 \\ -7.743\,3 \\ -4.441\,8 \end{vmatrix} \end{array}$$

$$\boldsymbol{\phi}_2 = \begin{bmatrix} 0.660\,7 \\ -1.000\,0 \\ -0.573\,6 \end{bmatrix}$$

$$\delta_2 = \frac{1}{\max(\bar{v}_2^{(5)})} = \frac{1}{7.743\,3/100} = 12.914\,4$$

$$\omega_n^2 = \delta_n + \mu$$

$$\omega_2 = \sqrt{\delta_2 + \mu} = \sqrt{12.914\,4 + 741.125} = 27.459\,8 \text{ rad/s}$$

**13-6** 图 P13-1 绘出了有三个集中质量的梁，也给出了它们的柔度和刚度矩阵。用矩阵迭代法确定引起这个梁屈曲的轴向力 $N_{\text{cr}}$。在分析中用线性近似[式(10-36)]表示梁的几何刚度。

$$\tilde{\boldsymbol{f}} = \frac{L^3}{243EI}\begin{bmatrix} 8 & 7 & -8 \\ 7 & 8 & -10 \\ -8 & -10 & 24 \end{bmatrix}; \quad \boldsymbol{k} = \frac{243}{168}\frac{EI}{L^3}\begin{bmatrix} 92 & -88 & -6 \\ -88 & 128 & 24 \\ -6 & 24 & 15 \end{bmatrix}$$

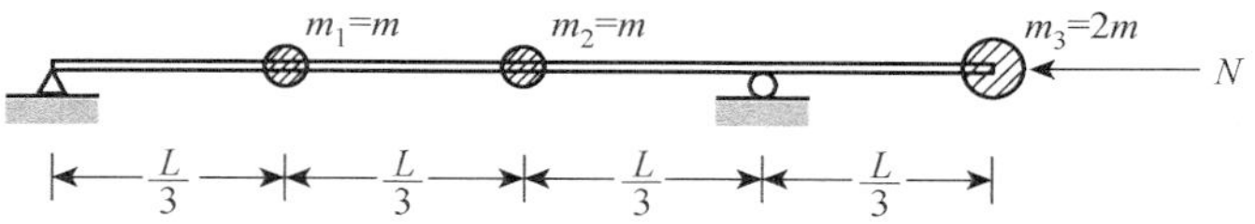

图 P13-1

**解：**

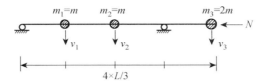

对应于 $v_1$，$v_2$ 的刚度矩阵为：

$$\begin{bmatrix} \dfrac{N_1}{l_1} + \dfrac{N_2}{l_2} & -\dfrac{N_2}{l_2} \\ -\dfrac{N_2}{l_2} & \dfrac{N_2}{l_2} + \dfrac{N_3}{l_3} \end{bmatrix} = \dfrac{N}{L}\begin{bmatrix} 3+3 & -3 \\ -3 & 3+3 \end{bmatrix} = \dfrac{N}{L}\begin{bmatrix} 6 & -3 \\ -3 & 6 \end{bmatrix}$$

对应于 $v_3$ 的刚度为：

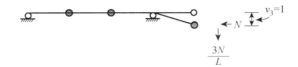

$$\boldsymbol{k}_G = \dfrac{N}{L}\begin{bmatrix} 6 & -3 & 0 \\ -3 & 6 & 0 \\ 0 & 0 & 3 \end{bmatrix} = \boldsymbol{k}_{G0}$$

$$\widetilde{\boldsymbol{f}} = \dfrac{L^3}{243EI}\begin{bmatrix} 8 & 7 & -8 \\ 7 & 8 & -10 \\ -8 & -10 & 24 \end{bmatrix}$$

稳定矩阵 $\boldsymbol{G}$ 为：

$$\boldsymbol{G} = \widetilde{\boldsymbol{f}}\boldsymbol{k}_{G0} = \dfrac{L^3}{243EI}\begin{bmatrix} 8 & 7 & -8 \\ 7 & 8 & -10 \\ -8 & -10 & 24 \end{bmatrix} \times \dfrac{N}{L}\begin{bmatrix} 6 & -3 & 0 \\ -3 & 6 & 0 \\ 0 & 0 & 3 \end{bmatrix}$$

$$= \dfrac{NL^2}{243EI}\begin{bmatrix} 27 & 18 & -24 \\ 18 & 27 & -30 \\ -18 & -36 & 72 \end{bmatrix}$$

$$\overline{\boldsymbol{v}}_1^{(k+1)} = \boldsymbol{G}\boldsymbol{v}_1^{(k)}; \quad \boldsymbol{v}_1^{(k+1)} = \dfrac{1}{\mathrm{ref}(\overline{\boldsymbol{v}}_1^{(k+1)})}\overline{\boldsymbol{v}}_1^{(k+1)}$$

$$\boldsymbol{G}\boldsymbol{v}_1^{(0)} = \dfrac{NL^2}{243EI}\begin{bmatrix} 27 & 18 & -24 \\ 18 & 27 & -30 \\ -18 & -36 & 72 \end{bmatrix}\begin{bmatrix} -0.5 \\ -0.5 \\ 1.0 \end{bmatrix}$$

$$= \dfrac{NL^2}{243EI}\begin{bmatrix} -46.5 \\ -52.5 \\ 99.0 \end{bmatrix} = \dfrac{99.0NL^2}{243EI}\begin{bmatrix} -0.4697 \\ -0.5303 \\ 1.0000 \end{bmatrix}$$

$$\begin{array}{cc} \boldsymbol{v}_1^{(1)} & \bar{\boldsymbol{v}}_1^{(2)} \\ \begin{vmatrix} -0.4697 & -46.2273 \\ -0.5303 & -52.7727 \\ 1.0000 & 99.5455 \end{vmatrix} & \end{array} \quad \begin{array}{cc} \boldsymbol{v}_1^{(2)} & \bar{\boldsymbol{v}}_1^{(3)} \\ \begin{vmatrix} -0.4644 & -46.0808 \\ -0.5301 & -52.6726 \\ 1.0000 & 99.4438 \end{vmatrix} & \end{array} \quad \begin{array}{cc} \boldsymbol{v}_1^{(3)} & \bar{\boldsymbol{v}}_1^{(4)} \\ \begin{vmatrix} -0.4634 & -46.0455 \\ -0.5297 & -52.6421 \\ 1.0000 & 99.4091 \end{vmatrix} & \end{array}$$

$$\begin{array}{cc} \boldsymbol{v}_1^{(4)} & \bar{\boldsymbol{v}}_1^{(5)} \\ \begin{vmatrix} -0.4632 & -46.0381 \\ -0.5295 & -52.6353 \\ 1.0000 & 99.4012 \end{vmatrix} & \end{array} \quad \begin{array}{cc} \boldsymbol{v}_1^{(5)} & \bar{\boldsymbol{v}}_1^{(6)} \\ \begin{vmatrix} -0.4632 & -46.0366 \\ -0.5295 & -52.6339 \\ 1.0000 & 99.3996 \end{vmatrix} & \end{array} \quad \begin{array}{cc} \boldsymbol{v}_1^{(6)} & \bar{\boldsymbol{v}}_1^{(7)} \\ \begin{vmatrix} -0.4631 & -46.0363 \\ -0.5295 & -52.6336 \\ 1.0000 & 99.3993 \end{vmatrix} & \end{array}$$

$$\begin{array}{cc} \boldsymbol{v}_1^{(7)} & \bar{\boldsymbol{v}}_1^{(8)} \\ \begin{vmatrix} -0.4631 & -46.0362 \\ -0.5295 & -52.6336 \\ 1.0000 & 99.3992 \end{vmatrix} & \end{array} \quad \begin{array}{cc} \boldsymbol{v}_1^{(8)} & \bar{\boldsymbol{v}}_1^{(9)} \\ \begin{vmatrix} -0.4631 & -46.0362 \\ -0.5295 & -52.6336 \\ 1.0000 & 99.3992 \end{vmatrix} & \end{array}$$

$$\lambda_{\mathrm{cr}} = \frac{v_{31}^{(8)}}{\bar{v}_{31}^{(9)}} = \frac{1.000}{\dfrac{NL^2}{243EI} \times 99.3992} = \frac{2.4447}{\dfrac{NL^2}{EI}} = 2.4447 \frac{EI}{NL^2}$$

$$N_{\mathrm{cr}} = \lambda_{\mathrm{cr}} N = 2.4447 \frac{EI}{L^2}$$

**13-7** 如果轴向力的值是 $N = 2(EI/L^2)$，用矩阵迭代计算习题 13-6 中梁的振动频率。

**解：**

$$\bar{\boldsymbol{k}} = \boldsymbol{k} - \boldsymbol{k}_G = \frac{243}{168} \frac{EI}{L^3} \begin{bmatrix} 92 & -88 & -6 \\ -88 & 128 & 24 \\ -6 & 24 & 15 \end{bmatrix} - \frac{N}{L} \begin{bmatrix} 6 & -3 & 0 \\ -3 & 6 & 0 \\ 0 & 0 & 3 \end{bmatrix}$$

$$= \frac{243}{168} \frac{EI}{L^3} \begin{bmatrix} 92 & -88 & -6 \\ -88 & 128 & 24 \\ -6 & 24 & 15 \end{bmatrix} - \frac{2EI}{L^2} \frac{1}{L} \begin{bmatrix} 6 & -3 & 0 \\ -3 & 6 & 0 \\ 0 & 0 & 3 \end{bmatrix}$$

$$= \frac{EI}{L^3} \begin{bmatrix} 121.0714 & -121.2857 & -8.6786 \\ -121.2857 & 173.1429 & 34.7143 \\ -8.6786 & 34.7143 & 15.6964 \end{bmatrix}$$

$$\boldsymbol{D} = \bar{\boldsymbol{k}}^{-1} \boldsymbol{m} = \frac{L^3 m}{EI} \begin{bmatrix} 121.0714 & -121.2857 & -8.6786 \\ -121.2857 & 173.1429 & 34.7143 \\ -8.6786 & 34.7143 & 15.6964 \end{bmatrix}^{-1} \begin{bmatrix} 1 & 0 & 0 \\ 0 & 1 & 0 \\ 0 & 0 & 2 \end{bmatrix}$$

$$= \frac{L^3 m}{EI} \begin{bmatrix} 0.1232 & 0.1305 & -0.2205 \\ 0.1305 & 0.1486 & -0.2566 \\ -0.2205 & -0.2566 & 0.5092 \end{bmatrix} \begin{bmatrix} 1 & 0 & 0 \\ 0 & 1 & 0 \\ 0 & 0 & 2 \end{bmatrix}$$

$$= \frac{L^3 m}{EI} \begin{bmatrix} 0.1232 & 0.1305 & -0.4410 \\ 0.1305 & 0.1486 & -0.5132 \\ -0.2205 & -0.2566 & 1.0184 \end{bmatrix}$$

$$\overline{\boldsymbol{v}}_1^{(k+1)} = \boldsymbol{D}\boldsymbol{v}_1^{(k)}; \quad \boldsymbol{v}_1^{(k+1)} = \frac{1}{\text{ref}(\overline{\boldsymbol{v}}_1^{(k+1)})} \overline{\boldsymbol{v}}_1^{(k+1)}$$

$$\boldsymbol{G}\boldsymbol{v}_1^{(0)} = \frac{NL^2}{243EI} \begin{bmatrix} 27 & 18 & -24 \\ 18 & 27 & -30 \\ -18 & -36 & 72 \end{bmatrix} \begin{bmatrix} -0.5 \\ -0.5 \\ 1.0 \end{bmatrix}$$

$$\boldsymbol{D}\boldsymbol{v}_1^{(0)} = \frac{L^3 m}{EI} \begin{bmatrix} 0.1232 & 0.1305 & -0.4410 \\ 0.1305 & 0.1486 & -0.5132 \\ -0.2205 & -0.2566 & 1.0184 \end{bmatrix} \begin{bmatrix} -0.5 \\ -0.5 \\ 1.0 \end{bmatrix}$$

$$= \frac{L^3 m}{EI} \begin{bmatrix} -0.5679 \\ -0.6527 \\ 1.2570 \end{bmatrix} = \frac{1.2570 L^3 m}{EI} \begin{bmatrix} -0.4518 \\ -0.5193 \\ 1.0000 \end{bmatrix}$$

$$\begin{matrix} \boldsymbol{v}_1^{(1)} & \boldsymbol{v}_1^{(2)} & \boldsymbol{v}_1^{(2)} & \boldsymbol{v}_1^{(3)} & \boldsymbol{v}_1^{(3)} & \boldsymbol{v}_1^{(4)} \\ \begin{vmatrix} -0.4518 & -0.5645 \\ -0.5193 & -0.6493 \\ 1.0000 & 1.2513 \end{vmatrix} & \begin{vmatrix} -0.4511 & -0.5643 \\ -0.5189 & -0.6491 \\ 1.0000 & 1.2510 \end{vmatrix} & \begin{vmatrix} -0.4511 & -0.5643 \\ -0.5189 & -0.6491 \\ 1.0000 & 1.2510 \end{vmatrix} \end{matrix}$$

$$\omega_1^2 = \frac{v_{31}^{(3)}}{\overline{v}_{31}^{(4)}} = \frac{1.000}{\frac{mL^3}{EI} \times 1.2510} = 0.7994 \frac{EI}{mL^3}$$

$$\omega_1 = 0.8941 \sqrt{\frac{EI}{mL^3}}$$

$$\boldsymbol{\phi}_1 = \begin{bmatrix} -0.4511 \\ -0.5189 \\ 1.0000 \end{bmatrix}$$

# 第 14 章 动力自由度的选择

**14-1** 图 P14-1 所示四层剪切型框架,各刚性横梁上集中的质量 $m$ 相同,各楼层间柱子的层间刚度 $k$ 相同。由给出的线形和二次形状函数 $\psi_1$ 和 $\psi_2$ 作为广义坐标,用 Rayleigh-Ritz 法[式(14-21) 和式(14-22)]计算前两个振型的近似形状和频率。

$$(\psi_1, \psi_2) = \begin{bmatrix} 1.00 & 1.00 \\ 0.75 & 0.56 \\ 0.50 & 0.25 \\ 0.25 & 0.06 \end{bmatrix}$$

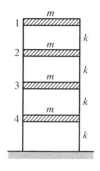

图 P14-1

**解:**

$$M = m\begin{bmatrix} 1 & 0 & 0 & 0 \\ 0 & 1 & 0 & 0 \\ 0 & 0 & 1 & 0 \\ 0 & 0 & 0 & 1 \end{bmatrix}; \quad K = k\begin{bmatrix} 1 & -1 & 0 & 0 \\ -1 & 2 & -1 & 0 \\ 0 & -1 & 2 & -1 \\ 0 & 0 & -1 & 2 \end{bmatrix}$$

设:$V = \Psi Z$,即 $\begin{bmatrix} V_1 \\ V_2 \\ V_3 \\ V_4 \end{bmatrix} = \begin{bmatrix} \psi_1 & \psi_2 \end{bmatrix}\begin{bmatrix} Z_1 \\ Z_2 \end{bmatrix} = \begin{bmatrix} 1.00 & 1.00 \\ 0.75 & 0.56 \\ 0.50 & 0.25 \\ 0.25 & 0.06 \end{bmatrix}\begin{bmatrix} Z_1 \\ Z_2 \end{bmatrix}$

广义质量和广义刚度为:

$$m^* = \Psi^T M \Psi = \begin{bmatrix} 1.00 & 1.00 \\ 0.75 & 0.56 \\ 0.50 & 0.25 \\ 0.25 & 0.06 \end{bmatrix}^T \times m \begin{bmatrix} 1 & 0 & 0 & 0 \\ 0 & 1 & 0 & 0 \\ 0 & 0 & 1 & 0 \\ 0 & 0 & 0 & 1 \end{bmatrix} \times \begin{bmatrix} 1.00 & 1.00 \\ 0.75 & 0.56 \\ 0.50 & 0.25 \\ 0.25 & 0.06 \end{bmatrix}$$

$$= m\begin{bmatrix} 1.875\ 0 & 1.560\ 0 \\ 1.560\ 0 & 1.379\ 7 \end{bmatrix}$$

$$k^* = \Psi^T K \Psi = \begin{bmatrix} 1.00 & 1.00 \\ 0.75 & 0.56 \\ 0.50 & 0.25 \\ 0.25 & 0.06 \end{bmatrix}^T \times k \begin{bmatrix} 1 & -1 & 0 & 0 \\ -1 & 2 & -1 & 0 \\ 0 & -1 & 2 & -1 \\ 0 & 0 & -1 & 2 \end{bmatrix} \times \begin{bmatrix} 1.00 & 1.00 \\ 0.75 & 0.56 \\ 0.50 & 0.25 \\ 0.25 & 0.06 \end{bmatrix}$$

$$= k\begin{bmatrix} 0.250\ 0 & 0.250\ 0 \\ 0.250\ 0 & 0.329\ 4 \end{bmatrix}$$

$$[\boldsymbol{k}^* - \omega^2 \boldsymbol{m}^*]\boldsymbol{Z} = 0$$

特征方程：$|\boldsymbol{k}^* - \omega^2 \boldsymbol{m}^*| = 0$

即：$\begin{vmatrix} 0.25-1.875B & 0.25-1.56B \\ 0.25-1.56B & 0.3294-1.3797B \end{vmatrix} = 0$

其中：$B = \dfrac{m}{k}\omega^2$

$0.1533B^2 - 0.1825B + 0.0199 = 0$

$B_1 = 0.1210$；$B_2 = 1.0695$

$\omega_1 = 0.3479\sqrt{\dfrac{k}{m}}$；$\omega_2 = 1.0342\sqrt{\dfrac{k}{m}}$

$\boldsymbol{Z}_1 = \begin{bmatrix} 1.0000 \\ -0.3767 \end{bmatrix}$；$\boldsymbol{Z}_2 = \begin{bmatrix} 1.0000 \\ -1.2375 \end{bmatrix}$

$$\boldsymbol{\Phi} = \boldsymbol{\Psi}\boldsymbol{Z} = \begin{bmatrix} 1.00 & 1.00 \\ 0.75 & 0.56 \\ 0.50 & 0.25 \\ 0.25 & 0.06 \end{bmatrix} \times \begin{bmatrix} 1.0000 & 1.0000 \\ -0.3767 & -1.2375 \end{bmatrix}$$

$$= \begin{bmatrix} 0.6233 & -0.2375 \\ 0.5391 & 0.0570 \\ 0.4058 & 0.1906 \\ 0.2274 & 0.1757 \end{bmatrix}$$

经规格化得前两阶振型：

$$(\boldsymbol{\phi}_1, \boldsymbol{\phi}_2) = \begin{bmatrix} 1.0000 & 1.0000 \\ 0.8648 & -0.2400 \\ 0.6511 & -0.8026 \\ 0.3648 & -0.7400 \end{bmatrix}$$

**14-2** 用式(14-28)的"改进的"表达式确定广义坐标质量和刚度特性，重算习题14-1。

**解：**

$$\boldsymbol{M} = m\begin{bmatrix} 1 & 0 & 0 & 0 \\ 0 & 1 & 0 & 0 \\ 0 & 0 & 1 & 0 \\ 0 & 0 & 0 & 1 \end{bmatrix};\ \boldsymbol{K} = k\begin{bmatrix} 1 & -1 & 0 & 0 \\ -1 & 2 & -1 & 0 \\ 0 & -1 & 2 & -1 \\ 0 & 0 & -1 & 2 \end{bmatrix};\ \boldsymbol{f} = \dfrac{1}{k}\begin{bmatrix} 4 & 3 & 2 & 1 \\ 3 & 3 & 2 & 1 \\ 2 & 2 & 2 & 1 \\ 1 & 1 & 1 & 1 \end{bmatrix}$$

$$\boldsymbol{\Psi}^{(1)} = \boldsymbol{f}\boldsymbol{M}\boldsymbol{\Psi}^{(0)} = \dfrac{1}{k}\begin{bmatrix} 4 & 3 & 2 & 1 \\ 3 & 3 & 2 & 1 \\ 2 & 2 & 2 & 1 \\ 1 & 1 & 1 & 1 \end{bmatrix} \times m \begin{bmatrix} 1 & 0 & 0 & 0 \\ 0 & 1 & 0 & 0 \\ 0 & 0 & 1 & 0 \\ 0 & 0 & 0 & 1 \end{bmatrix} \times \begin{bmatrix} 1.00 & 1.00 \\ 0.75 & 0.56 \\ 0.50 & 0.25 \\ 0.25 & 0.06 \end{bmatrix}$$

$$= \frac{m}{k} \begin{bmatrix} 7.50 & 6.24 \\ 6.50 & 5.24 \\ 4.75 & 3.68 \\ 2.50 & 1.87 \end{bmatrix}$$

广义质量和广义刚度为：

$$\boldsymbol{k}^* = [\boldsymbol{\Psi}^{(1)}]^T \boldsymbol{M} \boldsymbol{\Psi}^{(0)} = \frac{m}{k} \begin{bmatrix} 7.50 & 6.24 \\ 6.50 & 5.24 \\ 4.75 & 3.68 \\ 2.50 & 1.87 \end{bmatrix}^T \times m \begin{bmatrix} 1 & 0 & 0 & 0 \\ 0 & 1 & 0 & 0 \\ 0 & 0 & 1 & 0 \\ 0 & 0 & 0 & 1 \end{bmatrix} \times \begin{bmatrix} 1.00 & 1.00 \\ 0.75 & 0.56 \\ 0.50 & 0.25 \\ 0.25 & 0.06 \end{bmatrix}$$

$$= \frac{m^2}{k} \begin{bmatrix} 15.375 & 12.4775 \\ 12.4775 & 10.2066 \end{bmatrix}$$

$$\boldsymbol{m}^* = [\boldsymbol{\Psi}^{(1)}]^T \boldsymbol{M} \boldsymbol{\Psi}^{(1)} = \frac{m}{k} \begin{bmatrix} 7.50 & 6.24 \\ 6.50 & 5.24 \\ 4.75 & 3.68 \\ 2.50 & 1.87 \end{bmatrix}^T \times m \begin{bmatrix} 1 & 0 & 0 & 0 \\ 0 & 1 & 0 & 0 \\ 0 & 0 & 1 & 0 \\ 0 & 0 & 0 & 1 \end{bmatrix} \times \frac{m}{k} \begin{bmatrix} 7.50 & 6.24 \\ 6.50 & 5.24 \\ 4.75 & 3.68 \\ 2.50 & 1.87 \end{bmatrix}$$

$$= \frac{m^3}{k^2} \begin{bmatrix} 127.3125 & 103.0150 \\ 103.0150 & 83.4345 \end{bmatrix}$$

$$[\boldsymbol{k}^* - \omega^2 \boldsymbol{m}^*] \boldsymbol{Z} = 0$$

特征方程：$|\boldsymbol{k}^* - \omega^2 \boldsymbol{m}^*| = 0$

即：$\begin{vmatrix} 15.375 - 127.3125B & 12.4775 - 103.0150B \\ 12.4775 - 103.0150B & 10.2066 - 83.4345B \end{vmatrix} = 0$

其中：$B = \frac{m}{k}\omega^2$

$B_1 = 0.1206; \quad B_2 = 1.0102$

$\omega_1 = 0.3473\sqrt{\dfrac{k}{m}}; \quad \omega_2 = 1.0051\sqrt{\dfrac{k}{m}}$

$\boldsymbol{Z}_1 = \begin{bmatrix} 1.0000 \\ -0.3652 \end{bmatrix}; \quad \boldsymbol{Z}_2 = \begin{bmatrix} 1.0000 \\ -1.2364 \end{bmatrix}$

$$\boldsymbol{\Phi} = \boldsymbol{\Psi}^{(1)} \boldsymbol{Z} = \frac{m}{k} \begin{bmatrix} 7.50 & 6.24 \\ 6.50 & 5.24 \\ 4.75 & 3.68 \\ 2.50 & 1.87 \end{bmatrix} \times \begin{bmatrix} 1.0000 & 1.0000 \\ -0.3652 & -1.2364 \end{bmatrix}$$

$$= \frac{m}{k} \begin{bmatrix} 5.2212 & -0.2149 \\ 4.5864 & 0.0215 \\ 3.4061 & 0.2002 \\ 1.8171 & 0.1880 \end{bmatrix}$$

经规格化得前两阶振型：

$$(\boldsymbol{\phi}_1, \boldsymbol{\phi}_2) = \begin{bmatrix} 1.000\ 0 & 1.000\ 0 \\ 0.878\ 4 & -0.099\ 9 \\ 0.652\ 4 & -0.931\ 6 \\ 0.348\ 0 & -0.874\ 9 \end{bmatrix}$$

精确解：

$$\boldsymbol{\omega} = \begin{bmatrix} 0.347\ 3 \\ 1.000\ 0 \\ 1.532\ 1 \\ 1.879\ 4 \end{bmatrix}; \boldsymbol{\Phi} = \begin{bmatrix} 1.000\ 0 & 1.000\ 0 & 1.000\ 0 & 1.000\ 0 \\ 0.879\ 4 & 0.000\ 0 & -1.347\ 3 & -2.532\ 1 \\ 0.652\ 7 & -1.000\ 0 & -0.532\ 1 & 2.879\ 4 \\ 0.347\ 3 & -1.000\ 0 & 1.532\ 1 & -1.879\ 4 \end{bmatrix}$$

# 第 15 章 多自由度体系动力反应分析——逐步法

**15-1** 简述逐步积分法基于的基本概念。

**解**：逐步积分法又称为直接积分法。该方法不对运动方程进行任何变换，直接对运动方程进行积分求解。它基于的基本概念：一是运动方程仅在间隔为 $\Delta t$ 的时间离散点上满足；二是在时间间隔 $\Delta t$ 内，假设位移 $v$、速度 $\dot{v}$ 和加速度 $\ddot{v}$ 的近似函数形式。

**15-2** 逐步积分法是一种近似的求解方法，它的误差主要来源是什么？

**解**：误差来源主要有两大类：一类是在计算速度和加速度的近似表达式中略去了高阶小量 $o(\Delta t^k)$ 引起的，称为截断误差；另一类是计算机的字长限制，位数必须进行四舍五入引起的，称为舍入误差。

**15-3** 什么是无条件稳定的方法？什么是有条件稳定的方法？

**解**：无条件稳定的方法是指无论时间步长 $\Delta t$ 取多大，给定任意初始条件，积分结果都不会无界增大的方法。有条件稳定的方法是指时间步长 $\Delta t$ 必须小于某个临界值 $\Delta t_{cr}$ 时，积分结果才不会无界增大的方法。

**15-4** 根据 Newmark 引入的速度和位移关系推导出 Newmark 方法的积分格式？

**解**：Newmark 引入的速度和位移关系为：

$$\dot{v}_{t+\Delta t} = \dot{v}_t + (1-\gamma)\ddot{v}_t \Delta t + \gamma \ddot{v}_{t+\Delta t} \Delta t \tag{1}$$

$$v_{t+\Delta t} = v_t + \dot{v}_t \Delta t + \left(\frac{1}{2} - \beta\right)\ddot{v}_t (\Delta t)^2 + \beta \ddot{v}_{t+\Delta t} (\Delta t)^2 \tag{2}$$

由式(2) 得

$$\ddot{v}_{t+\Delta t} = \frac{1}{\beta(\Delta t)^2}(v_{t+\Delta t} - v_t) - \frac{1}{\beta \Delta t}\dot{v}_t - \left(\frac{1}{2\beta} - 1\right)\ddot{v}_t \tag{3}$$

将式(3) 代入式(1)

$$\dot{v}_{t+\Delta t} = \frac{\gamma}{\beta \Delta t}(v_{t+\Delta t} - v_t) + \left(1 - \frac{\gamma}{\beta}\right)\dot{v}_t + \left(1 - \frac{\gamma}{2\beta}\right)\ddot{v}_t \Delta t \tag{4}$$

将式(3) 和式(4) 代入运动方程

$$M\ddot{v}_{t+\Delta t} + C\dot{v}_{t+\Delta t} + Kv_{t+\Delta t} = P_{t+\Delta t}$$

得

$$\hat{\boldsymbol{K}} \boldsymbol{v}_{t+\Delta t} = \hat{\boldsymbol{P}}_{t+\Delta t} \qquad (5)$$

其中

$$\hat{\boldsymbol{K}} = \boldsymbol{K} + \frac{1}{\beta (\Delta t)^2} \boldsymbol{M} + \frac{\gamma}{\beta \Delta t} \boldsymbol{C} \qquad (6)$$

$$\hat{\boldsymbol{P}}_{t+\Delta t} = \boldsymbol{P}_{t+\Delta t} + \boldsymbol{M} \left[ \frac{1}{\beta (\Delta t)^2} \boldsymbol{v}_t + \frac{1}{\beta \Delta t} \dot{\boldsymbol{v}}_t + \left( \frac{1}{2\beta} - 1 \right) \ddot{\boldsymbol{v}}_t \right] \\ + \boldsymbol{C} \left[ \frac{\gamma}{\beta \Delta t} \boldsymbol{v}_t + \left( \frac{\gamma}{\beta} - 1 \right) \dot{\boldsymbol{v}}_t + \left( \frac{\gamma}{2\beta} - 1 \right) \ddot{\boldsymbol{v}}_t \Delta t \right] \qquad (7)$$

由式(5)得$\boldsymbol{v}_{t+\Delta t}$,代入式(4)得$\dot{\boldsymbol{v}}_{t+\Delta t}$,代入式(1)得$\ddot{\boldsymbol{v}}_{t+\Delta t}$。

# 第 16 章　运动方程的变分形式

**16-1**　应用 Lagrange 方程 [式(16-15)] 并允许大位移, 试确定图 E8-4 所示体系的运动方程。小幅振荡的线性化运动方程是怎样的?

**解:**

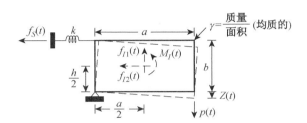
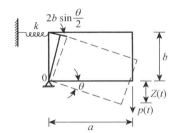

**图 E8-4　在动力情况下的单自由度板**

(a) 大位移情况

$$T = \frac{1}{2}I_0\dot{\theta}^2\,;\quad I_0 = \frac{ab\gamma}{12}(a^2+b^2) + ab\gamma\left[\left(\frac{a}{2}\right)^2 + \left(\frac{b}{2}\right)^2\right] = \frac{ab\gamma}{3}(a^2+b^2)$$

$$V \approx \frac{1}{2}k\left(2b\sin\frac{\theta}{2}\right)^2\,;\quad Q = ap(t)$$

代入 Lagrange 方程: $\dfrac{\mathrm{d}}{\mathrm{d}t}\left(\dfrac{\partial T}{\partial \dot{q}_i}\right) - \dfrac{\partial T}{\partial q_i} + \dfrac{\partial V}{\partial q_i} = Q_i$

$$I_0\ddot{\theta} - 0 + 2kb^2\sin\frac{\theta}{2}\cos\frac{\theta}{2} = ap(t)$$

$$\frac{ab\gamma}{3}(a^2+b^2)\ddot{\theta} + 2kb^2\sin\frac{\theta}{2}\cos\frac{\theta}{2} = ap(t)$$

(b) 小位移情况

$$\sin\frac{\theta}{2} = \frac{\theta}{2} + \frac{(\theta/2)^3}{3!} + \frac{(\theta/2)^5}{5!} + \cdots \approx \frac{\theta}{2}$$

$$\cos\frac{\theta}{2} = 1 + \frac{(\theta/2)^2}{2!} + \frac{(\theta/2)^4}{4!} + \cdots \approx 1$$

$$\frac{ab\gamma}{3}(a^2+b^2)\ddot{\theta} + kb^2\theta = ap(t)$$

小位移情况时, 也可用 $Z(t)$ 作为广义坐标:

因为 $\theta(t) \approx \dfrac{Z(t)}{a}$，所以 $\dfrac{ab\gamma}{3}(a^2+b^2)\ddot{Z}+kb^2Z=a^2p(t)$

注：大位移时，$\theta(t) \approx \dfrac{Z(t)}{a}$ 误差较大。

**16-2** 应用 Lagrange 方程并允许大位移，试确定图 P16-1 所示体系的运动方程。小幅振荡的线性化运动方程是怎样的？

**解：** 设弹簧 $k_1$，$k_2$ 的原长分别为 $l$ 和 $a$，$m_2$ 重力势能的零位置为 $m_1$ 处

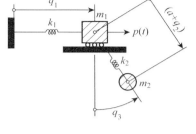

图 P16-1

$\delta W_{nc}=p(t)\delta q_1 ; Q_1=p(t)$

$T=\dfrac{1}{2}m_1\dot{q}_1^2+\dfrac{1}{2}m_2(\dot{x}_2^2+\dot{y}_2^2)$

$V=\dfrac{1}{2}k_1(q_1-l)^2+\dfrac{1}{2}k_2q_2^2-m_2g(a+q_2)\cos q_3$

$x_2=q_1+(a+q_2)\sin q_3 ; \dot{x}_2=\dot{q}_1+\dot{q}_2\sin q_3+\dot{q}_3(a+q_2)\cos q_3$

$y_2=(a+q_2)\cos q_3 ; \dot{y}_2=\dot{q}_2\cos q_3-\dot{q}_3(a+q_2)\sin q_3$

$T=\dfrac{1}{2}m_1\dot{q}_1^2+\dfrac{1}{2}m_2(\dot{x}_2^2+\dot{y}_2^2)$

$\quad =\dfrac{1}{2}m_1\dot{q}_1^2+\dfrac{1}{2}m_2[\dot{q}_1+\dot{q}_2\sin q_3+\dot{q}_3(a+q_2)\cos q_3]^2+$

$\qquad \dfrac{1}{2}m_2[\dot{q}_2\cos q_3-\dot{q}_3(a+q_2)\sin q_3]^2$

代入 Lagrange 方程：$\dfrac{\mathrm{d}}{\mathrm{d}t}\left(\dfrac{\partial T}{\partial \dot{q}_i}\right)-\dfrac{\partial T}{\partial q_i}+\dfrac{\partial V}{\partial q_i}=Q_i$

对广义坐标 $q_1$：

$\dfrac{\partial T}{\partial \dot{q}_1}=m_1\dot{q}_1+m_2[\dot{q}_1+\dot{q}_2\sin q_3+\dot{q}_3(a+q_2)\cos q_3] ; \dfrac{\partial T}{\partial q_1}=0$

$\dfrac{\partial V}{\partial q_1}=k_1(q_1-l) ; Q_1=p(t)$

$\dfrac{\mathrm{d}}{\mathrm{d}t}\left(\dfrac{\partial T}{\partial \dot{q}_1}\right)=m_1\ddot{q}_1+m_2\ddot{q}_1+m_2\ddot{q}_2\sin q_3+m_2\dot{q}_2\dot{q}_3\cos q_3+$

$\qquad m_2[\ddot{q}_3(a+q_2)\cos q_3+\dot{q}_2\dot{q}_3\cos q_3-\dot{q}_3^2(a+q_2)\sin q_3]$

$(m_1+m_2)\ddot{q}_1+m_2\ddot{q}_2\sin q_3+2m_2\dot{q}_2\dot{q}_3\cos q_3+$

$\qquad m_2(a+q_2)(\ddot{q}_3\cos q_3-\dot{q}_3^2\sin q_3)+k_1(q_1-l)=p(t) \qquad (1)$

对广义坐标 $q_2$：

$\dfrac{\partial T}{\partial \dot{q}_2}=m_2[\dot{q}_1+\dot{q}_2\sin q_3+\dot{q}_3(a+q_2)\cos q_3]\sin q_3+$

$\qquad m_2[\dot{q}_2\cos q_3-\dot{q}_3(a+q_2)\sin q_3]\cos q_3$

$\quad =m_2\dot{q}_1\sin q_3+m_2\dot{q}_2$

$$\frac{\partial T}{\partial \dot q_2} = m_2[\dot q_1 + \dot q_2 \sin q_3 + \dot q_3(a+q_2)\cos q_3]\dot q_3 \cos q_3 -$$
$$\quad m_2[\dot q_2 \cos q_3 - \dot q_3(a+q_2)\sin q_3]\dot q_3 \sin q_3$$
$$= m_2 \dot q_1 \dot q_3 \cos q_3 + m_2(a+q_2)\dot q_3^2$$
$$\frac{\partial V}{\partial q_2} = k_2 q_2 - m_2 g \cos q_3$$
$$\frac{\mathrm{d}}{\mathrm{d}t}\left(\frac{\partial T}{\partial \dot q_2}\right) = m_2 \ddot q_1 \sin q_3 + m_2 \dot q_1 \dot q_3 \cos q_3 + m_2 \ddot q_2$$
$$m_2 \ddot q_1 \sin q_3 + m_2 \ddot q_2 - m_2(a+q_2)\dot q_3^2 + k_2 q_2 - m_2 g \cos q_3 = 0 \tag{2}$$

对广义坐标 $q_3$：
$$\frac{\partial T}{\partial \dot q_3} = m_2[\dot q_1 + \dot q_2 \sin q_3 + \dot q_3(a+q_2)\cos q_3](a+q_2)\cos q_3 -$$
$$\quad m_2[\dot q_2 \cos q_3 - \dot q_3(a+q_2)\sin q_3](a+q_2)\sin q_3$$
$$= m_2 \dot q_1(a+q_2)\cos q_3 + m_2(a+q_2)^2 \dot q_3$$
$$\frac{\partial T}{\partial q_3} = m_2[\dot q_1 + \dot q_2 \sin q_3 + \dot q_3(a+q_2)\cos q_3][\dot q_2 \cos q_3 - \dot q_3(a+q_2)\sin q_3] -$$
$$\quad m_2[\dot q_2 \cos q_3 - \dot q_3(a+q_2)\sin q_3][\dot q_2 \sin q_3 + \dot q_3(a+q_2)\cos q_3]$$
$$= m_2 \dot q_1 \dot q_2 \cos q_3 - m_2 \dot q_1 \dot q_3(a+q_2)\sin q_3$$
$$\frac{\partial V}{\partial q_3} = m_2 g(a+q_2)\sin q_3$$
$$\frac{\mathrm{d}}{\mathrm{d}t}\left(\frac{\partial T}{\partial \dot q_3}\right) = m_2 \ddot q_1(a+q_2)\cos q_3 + m_2 \dot q_1 \dot q_2 \cos q_3 - m_2 \dot q_1 \dot q_3(a+q_2)\sin q_3 +$$
$$\quad 2m_2(a+q_2)\dot q_2 \dot q_3 + m_2(a+q_2)^2 \ddot q_3$$
$$\ddot q_1 \cos q_3 + 2\dot q_2 \dot q_3 + (a+q_2)\ddot q_3 + g \sin q_3 = 0 \tag{3}$$

运动方程为：
$$(m_1+m_2)\ddot q_1 + m_2 \ddot q_2 \sin q_3 + 2m_2 \dot q_2 \dot q_3 \cos q_3 +$$
$$\quad m_2(a+q_2)(\ddot q_3 \cos q_3 - \dot q_3^2 \sin q_3) + k_1(q_1-l) = p(t) \tag{4}$$
$$m_2 \ddot q_1 \sin q_3 + m_2 \ddot q_2 - m_2(a+q_2)\dot q_3^2 + k_2 q_2 - m_2 g \cos q_3 = 0 \tag{5}$$
$$\ddot q_1 \cos q_3 + 2\dot q_2 \dot q_3 + (a+q_2)\ddot q_3 + g \sin q_3 = 0 \tag{6}$$

微幅振动的运动方程为：
$$q_3 \ll 0, \ \sin q_3 \approx q_3, \ \cos q_3 \approx 1$$
$$(m_1+m_2)\ddot q_1 + m_2 \ddot q_2 q_3 + 2m_2 \dot q_2 \dot q_3 + m_2(a+q_2)(\ddot q_3 - \dot q_3^2 q_3) + k_1(q_1-l) = p(t) \tag{7}$$
$$m_2 q_3 \ddot q_1 + m_2 \ddot q_2 - m_2(a+q_2)\dot q_3^2 + k_2 q_2 - m_2 g = 0 \tag{8}$$
$$\ddot q_1 + (a+q_2)\ddot q_3 + 2\dot q_2 \dot q_3 + g q_3 = 0 \tag{9}$$

**16-3** 按习题 16-1 的要求计算习题 8-4 所示体系。

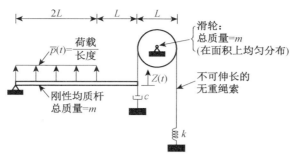

**图 P8-2**

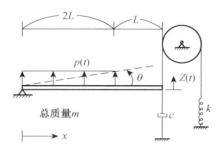

**解：** 选取杆的转角 $\theta$ 为广义坐标，因绳索不能承受压力，所以要分两部分分析。

当 $\theta > 0$ 时

$$T = T_\text{杆} + T_\text{盘} = \frac{1}{2}I_0\dot{\theta}^2 + \frac{1}{2}I_\text{盘}\dot{\varphi}^2$$

$$= \frac{1}{2} \times \frac{1}{3}m(3L)^2\dot{\theta}^2 + \frac{1}{2} \times \frac{1}{2}m\left(\frac{L}{2}\right)^2 \times \left(\frac{3L}{L/2}\dot{\theta}\right)^2$$

$$= \frac{15}{4}mL^2\dot{\theta}^2$$

$$\delta W = 2L\bar{p} \cdot (L\delta\theta) - 3Lc\dot{\theta} \cdot (3L\delta\theta) = (2L^2\bar{p} - 9L^2c\dot{\theta})\delta\theta$$

$$Q = 2L^2\bar{p} - 9L^2c\dot{\theta}$$

$$V = 0$$

代入 Lagrange 方程：

$$\frac{\mathrm{d}}{\mathrm{d}t}\left(\frac{\partial T}{\partial \dot{\theta}}\right) - \frac{\partial T}{\partial \theta} + \frac{\partial V}{\partial \theta} = Q$$

$$\frac{15}{2}mL^2\ddot{\theta} = 2L^2\bar{p} - 9L^2c\dot{\theta}$$

$$15m\ddot{\theta} + 18c\dot{\theta} = 4\bar{p}$$

当 $\theta < 0$ 时

$$T = \frac{15}{4}mL^2\dot{\theta}^2$$

$$V = \frac{1}{2}k(3L\theta)^2 = \frac{9}{2}kL^2\theta^2$$

$$Q = 2L^2\bar{p} - 9L^2c\dot{\theta}$$

代入 Lagrange 方程：

$$\frac{\mathrm{d}}{\mathrm{d}t}\left(\frac{\partial T}{\partial \dot{\theta}}\right) - \frac{\partial T}{\partial \theta} + \frac{\partial V}{\partial \theta} = Q$$

$$\frac{15}{2}mL^2\ddot{\theta} + 9cL^2\dot{\theta} + 9kL^2\theta = 2L^2\bar{p}$$

$$15m\ddot{\theta} + 18c\dot{\theta} + 18k\theta = 4\bar{p}$$

运动方程为：

$$\begin{cases} 15m\ddot{\theta} + 18c\dot{\theta} = 4\bar{p} & \theta > 0 \\ 15m\ddot{\theta} + 18c\dot{\theta} + 18k\theta = 4\bar{p} & \theta < 0 \end{cases}$$

用 $z(t)$ 表示的微小振动方程为：

$$\theta = \frac{z(t)}{3L}$$

$$\begin{cases} 5m\ddot{z} + 6c\dot{z} = 4L\bar{p} & z > 0 \\ 5m\ddot{z} + 6c\dot{z} + 6kz = 4L\bar{p} & z < 0 \end{cases}$$

**16-4** 按习题 16-1 的要求计算习题 8-5 所示体系。

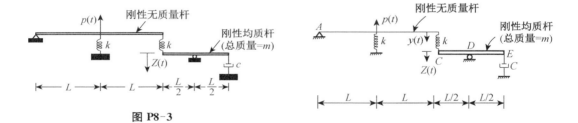

图 P8-3

解：

$$\sum M_A = 0: \frac{y}{2}kL + p(t)L - (Z-y)k \times 2L = 0$$

$$y = \frac{2}{5k}[2kZ - p(t)]; \delta y = \frac{4}{5}\delta Z$$

选取 $Z$ 为广义坐标，进行小位移分析

$$T = \frac{1}{2}I_D\left(\frac{\dot{Z}}{L/2}\right)^2 = \frac{1}{2} \times \frac{1}{12}mL^2 \times \left(\frac{\dot{Z}}{L/2}\right)^2 = \frac{1}{6}m\dot{Z}^2$$

$$V = \frac{1}{2}k(y/2)^2 + \frac{1}{2}k(Z-y)^2$$

$$= \frac{1}{2}k\left(\frac{1}{2} \times \frac{2}{5k}[2kZ - p(t)]\right)^2 + \frac{1}{2}k\left(Z - \frac{2}{5k}[2kZ - p(t)]\right)^2$$

$$\delta W = -p(t)\frac{\delta y}{2} - c\dot{Z}\delta Z = -\frac{2}{5}p(t)\delta Z - c\dot{Z}\delta Z$$

$$Q = -\frac{2}{5}p(t) - c\dot{Z}$$

$$\frac{\partial T}{\partial \dot{Z}} = \frac{1}{3}m\dot{Z}; \frac{d}{dt}\left(\frac{\partial T}{\partial \dot{Z}}\right) = \frac{1}{3}m\ddot{Z}; \frac{\partial T}{\partial Z} = 0$$

$$\frac{\partial V}{\partial Z} = k\left(\frac{1}{2} \times \frac{2}{5k}[2kZ - p(t)]\right) \times \frac{2}{5} + k\left(Z - \frac{2}{5k}[2kZ - p(t)]\right) \times \left(1 - \frac{4}{5}\right)$$

$$= \frac{1}{5}kZ$$

代入 Lagrange 方程:$\dfrac{d}{dt}\left(\dfrac{\partial T}{\partial \dot{Z}}\right) - \dfrac{\partial T}{\partial Z} + \dfrac{\partial V}{\partial Z} = Q$

$$\frac{1}{3}m\ddot{Z} - 0 + \frac{1}{5}kZ = -\frac{2}{5}p(t) - c\dot{Z}$$

$$5m\ddot{Z} + 15c\dot{Z} + 3kZ = -6p(t)$$

**16-5** 当图 P16-2 所示等截面梁的挠度形状可如下近似表示时

$$v(x, t) \approx q_1(t)\left(\frac{x}{L}\right)^2 + q_2(t)\left(\frac{x}{L}\right)^3 + q_3(t)\left(\frac{x}{L}\right)^4$$

试建立梁的运动方程。假设为小挠度理论。

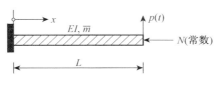

图 P16-2

**解**:$v(x, t) = q_1(t)\left(\dfrac{x}{L}\right)^2 + q_2(t)\left(\dfrac{x}{L}\right)^3 + q_3(t)\left(\dfrac{x}{L}\right)^4$

$$v'(x, t) = 2q_1(t)\frac{x}{L^2} + 3q_2(t)\frac{1}{L}\left(\frac{x}{L}\right)^2 + 4q_3(t)\frac{1}{L}\left(\frac{x}{L}\right)^3$$

$$v''(x, t) = 2q_1(t)\frac{1}{L^2} + 6q_2(t)\frac{1}{L^2}\left(\frac{x}{L}\right) + 12q_3(t)\frac{1}{L^2}\left(\frac{x}{L}\right)^2$$

$$v'''(x, t) = 6q_2(t)\frac{1}{L^3} + 24q_3(t)\frac{1}{L^3}\left(\frac{x}{L}\right)$$

位移约束:$v(0, t) = 0; v'(0, t) = 0$

静力约束:

$$M(L, t) = 0; \quad EIv''(L, t) = 0; \quad 2q_1 + 6q_2 + 12q_3 = 0$$

令:$f_1 = 2q_1 + 6q_2 + 12q_3 = 0$

$$F_S(L, t) = -p(t); \quad EIv'''(L, t) = -p(t); \quad 6q_2 + 24q_3 = -p(t)L^3$$

令:$f_2 = 6q_2 + 24q_3 + L^3 p(t) = 0$

为运算方便,令:

$$\varphi_i = \left(\frac{x}{L}\right)^{i+1}, \ i = 1,\ 2,\ 3$$

$$v(x,\ t) = \sum_{i=1}^{3} q_i(t)\varphi_i(x)$$

$$T = \frac{1}{2}\int_0^L m(x)\dot{v}^2\,\mathrm{d}x = \frac{\bar{m}}{2}\int_0^L \dot{v}^2\,\mathrm{d}x$$

$$= \frac{\bar{m}}{2}\int_0^L [(\dot{q}_1\varphi_1)^2 + (\dot{q}_2\varphi_2)^2 + (\dot{q}_2\varphi_2)^2 + 2\dot{q}_1\varphi_1\dot{q}_2\varphi_2 + 2\dot{q}_1\varphi_1\dot{q}_3\varphi_3 + 2\dot{q}_2\varphi_2\dot{q}_3\varphi_3]\,\mathrm{d}x$$

$$= \frac{\bar{m}L}{2}\left(\frac{1}{5}\dot{q}_1^2 + \frac{1}{7}\dot{q}_2^2 + \frac{1}{9}\dot{q}_3^2 + \frac{1}{3}\dot{q}_1\dot{q}_2 + \frac{2}{7}\dot{q}_1\dot{q}_3 + \frac{1}{4}\dot{q}_2\dot{q}_3\right)$$

$$V = \frac{1}{2}\int_0^L EI(x)\,(v'')^2\,\mathrm{d}x - \frac{N}{2}\int_0^L (v')^2\,\mathrm{d}x$$

$$= \frac{1}{2}EI\int_0^L (v'')^2\,\mathrm{d}x - \frac{N}{2}\int_0^L (v')^2\,\mathrm{d}x$$

$$= \frac{EI}{2L^3}(4q_1^2 + 12q_2^2 + \frac{144}{5}q_3^2 + 12q_1q_2 + 16q_1q_3 + 36q_2q_3)$$

$$- \frac{N}{2L}\left(\frac{4}{3}q_1^2 + \frac{9}{5}q_2^2 + \frac{16}{7}q_3^2 + 3q_1q_2 + \frac{16}{5}q_1q_3 + 4q_2q_3\right)$$

$$\delta W_{nc} = \int_0^L P(x,\ t)\delta v(x,\ t)\,\mathrm{d}x = p(t)\delta v(L,\ t)$$

$$= p(t)\sum_{i=1}^{3}\varphi_i(L)\delta q_i(t) = p(t)\sum_{i=1}^{3}\delta q_i(t)$$

$$Q_i = p(t),\ i = 1,\ 2,\ 3$$

$$\bar{V} = V - \lambda_1 f_1 - \lambda_2 f_2$$

代入 Lagrange 方程:$\dfrac{\mathrm{d}}{\mathrm{d}t}\left(\dfrac{\partial T}{\partial \dot{q}_i}\right) - \dfrac{\partial T}{\partial q_i} + \dfrac{\partial \bar{V}}{\partial q_i} = Q_i,\ i = 1,\ 2,\ 3$

运动方程:$\boldsymbol{m\ddot{q}} + \boldsymbol{kq} - \boldsymbol{\lambda} = \boldsymbol{Q}$

$$f_1 = 2q_1 + 6q_2 + 12q_3 = 0$$
$$f_2 = 6q_2 + 24q_3 + L^3 p(t) = 0$$

其中:

$$\boldsymbol{m} = \bar{m}L\begin{bmatrix} \dfrac{1}{5} & \dfrac{1}{6} & \dfrac{1}{7} \\ \dfrac{1}{6} & \dfrac{1}{7} & \dfrac{1}{8} \\ \dfrac{1}{7} & \dfrac{1}{8} & \dfrac{1}{9} \end{bmatrix}; \ \boldsymbol{Q} = \begin{bmatrix} 1 \\ 1 \\ 1 \end{bmatrix} p(t)$$

$$\boldsymbol{k} = \frac{EI}{L^3}\begin{bmatrix} 4 & 6 & 8 \\ 6 & 12 & 18 \\ 8 & 18 & 28.8 \end{bmatrix} - \frac{N}{L}\begin{bmatrix} \dfrac{4}{3} & \dfrac{3}{2} & \dfrac{8}{5} \\ \dfrac{3}{2} & \dfrac{9}{5} & 2 \\ \dfrac{8}{5} & 2 & \dfrac{16}{7} \end{bmatrix}$$

$$\boldsymbol{\lambda} = \begin{bmatrix} 2 & 0 \\ 6 & 6 \\ 12 & 24 \end{bmatrix} \begin{bmatrix} \lambda_1 \\ \lambda_2 \end{bmatrix}$$

**16-6** 半径为 $R_1$、质量为 $m_1$ 的一个球,静止地放在一个半径为 $R_2$ 的固定的圆柱面的顶点。假定一个非常小的扰动使得球在重力影响下开始向左滚动,如图 P16-3 所示。如球滚动而不滑动,并且取 $\theta_1$ 和 $\theta_2$ 作为位移坐标:

(a) 试确定 $\theta_1$ 和 $\theta_2$ 之间的约束方程;

(b) 利用约束方程消去一个位移坐标,试用另一个位移坐标写出运动方程;

(c) 试用两个位移坐标和附加的 Lagrange 乘子 $\lambda_1$(在此情形中,$\lambda_1$ 的物理意义是什么?)写出运动方程;

(d) 试求出当球脱离圆柱表面时的 $\theta_2$ 值。

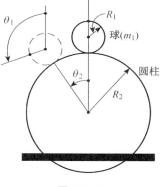

图 P16-3

**解:** (a) 因为小球滚动而不滑动,取 $\theta_1$ 和 $\theta_2$ 作为位移坐标:

$$\theta_1 R_1 = \theta_2 (R_1 + R_2)$$

约束方程为:

$$f = \theta_1 R_1 - \theta_2 (R_1 + R_2) = 0$$

(b) 设固定圆柱的圆心为势能零点:

势能:$V = m_1 g (R_1 + R_2) \cos \theta_2$

动能:小球质心速度 $v = (R_1 + R_2) \dot{\theta}_2$

$$T = \frac{1}{2} m_1 v^2 + \frac{1}{2} I_1 \dot{\theta}_1^2$$

$$= \frac{1}{2} m_1 (R_1 + R_2)^2 \dot{\theta}_2^2 + \frac{1}{2} \times \frac{2}{5} m_1 R_1^2 \times \frac{(R_1 + R_2)^2}{R_1^2} \dot{\theta}_2^2$$

$$= \frac{7}{10} m_1 (R_1 + R_2)^2 \dot{\theta}_2^2$$

代入 Lagrange 方程:$\dfrac{\mathrm{d}}{\mathrm{d}t} \left( \dfrac{\partial T}{\partial \dot{\theta}_2} \right) - \dfrac{\partial T}{\partial \theta_2} + \dfrac{\partial V}{\partial \theta_2} = 0$

得: $\dfrac{7}{5} (R_1 + R_2) \ddot{\theta}_2 - g \sin \theta_2 = 0$

(c)

$$\overline{V} = V - f\lambda = m_1 g (R_1 + R_2) \cos \theta_2 - \lambda \theta_1 R_1 + \lambda (R_1 + R_2) \theta_2$$

$$T = \frac{1}{2} m_1 (R_1 + R_2)^2 \dot{\theta}_2^2 + \frac{1}{5} m_1 R_1^2 \dot{\theta}_1^2$$

代入 Lagrange 方程:$\dfrac{\mathrm{d}}{\mathrm{d}t} \left( \dfrac{\partial T}{\partial \dot{\theta}_i} \right) - \dfrac{\partial T}{\partial \theta_i} + \dfrac{\partial \overline{V}}{\partial \theta_i} = 0$, $i = 1, 2$

得运动方程为:

$$\frac{2}{5}m_1R_1^2\ddot{\theta}_1 - \lambda R_1 = 0 \tag{1}$$

$$m_1(R_1+R_2)^2\ddot{\theta}_2 - m_1g(R_1+R_2)\sin\theta_2 + \lambda(R_1+R_2) = 0 \tag{2}$$

$$f = \theta_1 R_1 - \theta_2(R_1+R_2) = 0 \tag{3}$$

由式(1)和式(3)得:

$$\lambda = \frac{2}{5}m_1R_1\ddot{\theta}_1 = \frac{2}{5}m_1(R_1+R_2)\ddot{\theta}_2$$

将上式代入式(2)得:

$$\frac{7}{5}(R_1+R_2)\ddot{\theta}_2 - g\sin\theta_2 = 0 \quad (\text{同(b)解}) \tag{4}$$

分析小球,受到重力、固定柱面的支持力和柱球面间的摩擦力作用,对小球写出相对质心的动量矩定理,再和式(1)比较可发现,$\lambda$ 的物理意义为球柱面间的摩擦力(静滑动摩擦力)。

(d)

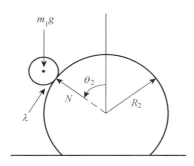

小球的质心运动定理: $m_1g\cos\theta_2 - N = m_1(R_1+R_2)\dot{\theta}_2^2$

当小球脱离柱面时: $N=0$,即

$$g\cos\theta_2^* = (R_1+R_2)(\dot{\theta}_2^*)^2 \tag{5}$$

由式(4)得:

$$\frac{7}{5}(R_1+R_2)\dot{\theta}_2\mathrm{d}\dot{\theta}_2 = g\sin\theta_2\mathrm{d}\theta_2$$

$$\frac{7}{5}(R_1+R_2)\int_0^{\dot{\theta}_2^*}\dot{\theta}_2\mathrm{d}\dot{\theta}_2 = g\int_0^{\theta_2^*}\sin\theta_2\mathrm{d}\theta_2$$

$$\frac{7}{10}(R_1+R_2)(\dot{\theta}_2^*)^2 = g(1-\cos\theta_2^*) \tag{6}$$

由式(5)和式(6)得:

$$\frac{7}{10}\cos\theta_2^* = 1-\cos\theta_2^*$$

$$\cos\theta_2^* = \frac{10}{17} = 0.5882$$
$$\theta_2^* = 53.968°$$

**16-7** 总质量为 $m_1$、长度为 $L$ 的一根等截面刚性杆，在重力影响下像摆那样地摆动。限制集中质量 $m_2$ 沿杆的轴线滑动，并且与一个无质量的弹簧连接，如图 P16-4 所示。假定体系无摩擦和大振幅位移，试用广义坐标 $q_1$ 和 $q_2$ 写出运动方程。

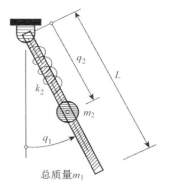

图 P16-4

**解：** 设弹簧原长为 $a$，铰 $A$ 处为重力势能的零位置

$$T = T_{m_1} + T_{m_2} = \frac{1}{2} I_A \dot{q}_1^2 + \frac{1}{2} m_2 [\dot{q}_2^2 + (q_2 \dot{q}_1)^2]$$
$$= \left(\frac{1}{6} m_1 L^2 + \frac{1}{2} m_2 q_2^2\right) \dot{q}_1^2 + \frac{1}{2} m_2 \dot{q}_2^2$$

$$V = -\frac{1}{2} m_1 g L \cos q_1 + \frac{1}{2} k_2 (q_2 - a)^2 - m_2 g q_2 \cos q_1$$
$$= -g\left(\frac{m_1 L}{2} + m_2 q_2\right) \cos q_1 + \frac{1}{2} k_2 (q_2 - a)^2$$

代入 Lagrange 方程：$\dfrac{\mathrm{d}}{\mathrm{d}t}\left(\dfrac{\partial T}{\partial \dot{q}_i}\right) - \dfrac{\partial T}{\partial q_i} + \dfrac{\partial V}{\partial q_i} = Q_i = 0$，$i = 1, 2$

$$\left(\frac{1}{3} m_1 L^2 + m_2 q_2^2\right) \ddot{q}_1 + g\left(\frac{1}{2} m_1 L + m_2 q_2\right) \sin q_1 + 2 m_2 q_2 \dot{q}_1 \dot{q}_2 = 0$$

$$m_2 \ddot{q}_2 - m_2 \dot{q}_1^2 q_2 - m_2 g \cos q_1 + k_2 (q_2 - a) = 0$$

**16-8** 试求习题 16-7 的体系在小幅摆动时的线性化运动方程。

**解：** 当 $q_1 \to 0$ 时

$$\cos q_1 = 1 - \frac{q_1^2}{2!} + \frac{q_1^4}{4!} - \frac{q_1^6}{6!} + \cdots \approx 1$$

$$\sin q_1 = q_1 - \frac{q_1^3}{3!} + \frac{q_1^5}{5!} - \frac{q_1^7}{7!} + \cdots \approx q_1$$

$$\left(\frac{1}{3} m_1 L^2 + m_2 q_2^2\right) \ddot{q}_1 + g\left(\frac{1}{2} m_1 L + m_2 q_2\right) q_1 + 2 m_2 q_2 \dot{q}_1 \dot{q}_2 = 0$$

$$m_2 \ddot{q}_2 - m_2 \dot{q}_1^2 q_2 - m_2 g + k_2 (q_2 - a) = 0$$

# 第Ⅲ篇 分布参数体系

# 第 17 章 运动的偏微分方程

**17-1** 运用 Hamilton 原理[式(16-9)],试建立承受如图 P17-1 所示荷载的等截面悬臂梁的运动微分方程和边界条件。假定适用小挠度理论,并略去剪切和转动惯性的影响。

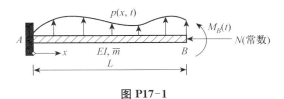

图 P17-1

**解**:Hamilton 原理[式(16-9)]:$\delta\int_{t_1}^{t_2}(T-V)\mathrm{d}t + \int_{t_1}^{t_2}\delta W_{nc}\mathrm{d}t = 0$

$$T = \int_0^L \frac{\bar{m}}{2}\left[\frac{\partial v(x,t)}{\partial t}\right]^2 \mathrm{d}x;\quad V = \int_0^L \frac{EI}{2}\left[\frac{\partial^2 v(x,t)}{\partial x^2}\right]^2 \mathrm{d}x$$

$$W_{nc} = \int_0^L pv(x,t)\mathrm{d}x + \int_0^L \frac{N}{2}\left[\frac{\partial v(x,t)}{\partial x}\right]^2 \mathrm{d}x + M_B \frac{\partial v(x,t)}{\partial x}\bigg|_{x=L}$$

$$\delta\int_{t_1}^{t_2} T\mathrm{d}t = \delta\int_{t_1}^{t_2}\int_0^L \frac{\bar{m}}{2}\left(\frac{\partial v}{\partial t}\right)^2 \mathrm{d}x\mathrm{d}t = \frac{\bar{m}}{2}\int_{t_1}^{t_2}\int_0^L \delta\left[\left(\frac{\partial v}{\partial t}\right)^2\right]\mathrm{d}x\mathrm{d}t$$

$$= \bar{m}\int_{t_1}^{t_2}\int_0^L \frac{\partial v}{\partial t}\delta\left(\frac{\partial v}{\partial t}\right)\mathrm{d}x\mathrm{d}t$$

$$= \bar{m}\int_0^L \frac{\partial v}{\partial t}\delta v\bigg|_{t_1}^{t_2}\mathrm{d}x - \bar{m}\int_{t_1}^{t_2}\int_0^L \frac{\partial}{\partial t}\left(\frac{\partial v}{\partial t}\right)\delta v\mathrm{d}x\mathrm{d}t$$

$$= -\bar{m}\int_{t_1}^{t_2}\int_0^L \frac{\partial^2 v}{\partial t^2}\delta v\mathrm{d}x\mathrm{d}t$$

$$\delta\int_{t_1}^{t_2} V\mathrm{d}t = \delta\int_{t_1}^{t_2}\int_0^L \frac{EI}{2}\left(\frac{\partial^2 v}{\partial x^2}\right)^2 \mathrm{d}x\mathrm{d}t = EI\int_{t_1}^{t_2}\int_0^L \frac{\partial^2 v}{\partial x^2}\delta\left(\frac{\partial^2 v}{\partial x^2}\right)\mathrm{d}x\mathrm{d}t$$

$$= EI\int_{t_1}^{t_2}\frac{\partial^2 v}{\partial x^2}\delta\left(\frac{\partial v}{\partial x}\right)\bigg|_{x=0}^{L}\mathrm{d}t - EI\int_{t_1}^{t_2}\frac{\partial^3 v}{\partial x^3}\delta v\bigg|_{x=0}^{L}\mathrm{d}t + EI\int_{t_1}^{t_2}\int_0^L \frac{\partial^4 v}{\partial x^4}\delta v\mathrm{d}x\mathrm{d}t$$

$$= EI\int_{t_1}^{t_2}\int_0^L \frac{\partial^4 v}{\partial x^4}\delta v\mathrm{d}x\mathrm{d}t$$

$$\int_{t_1}^{t_2}\delta W_{nc}\mathrm{d}t = \int_{t_1}^{t_2}\int_0^L p\delta v\mathrm{d}x\mathrm{d}t + N\int_{t_1}^{t_2}\frac{\partial v}{\partial x}\delta v\bigg|_{x=0}^{L}\mathrm{d}t$$

$$-N\int_{t_1}^{t_2}\int_0^L \frac{\partial^2 v}{\partial x^2}\delta v\,\mathrm{d}x\mathrm{d}t + \int_{t_1}^{t_2}\delta(M_B\frac{\partial v}{\partial x}\bigg|_{x=L})\mathrm{d}t$$

$$=\int_{t_1}^{t_2}\int_0^L p\delta v\,\mathrm{d}x\mathrm{d}t - N\int_{t_1}^{t_2}\int_0^L \frac{\partial^2 v}{\partial x^2}\delta v\,\mathrm{d}x\mathrm{d}t$$

代入：$\delta\int_{t_1}^{t_2}(T-V)\mathrm{d}t + \int_{t_1}^{t_2}\delta W_{nc}\mathrm{d}t = 0$

运动方程：

$$\bar{m}\frac{\partial^2 v}{\partial t^2} + EI\frac{\partial^4 v}{\partial x^4} + N\frac{\partial^2 v}{\partial x^2} = p$$

因为：

$$V(x,t) = \frac{\partial M(x,t)}{\partial x} + N\frac{\partial v(x,t)}{\partial x} = EI\frac{\partial^3 v(x,t)}{\partial x^3} + N\frac{\partial v(x,t)}{\partial x}$$

$$EI\frac{\partial^2 v(x,t)}{\partial x^2} = M$$

所以，边界条件：$x=0$ 时，$v=0$；$v'=0$

$$x=L \text{ 时}, EI\frac{\partial^3 v}{\partial x^3} + N\frac{\partial v}{\partial x} = 0; \quad EI\frac{\partial^2 v}{\partial x^2} - M_B = 0$$

**17-2** 利用 Hamilton 原理，试建立图 P17-2 所示简支等截面管的运动微分方程和边界条件；管中有密度为 $\rho$ 的非粘性液体，以相对于管的恒定速度 $v_f$ 流过。假定管的两端为不能抵抗弯矩的柔性连接。试问流动的液体对体系有无阻尼作用？如果同样管段的支承方式如同悬臂构件，液体在自由端流出，那么该体系中是否存在因液体流动产生的阻尼(不计管的材料阻尼)？令 $A$ 为管内部截面的面积。假定适用小挠度理论，并略去剪切和转动惯性的影响。

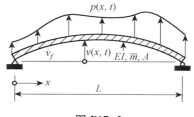

图 P17-2

**解**：Hamilton 原理：$\delta\int_{t_1}^{t_2}(T-V)\mathrm{d}t + \int_{t_1}^{t_2}\delta W_{nc}\mathrm{d}t = 0$

$$V = \int_0^L \frac{EI}{2}\left(\frac{\partial^2 v}{\partial x^2}\right)^2 \mathrm{d}x; \quad T = \int_0^L \frac{\bar{m}+\rho A}{2}\left(\frac{\partial v}{\partial t}\right)^2 \mathrm{d}x + \int_0^L \frac{1}{2}\rho A v_f^2 \mathrm{d}x$$

$$\delta\int_{t_1}^{t_2}T\mathrm{d}t = \delta\int_{t_1}^{t_2}\left(\int_0^L \frac{\bar{m}+\rho A}{2}\left(\frac{\partial v}{\partial t}\right)^2\mathrm{d}x + \int_0^L \frac{1}{2}\rho A v_f^2\mathrm{d}x\right)\mathrm{d}t$$

$$= \frac{\bar{m}+\rho A}{2}\int_{t_1}^{t_2}\int_0^L \delta\left[\left(\frac{\partial v}{\partial t}\right)^2\right]\mathrm{d}x\mathrm{d}t = (\bar{m}+\rho A)\int_{t_1}^{t_2}\int_0^L \frac{\partial v}{\partial t}\delta\left(\frac{\partial v}{\partial t}\right)\mathrm{d}x\mathrm{d}t$$

$$= (\bar{m}+\rho A)\int_0^L \frac{\partial v}{\partial t}\delta v\bigg|_{t_1}^{t_2}\mathrm{d}x - (\bar{m}+\rho A)\int_{t_1}^{t_2}\int_0^L \frac{\partial}{\partial t}\left(\frac{\partial v}{\partial t}\right)\delta v\,\mathrm{d}x\mathrm{d}t$$

$$= -(\bar{m}+\rho A)\int_{t_1}^{t_2}\int_0^L \frac{\partial^2 v}{\partial t^2}\delta v\,\mathrm{d}x\mathrm{d}t$$

推导过程同习题 17-1：只是，$N = \rho A v_f$；$M_B = 0$

代入：$\delta \int_{t_1}^{t_2} (T-V) \mathrm{d}t + \int_{t_1}^{t_2} \delta W_{nc} \mathrm{d}t = 0$

运动方程：

$$(\bar{m} + \rho A) \frac{\partial^2 v}{\partial t^2} + EI \frac{\partial^4 v}{\partial x^4} + \rho A v_f \frac{\partial^2 v}{\partial x^2} = p \quad \text{系统产生阻尼}$$

边界条件：

简支梁：$x = 0$ 时，$v = 0$；$EI \dfrac{\partial^2 v}{\partial x^2} = 0$

$\qquad x = L$ 时，$v = 0$；$EI \dfrac{\partial^2 v}{\partial x^2} = 0$

悬臂梁：$x = 0$ 时，$v = 0$；$\dfrac{\partial v}{\partial x} = 0$

$\qquad x = L$ 时，$EI \dfrac{\partial^3 v}{\partial x^3} + \rho A v_f \dfrac{\partial v}{\partial x} = 0$；$EI \dfrac{\partial^2 v}{\partial x^2} = 0$

悬臂梁时，边界条件上产生阻尼。

**17-3** 如图 P17-3 所示，一个集中质量 $m_1$ 以不变速度 $v$ 在时间间隔 $0 < t < L/v$ 内自左向右通过简支等截面梁。利用 Lagrange 运动方程[式(16-15)]建立该体系的运动方程，并给出求解简支梁竖向强迫振动反应时必须满足的边界条件和初始条件。假定适用小挠度理论，并略去剪切和转动惯性的影响。

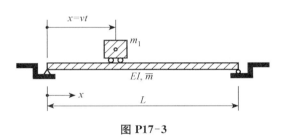

图 P17-3

**解**：假设：$w(x, t) = \phi(x) Y(t)$；$m = \bar{m} + m_1 \delta(x - vt)$

$$T = \int_0^L \frac{m}{2} \left( \frac{\partial w}{\partial t} \right)^2 \mathrm{d}x + \frac{1}{2} m_1 v^2$$

$$= \dot{Y}^2 \int_0^L \frac{\bar{m}}{2} \phi^2 \mathrm{d}x + \dot{Y}^2 \int_0^L \frac{m_1}{2} \phi^2 \delta(x - vt) \mathrm{d}x + \frac{1}{2} m_1 v^2$$

$$V = \int_0^L \frac{EI}{2} \left( \frac{\partial^2 w}{\partial x^2} \right)^2 \mathrm{d}x = Y^2 \int_0^L \frac{EI}{2} \left( \frac{\partial^2 \phi}{\partial x^2} \right)^2 \mathrm{d}x$$

$Q_i = 0$

$$\frac{\partial T}{\partial \dot{Y}} = \dot{Y} \int_0^L \bar{m} \phi^2 \mathrm{d}x + \dot{Y} \int_0^L m_1 \phi^2 \delta(x - vt) \mathrm{d}x;$$

$$\frac{\mathrm{d}}{\mathrm{d}t} \left( \frac{\partial T}{\partial \dot{Y}} \right) = \ddot{Y} \int_0^L \bar{m} \phi^2 \mathrm{d}x + \ddot{Y} \int_0^L m_1 \phi^2 \delta(x - vt) \mathrm{d}x - v \dot{Y} \int_0^L m_1 \phi^2 \delta(x - vt) \mathrm{d}x$$

$$\frac{\partial V}{\partial Y} = Y \int_0^L EI \left( \frac{\partial^2 \phi}{\partial x^2} \right)^2 \mathrm{d}x$$

代入 Lagrange 方程：$\dfrac{\mathrm{d}}{\mathrm{d}t}\left(\dfrac{\partial T}{\partial \dot{q}_i}\right) - \dfrac{\partial T}{\partial q_i} + \dfrac{\partial V}{\partial q_i} = Q_i$

$\ddot{Y}\int_0^L \bar{m}\phi^2\,\mathrm{d}x + Y\int_0^L EI\left(\dfrac{\partial^2 \phi}{\partial x^2}\right)^2\mathrm{d}x + \ddot{Y}\int_0^L m_1\phi^2\delta(x-vt)\,\mathrm{d}x - v\dot{Y}\int_0^L m_1\phi^2\delta(x-vt)\,\mathrm{d}x = 0$

$\int_0^L EI\left(\dfrac{\partial^2\phi}{\partial x^2}\right)^2\mathrm{d}x = EI\phi''\cdot\phi'\Big|_0^L - \int_0^L EI\dfrac{\partial^3\phi}{\partial x^3}\dfrac{\partial\phi}{\partial x}\cdot\mathrm{d}x$

$\qquad\qquad = EI\phi''\cdot\phi'\Big|_0^L - EI\phi'''\cdot\phi\Big|_0^L + \int_0^L EI\dfrac{\partial^4\phi}{\partial x^4}\cdot\phi\,\mathrm{d}x$

$\int_0^L \phi(\bar{m}\ddot{w} + EIw^{(4)})\,\mathrm{d}x + EIw''\phi'\Big|_0^L - EIw'''\phi\Big|_0^L + \int_0^L \phi m_1\ddot{w}\delta(x-vt)\,\mathrm{d}x - v\int_0^L \phi m_1\dot{w}\delta(x-vt)\,\mathrm{d}x = 0$

$[\bar{m} + m_1\delta(x-vt)]\dfrac{\partial^2 w}{\partial t^2} + EI\dfrac{\partial^4 w}{\partial x^4} - m_1 v\cdot\dot{w}\delta(x-vt) = 0$

边界条件：

$x = 0$ 时，$w = 0$；$EI\dfrac{\partial^2 w}{\partial x^2} = 0$

$x = L$ 时，$w = 0$；$EI\dfrac{\partial^2 w}{\partial x^2} = 0$

# 第 18 章 无阻尼自由振动分析

**18-1** 试计算图 E18-3 所示端部有一集中质量悬臂梁的基本频率,假定端部集中质量 $m_1 = 2\bar{m}L$,同时质量惯性矩 $j_1 = 0$。沿梁跨度每隔 $L/5$ 求出一点的值,画出该振型的形状曲线。

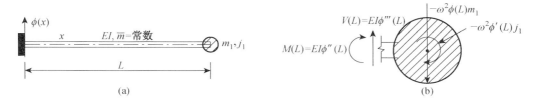

图 E18-3 在端点有集中质量的梁

(a) 梁的性质;(b) 作用在端点质量上的力

**解**:运动方程:

$$\bar{m}\frac{\partial^2 v(x,t)}{\partial t^2} + EI\frac{\partial^4 v(x,t)}{\partial x^4} = 0$$

假设方程的解具有形式:

$$v(x,t) = \phi(x)Y(t)$$

代入运动方程得:

$$\frac{\bar{m}}{EI}\frac{\ddot{Y}(t)}{Y(t)} + \frac{\phi^{(4)}(x)}{\phi(x)} = 0$$

$$-\frac{\bar{m}}{EI}\frac{\ddot{Y}(t)}{Y(t)} = \frac{\phi^{(4)}(x)}{\phi(x)} = a^4$$

$$\ddot{Y}(t) + \omega^2 Y(t) = 0$$

$$\phi^{(4)}(x) - a^4 \phi(x) = 0$$

其中:$\omega^2 = \dfrac{a^4 EI}{\bar{m}}$;即:$a^4 = \dfrac{\omega^2 \bar{m}}{EI}$

$$\phi(x) = A_1 \sin ax + A_2 \cos ax + A_3 \sinh ax + A_4 \cosh ax \tag{1}$$

边界条件:

当 $x=0$ 时,$v=0$;$\dfrac{\partial v}{\partial x}=0$

当 $x=L$ 时,$EI\dfrac{\partial^3 v}{\partial x^3}=m_1\dfrac{\partial^2 v}{\partial t^2}$;$EI\dfrac{\partial^2 v}{\partial x^2}=j_1\dfrac{\partial^3 v}{\partial x \partial t^2}$

即:$EIY(t)\phi'''(x)=-m_1\omega^2 Y(t)\phi(x)$;$EIY(t)\phi''(x)=-\omega^2 j_1 Y(t)\phi'(x)$

$$EI\phi'''(L)=-m_1\omega^2\phi(L);EI\phi''(L)=-\omega^2 j_1\phi'(L)$$

当 $x=0$ 时,$v=0 \Rightarrow A_2+A_4=0$

当 $x=0$ 时,$\dfrac{\partial v}{\partial x}=0 \Rightarrow A_1+A_3=0$

式(1)简化为:$\phi(x)=A_1(\sin ax-\sinh ax)+A_2(\cos ax-\cosh ax)$

当 $x=L$ 时,$EI\phi''(L)=-\omega^2 j_1\phi'(L)$;

因为 $j_1=0$,所有 $\phi''(L)=0$

$$A_1(\sin aL+\sinh aL)+A_2(\cos aL+\cosh aL)=0 \qquad (2)$$

$$A_1=-A_2\dfrac{\cos aL+\cosh aL}{\sin aL+\sinh aL}$$

$EI\phi'''(L)=-m_1\omega^2\phi(L)$

$A_1 a^3(-\cos aL-\cosh aL)+A_2 a^3(\sin aL-\sinh aL)$

$=-\dfrac{2\bar{m}L\omega^2}{EI}[A_1(\sin aL-\sinh aL)+A_2(\cos aL-\cosh aL)]$

即:

$$\begin{aligned}&A_1[(\cos aL+\cosh aL)-2aL(\sin aL-\sinh aL)]\\&+A_2[-(\sin aL-\sinh aL)-2aL(\cos aL-\cosh aL)]=0\end{aligned} \qquad (3)$$

式(2)和式(3)组成的方程组的系数行列式等于零时,方程组才有非零解

$\left|\begin{array}{cc}\sin aL+\sinh aL & \cos aL+\cosh aL \\ (\cos aL+\cosh aL)-2aL(\sin aL-\sinh aL) & -(\sin aL-\sinh aL)-2aL(\cos aL-\cosh aL)\end{array}\right|=0$

频率方程:$1+\cos aL\cosh aL-2aL\sin aL\cosh aL+2aL\cos aL\sinh aL=0$

前四阶非零解:$aL=1.0762;3.9826;7.1027;10.2340$

第一阶频率:

$$\omega_1=1.1582\sqrt{\dfrac{EI}{\bar{m}L^4}}$$

第一阶振型:

$$\phi(x)=-A_2\dfrac{\cos aL+\cosh aL}{\sin aL+\sinh aL}(\sin ax-\sinh ax)+A_2(\cos ax-\cosh ax)$$

$$=-A_2[0.9703(\sin ax-\sinh ax)+(\cos ax-\cosh ax)]$$

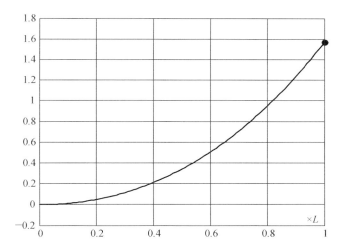

**18-2** 试计算图 E18-4 所示刚架的基本频率,假定两根构件具有相同特性 $L$,$EI$ 和 $\overline{m}$。各跨沿梁长每隔 $L/4$ 求出一点的值,画出该振型的形状曲线。

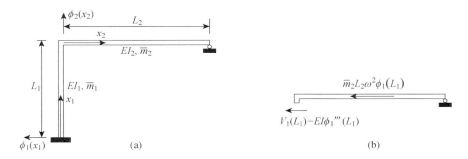

**图 E18-4 简单的两杆刚架**

(a) 刚架的构造;(b) 作用在梁上的力

**解:**

$$\phi_1(x_1) = A_1 \sin ax_1 + A_2 \cos ax_1 + A_3 \sinh ax_1 + A_4 \cosh ax_1 \tag{1}$$

$$\phi_2(x_2) = B_1 \sin ax_2 + B_2 \cos ax_2 + B_3 \sinh ax_2 + B_4 \cosh ax_2 \tag{2}$$

边界条件:

当 $x_1 = 0$ 时:$v_1 = 0$;$\dfrac{\partial v_1}{\partial x_1} = 0$;$\Rightarrow \phi_1 = 0$;$\dfrac{\partial \phi_1}{\partial x_1} = 0$

得:$A_2 + A_4 = 0$;$A_1 + A_3 = 0$

$$\phi_1(x_1) = A_1(\sin ax_1 - \sinh ax_1) + A_2(\cos ax_1 - \cosh ax_1) \tag{3}$$

当 $x_2 = 0$ 时:$v_2 = 0$;$\Rightarrow \phi_2(0) = 0$

得:$B_2 + B_4 = 0$

$$\phi_2(x_2) = B_1 \sin ax_2 + B_2(\cos ax_2 - \cosh ax_2) + B_3 \sinh ax_2$$

当 $x_2 = L$:$v_2 = 0$;$EIv_2''(L) = 0$;$\Rightarrow$  $\phi_2(L) = 0$;$\phi_2''(L) = 0$

得： $\phi_2(L) = B_1 \sin aL + B_2(\cos aL - \cosh aL) + B_3 \sinh aL = 0$ (4)

$-B_1 \sin aL - B_2(\cos aL + \cosh aL) + B_3 \sinh aL = 0$ (5)

连续性条件：

① $v'_1(L) = v'_2(0)$；② $EIv''_1(L) = EIv''_2(0)$；③ $EIv'''_1(L) - \bar{m}L\ddot{v}_1(L) = 0$

即：① $\phi'_1(L) = \phi'_2(0)$；② $\phi''_1(L) = \phi''_2(0)$；③ $EI\phi'''_1(L) + \bar{m}L\omega^2\phi_1(L) = 0$

$\phi'_1(L) = aA_1(\cos aL - \cosh aL) + aA_2(-\sin aL - \sinh aL)$

$\phi'_2(0) = aB_1 + aB_3$

得： $A_1(\cos aL - \cosh aL) + A_2(-\sin aL - \sinh aL) - B_1 - B_3 = 0$ (6)

$\phi''_1(L) = a^2 A_1(-\sin aL - \sinh aL) + a^2 A_2(-\cos aL - \cosh aL)$

$\phi''_2(0) = -2a^2 B_2$

得： $A_1(\sin aL + \sinh aL) + A_2(\cos aL + \cosh aL) - 2B_2 = 0$ (7)

$EI\phi'''_1(L) = a^3 EIA_1(-\cos aL - \cosh aL) + a^3 EIA_2(\sin aL - \sinh aL)$

$\bar{m}L\omega^2\phi_1(L) = a^4 LEIA_1(\sin aL - \sinh aL) + a^4 LEIA_2(\cos aL - \cosh aL)$

得： $A_1(-\cos aL - \cosh aL + aL\sin aL - aL\sinh aL)$

$+ A_2(\sin aL - \sinh aL + aL\cos aL - aL\cosh aL) = 0$ (8)

由式(4)～式(8)得频率方程：

$-2aL\cosh 2aL - 4\sinh aL\cos aL + 4\sin aL\cosh aL - 8aL\sin aL\sinh aL$

$+ 4aL\sin 2aL\sinh 2aL + 3\sin 2aL\cosh 2aL - \sin 2aL + \sinh 2aL$

$- 3\cos 2aL\sinh 2aL + 2aL\cos 2aL = 0$

前四阶非零解：$aL = 1.5141; 3.3959; 4.5958; 6.5473$

第一阶频率为：$\omega_1 = 2.2925\sqrt{\dfrac{EI}{\bar{m}L^4}}$

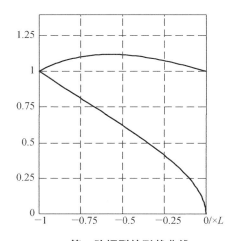

**第一阶振型的形状曲线**

**附：前四阶振型图**

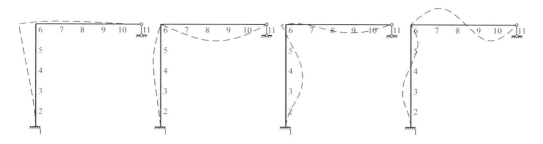

**18-3** 试计算图 P18-1 所示梁的弯曲振动的基本频率。沿梁长每隔 $L/5$ 求出一点的值，画出该振型的形状曲线。注意，这个不稳定结构的最低频率为零，这里感兴趣的频率是最低的非零频率。

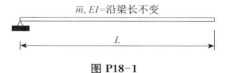

图 P18-1

**解：** $\phi(x) = A_1 \sin ax + A_2 \cos ax + A_3 \sinh ax + A_4 \cosh ax$ \hfill (1)

$\phi(0) = 0; \quad A_2 + A_4 = 0$

$\phi''(0) = 0; \quad -A_2 + A_4 = 0$

所以 $A_2 = A_4 = 0$

式(1)简化为：$\phi(x) = A_1 \sin ax + A_3 \sinh ax$

$\phi''(L) = 0; \quad -A_1 \sin aL + A_3 \sinh aL = 0$

$\phi'''(L) = 0; \quad -A_1 \cos aL + A_3 \cosh aL = 0$

频率方程为：$\tan aL = \tanh aL$

前四阶非零解：$aL = 3.9266; 7.0686; 10.2102, 13.3518$

第一阶频率为：$\omega_1 = 15.4182 \sqrt{\dfrac{EI}{\overline{m}L^4}}$

第一阶振型为：

$$\phi(x) = A_1 \sin ax + A_1 \frac{\sin aL}{\sinh aL} \sinh ax$$

$$= A_1 (\sin ax - 0.0279 \sinh ax)$$

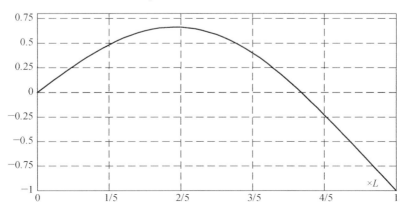

**18-4** 图 P18-2 为一等截面两跨连续梁。试计算该结构弯曲振动的基本频率,并沿两跨每隔 $L/2$ 取一点,画出它的振型图。

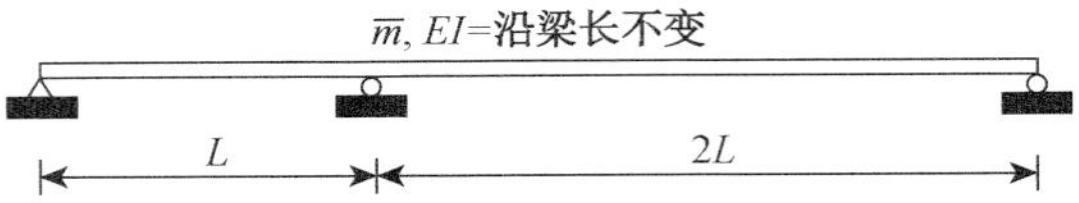

图 P18-2

**解：** $\phi_1(x_1) = A_1 \sin ax_1 + A_2 \cos ax_1 + A_3 \sinh ax_1 + A_4 \cosh ax_1$

$\phi_2(x_2) = B_1 \sin ax_2 + B_2 \cos ax_2 + B_3 \sinh ax_2 + B_4 \cosh ax_2$

边界条件：

$$\phi_1(0) = 0; A_2 + A_4 = 0$$

$$\phi_1''(0) = 0; -A_2 + A_4 = 0$$

得：$A_2 = A_4 = 0$

$\phi_1(x_1) = A_1 \sin ax_1 + A_3 \sinh ax_1$

$\phi_2(2L) = 0: B_1 \sin 2aL + B_2 \cos 2aL + B_3 \sinh 2aL + B_4 \cosh 2aL = 0$ (1)

$\phi_2''(2L) = 0: -B_1 \sin 2aL - B_2 \cos 2aL + B_3 \sinh 2aL + B_4 \cosh 2aL = 0$ (2)

简化式(1)、(2)得：

$$B_1 \sin 2aL + B_2 \cos 2aL = 0 \tag{3}$$

$$B_3 \sinh 2aL + B_4 \cosh 2aL = 0 \tag{4}$$

$$\phi_1(L) = 0; A_1 \sin aL + A_3 \sinh aL = 0 \tag{5}$$

$$\phi_2(0) = 0; B_2 + B_4 = 0 \tag{6}$$

连续条件：

$$\phi_1'(L) = \phi_2'(0): A_1 \cos aL + A_3 \cosh aL = B_1 + B_3 \tag{7}$$

$$\phi_1''(L) = \phi_2''(0): -A_1 \sin aL + A_3 \sinh aL = -B_2 + B_4 \tag{8}$$

由式(3)~式(8)得频率方程为：

$$-\cos aL \sinh(3aL) + \cos(3aL)\sinh(3aL) + \sin(3aL)\cosh(3aL) - \sin(3aL)\cosh(aL) = 0$$

前四阶非零解：$aL = 1.7782; 3.1416; 3.7148; 4.9244$

第一阶频率为：$\omega_1 = 3.1620 \sqrt{\dfrac{EI}{\overline{m}L^4}}$

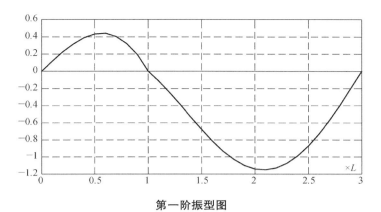

第一阶振型图

**附:前四阶振型图**

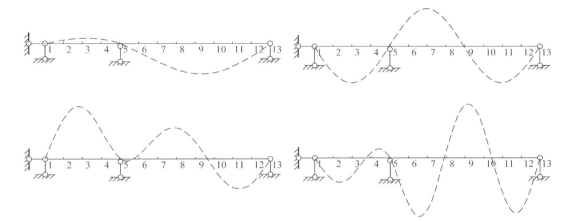

**18-5** 一根钢筋混凝土简支梁,其横截面宽 8 in[20.32 cm]、高 18 in[45.72 cm],跨度为 28 ft[8.534 m]。假定材料的弹性模量为 $3\times10^6$ lbf/in²[$2.0685\times10^7$ kN/m²],单位体积的重量为 150 lbf/ft³[23.55 kN/m³]。试计算它的前五个振型的频率。不计剪切变形和转动惯量的影响。

**解:** $\omega_n = n^2\pi^2\sqrt{\dfrac{EI}{\bar{m}L^4}}$

$I = \dfrac{1}{12}\times 0.2032\times 0.4572^3 = 1.6183\times 10^{-3}$ m⁴

$\bar{m} = \dfrac{23550}{9.8}\times 0.2032\times 0.4572 = 223.2517$ kg/m

$\omega_n = n^2\pi^2\sqrt{\dfrac{EI}{\bar{m}L^4}} = n^2\times 3.14^2\sqrt{\dfrac{2.0685\times 10^{10}\times 1.6183\times 10^{-3}}{223.2517\times 8.534^4}} = n^2\times 52.4220$

$\omega_1 = 52.4220$ rad/s; $\omega_2 = 209.6882$ rad/s; $\omega_3 = 471.7984$ rad/s
$\omega_4 = 838.7526$ rad/s; $\omega_5 = 1310.5510$ rad/s

**18-6** 试计算图 E18-3 所示结构轴向振动的基本频率。假定端部集中质量 $m_1 = $

$2\bar{m}L$,梁的横截面积为 $A$。沿梁跨度每隔 $L/5$ 求出一点的值,画出该振型的形状曲线。

**图 E18-3** 在端点有集中质量的梁

**解:** $EA\dfrac{\partial^2 u(x,t)}{\partial x^2} - \bar{m}\dfrac{\partial^2 u(x,t)}{\partial t^2} = 0$

假设方程的解为:$u(x,t) = \bar{\phi}(x)Y(t)$

$$\dfrac{\bar{\phi}''(x)}{\bar{\phi}(x)} = \dfrac{\bar{m}}{EA}\dfrac{\ddot{Y}(t)}{Y(t)} = -c^2$$

其中:$c^2 = \dfrac{\bar{m}}{EA}\omega^2$;或 $\omega^2 = c^2\dfrac{EA}{\bar{m}}$

$$\ddot{Y}(t) + \omega^2 Y(t) = 0$$
$$\bar{\phi}''(x) + c^2\bar{\phi}(x) = 0$$
$$\bar{\phi}(x) = C_1 \sin cx + C_2 \cos cx$$

边界条件:

$u(0,t) = 0 \to \bar{\phi}(0) = 0$ 得 $C_2 = 0$

$\bar{\phi}(x) = C_1 \sin cx$

$F_N(L,t) + F_I = 0;$

$F_N = EAu' = EAY(t)\bar{\phi}'(L);\ F_I = m_1\ddot{u}(L,t) = m_1\omega^2 Y(t)\bar{\phi}(L)$

$EA\bar{\phi}'(L) + m_1\omega^2\bar{\phi}(L) = 0$

$EAC_1 c\cos cL + m_1\omega^2 C_1\sin cL = 0$

频率方程:

$$\cos cL + 2Lc \sin cL = 0$$

前四阶非零解:$cL = 2.9751;\ 6.2027;\ 9.3715;\ 12.5265$

第一阶频率:$\omega_1 = 2.9751\sqrt{\dfrac{EA}{\bar{m}L^2}}$

第一阶振型:$\bar{\phi}_1(x) = \sin 2.9751\dfrac{x}{L}$

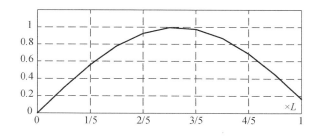

**18-7** 两根长度相等但具有不同性质的等截面杆组成一根柱子,如图 P18-3 所示。对此结构试:

(a) 列出在推导轴向振动频率方程时计算诸常数所需的四个边界条件。

(b) 写出轴向振动频率超越方程,并计算第一频率和第一振型。画出振型图,沿柱长每隔 $L/3$ 求出一点的值,自由端幅值规格化为1。

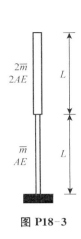

图 P18-3

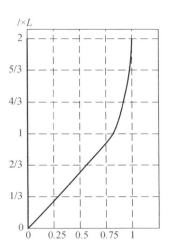

**解**:(a) $\phi_1(0) = 0$;$\phi_2'(L) = 0$(注:$F_{N2}(L) = 0$)
$\phi_1(L) = \phi_2(0)$;$EA\phi_1'(L) = 2EA\phi_2'(0)$(注:$F_{N1}(L) = F_{N2}(0)$)

(b) $c^2 = \dfrac{\bar{m}}{EA}\omega^2$;$\omega^2 = c^2\dfrac{EA}{\bar{m}}$

$\phi_1(x_1) = A_1 \sin cx_1 + B_1 \cos cx_1$

$\phi_2(x_2) = A_2 \sin cx_2 + B_2 \cos cx_2$

由 $\phi_1(0) = 0$;得:$B_1 = 0$

由 $\phi_2'(L) = 0$;得:$A_2 \cos cL - B_2 \sin cL = 0$

由 $\phi_1(L) = \phi_2(0)$;得:$A_1 \sin cL = B_2$

由 $EA\phi_1'(L) = 2EA\phi_2'(0)$;得:$A_1 \cos cL = 2A_2$

频率方程:$\cos^2 cL - 2\sin^2 cL = 0$

前四阶非零解:$cL = 0.6155$;$2.5261$;$3.7571$;$5.6677$

第一阶频率为:$\omega_1 = cL\sqrt{\dfrac{EA}{\bar{m}L^2}} = 0.6155\sqrt{\dfrac{EA}{\bar{m}L^2}}$

$\phi_2(x_2) = A_2 \sin cx_2 + B_2 \cos cx_2 = 0.5A_1 \cos cL \sin cx_2 + A_1 \sin cL \cos cx_2$

令:$\phi_2(L) = 0.5A_1 \cos cL \sin cL + A_1 \sin cL \cos cL = 1$

得:$A_1 = 1.4142$

第一阶振型为:

$\phi_1(x_1) = 1.4142\sin\dfrac{0.6155}{L}x_1$;$0 \leqslant x_1 \leqslant L$

$\phi_2(x_2) = 0.5733\sin\dfrac{0.6155}{L}(x_2 - L) + 0.8165\cos\dfrac{0.6155}{L}(x_2 - L)$;$L \leqslant x_2 \leqslant 2L$

# 第 19 章 动力反应分析

**19-1** 假定图 E19-2 的无阻尼等截面梁在跨中承受一静力荷载 $p_0$,然后在 $t=0$ 时把这个荷载突然撤除,引起梁自由振动。初始挠曲线为

$$v(x) = \frac{p_0 x}{48EI}(3L^2 - 4x^2) \quad 0 < x < \frac{L}{2}$$

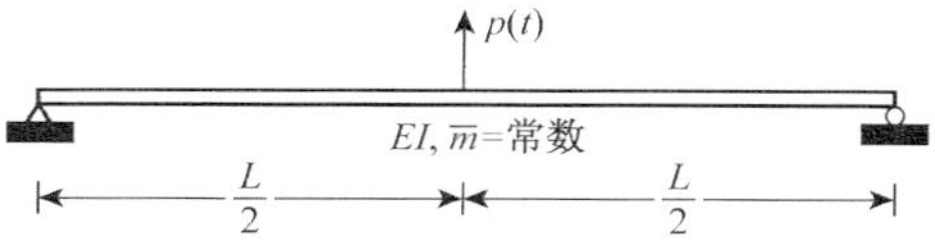

图 E19-2 动力反应分析的例题

(a) 根据上述情况,试计算自由振动前三个振型的跨中位移幅值,并把它们表示为静荷载作用时跨中位移的比值;

(b) 试计算自由振动时前三个振型的跨中弯矩幅值,并把它们表示为跨中静弯矩的比值。

**解**:(a) 梁的无阻尼自由振动方程:

$$EI\frac{\partial^4 v(x,t)}{\partial x^4} + \bar{m}\frac{\partial^2 v(x,t)}{\partial t^2} = 0$$

假设:$v(x,t) = \phi(x)Y(t)$

振动方程变为:$\ddot{Y}(t) + \omega^2 Y(t) = 0$;$\dfrac{\partial^4 \phi(x)}{\partial x^4} - a^4 \phi(x) = 0$

其中:$\omega^2 = \dfrac{a^4 EI}{\bar{m}}$ (即 $a^4 = \dfrac{\bar{m}\omega^2}{EI}$)

简支梁的振型函数为:$\phi_n = \sin\dfrac{n\pi x}{L}$

利用振型的正交性,振动方程可解耦,得到 $n$ 个单自由度方程

$$\ddot{Y}_n(t) + \omega_n^2 Y_n(t) = 0$$

上式方程的解为:$Y_n(t) = Y_n(0)\cos\omega_n t + \dfrac{\dot{Y}_n(0)}{\omega_n}\sin\omega_n t$

式中初值为:$Y_n(0) = \dfrac{\displaystyle\int_0^L \phi_n(x) m(x) v(x,0)\,\mathrm{d}x}{\displaystyle\int_0^L \phi_n^2(x) m(x)\,\mathrm{d}x}$;$\dot{Y}_n(0) = \dfrac{\displaystyle\int_0^L \phi_n(x) m(x) \dot{v}(x,0)\,\mathrm{d}x}{\displaystyle\int_0^L \phi_n^2(x) m(x)\,\mathrm{d}x}$

$$\int_0^L \phi_n^2(x) m(x) \mathrm{d}x = \bar{m} \int_0^L \sin^2 \frac{n\pi x}{L} \mathrm{d}x = \frac{1}{2} \bar{m} L$$

$$\int_0^L \phi_n(x) m(x) v(x, t) \mathrm{d}x = 2 \int_0^{\frac{L}{2}} \sin \frac{n\pi x}{L} \bar{m} \frac{p_0 x}{48EI} (3L^2 - 4x^2) \mathrm{d}x$$

$$= -\frac{\bar{m} p_0 L^4}{24 E I n^4 \pi^4} \left[ (n^3 \pi^3 + 12 n \pi) \cos \frac{n\pi}{2} - 24 \sin \frac{n\pi}{2} \right]$$

$$Y_n(0) = \frac{\int_0^L \phi_n(x) m(x) v(x, 0) \mathrm{d}x}{\int_0^L \phi_n^2(x) m(x) \mathrm{d}x} = -\frac{p_0 L^3}{12 E I n^4 \pi^4} \left[ (n^3 \pi^3 + 12 n \pi) \cos \frac{n\pi}{2} - 24 \sin \frac{n\pi}{2} \right]$$

$$\dot{Y}_n(0) = \frac{\int_0^L \phi_n(x) m(x) \dot{v}(x, 0) \mathrm{d}x}{\int_0^L \phi_n^2(x) m(x) \mathrm{d}x} = 0$$

静载时跨中位移：$v\left(\dfrac{L}{2}\right) = \dfrac{p_0 L^3}{48EI}$

第 $n$ 阶振型对应的跨中位移为：$v_n\left(\dfrac{L}{2}, t\right) = \phi_n\left(\dfrac{L}{2}\right) Y_n(t) = \sin \dfrac{n\pi}{2} Y_n(0) \cos \omega_n t$

$n = 1$，$v_{1\max}\left(\dfrac{L}{2}, t\right) = \sin \dfrac{\pi}{2} Y_{1\max}(t) = \dfrac{2 p_0 L^3}{EI \pi^4} = \dfrac{96}{\pi^4} \dfrac{p_0 L^3}{48EI} = 0.9855 v\left(\dfrac{L}{2}\right)$

$n = 2$，$v_{2\max}\left(\dfrac{L}{2}, t\right) = \sin \dfrac{2\pi}{2} Y_{2\max}(t) = 0$

$n = 3$，$v_{3\max}\left(\dfrac{L}{2}, t\right) = \sin \dfrac{3\pi}{2} Y_{3\max}(t) = -\dfrac{2 p_0 L^3}{81 EI \pi^4} = -\dfrac{96}{81 \pi^4} \dfrac{p_0 L^3}{48EI} = -0.01217 v\left(\dfrac{L}{2}\right)$

(b)

$$M_{\text{static}} = EI v''(x) = EI \frac{p_0}{48EI}(-24x) = -\frac{p_0}{2} x; \quad M_{\text{static}}\left(\frac{L}{2}\right) = -\frac{p_0 L}{4}$$

$$v(x, t) = \sum_{n=1}^{\infty} \phi_n(x) Y_n(t)$$

第 $n$ 阶振型对应的跨中弯矩为：

$$M_n\left(\frac{L}{2}, t\right) = EI v_n''\left(\frac{L}{2}, t\right) = -EI \frac{n^2 \pi^2}{L^2} \phi_n\left(\frac{L}{2}\right) Y_n(t) = -EI \frac{n^2 \pi^2}{L^2} \sin\left(\frac{n\pi}{2}\right) Y_n(0) \cos \omega_n t$$

$n = 1$，$M_{1\max}\left(\dfrac{L}{2}, t\right) = -EI \dfrac{\pi^2}{L^2} \cdot 0.9855 \cdot \dfrac{p_0 L^3}{48EI} = -0.2026 p_0 L = 0.8104 M_{\text{static}}$

$n = 2$，$M_{2\max}\left(\dfrac{L}{2}, t\right) = 0$

$n = 3$，$M_{3\max}\left(\dfrac{L}{2}, t\right) = EI \dfrac{9\pi^2}{L^2} \cdot 0.01217 \cdot \dfrac{p_0 L^3}{48EI} = 0.0225 p_0 L = -0.0901 M_{\text{static}}$

**19-2** 假定图 E19-2 的阶跃函数荷载作用在四分之一跨 $(x = L/4)$ 处而不在跨中。写出荷载作用点的无阻尼位移反应及弯矩反应表达式。考虑前三个振型，在时间区间 $0 <$

$t < T_1$ 内，画出该点弯矩变化的时程曲线。

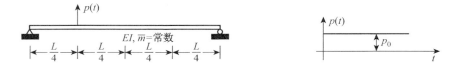

**解：** 简支梁的振型和频率

$$\phi_n = \sin \frac{n\pi x}{L}; \quad \omega_n = n^2\pi^2 \sqrt{\frac{EI}{\bar{m}L^4}}$$

广义质量：$M_n = \int_0^L \phi_n^2(x) m(x) \mathrm{d}x = \bar{m}\int_0^L \sin^2 \frac{n\pi x}{L} \mathrm{d}x = \frac{1}{2}\bar{m}L$

广义载荷：$P_n = \int_0^L \phi_n(x) p_0 \delta\left(x - \frac{L}{4}\right) \mathrm{d}x = p_0 \sin \frac{n\pi}{4}$

$M_n \ddot{Y}_n(t) + \omega_n^2 M_n Y_n(t) = P_n(t)$

$Y_n(t) = \frac{1}{M_n \omega_n} \int_0^t P_n(\tau) \sin \omega_n(t - \tau) \mathrm{d}\tau$

$Y_n(t) = \frac{2p_0}{\bar{m}L\omega_n^2} \int_0^t \sin \omega_n(t - \tau) \times \sin \frac{n\pi}{4} \mathrm{d}\tau = \frac{2p_0}{\bar{m}L\omega_n^2} \sin \frac{n\pi}{4} \cdot (1 - \cos \omega_n t)$

$v(x, t) = \sum_{n=1}^{\infty} Y_n(t) \phi_n(x) = \sum_{n=1}^{\infty} \frac{2p_0}{\bar{m}L\omega_n^2} \sin \frac{n\pi}{4} \cdot (1 - \cos \omega_n t) \sin \frac{n\pi x}{L}$

$\qquad = \frac{2p_0 L^3}{\pi^4 EI} \sum_{n=1}^{\infty} \frac{1}{n^4} \sin \frac{n\pi}{4} \cdot (1 - \cos \omega_n t) \sin \frac{n\pi x}{L}$

$M(x, t) = EI \frac{\partial^2 v}{\partial x^2} = -EI \sum_{n=1}^{\infty} \frac{2n^2\pi^2 p_0}{\bar{m}L^3 \omega_n^2} \sin \frac{n\pi}{4} \cdot (1 - \cos \omega_n t) \sin \frac{n\pi x}{L}$

$\qquad = -\frac{2p_0 L}{\pi^2} \sum_{n=1}^{\infty} \frac{1}{n^2} \sin \frac{n\pi}{4} (1 - \cos \omega_n t) \sin \frac{n\pi x}{L}$

荷载作用点的位移反应和弯矩反应：

$v\left(\frac{L}{4}, t\right) = \frac{2p_0 L^3}{\pi^4 EI} \sum_{n=1}^{\infty} \frac{1}{n^4} \sin^2 \frac{n\pi}{4} \cdot [1 - \cos(n^2 \omega_1 t)]$

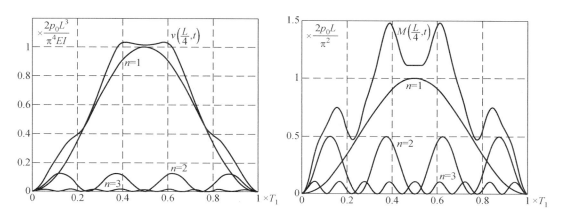

$$M\left(\frac{L}{4}, t\right) = -\frac{2p_0 L}{\pi^2} \sum_{n=1}^{\infty} \frac{1}{n^2} \sin^2 \frac{n\pi}{4} \cdot [1 - \cos(n^2 \omega_1 t)]$$

**19-3** 假定图 E19-2 的梁在四分之一跨处承受一个简谐荷载：$p(t) = p_0 \sin \bar{\omega} t$，这里，$\bar{\omega} = \frac{5}{4} \omega_1$。考虑前三个振型，沿梁跨每隔 $L/4$ 求出梁的稳态位移反应幅值，并作图：

(a) 不计阻尼；

(b) 假定每一振型的阻尼为临界阻尼的 10%。

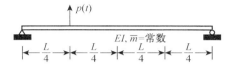

**解**：简支梁的振型和频率

$$\phi_n = \sin \frac{n\pi x}{L}; \quad \omega_n = n^2 \pi^2 \sqrt{\frac{EI}{\bar{m} L^4}}$$

广义质量：$M_n = \int_0^L \phi_n^2(x) m(x) \mathrm{d}x = \bar{m} \int_0^L \sin^2 \frac{n\pi x}{L} \mathrm{d}x = \frac{1}{2} \bar{m} L$

$$p(x, t) = p_0 \sin \bar{\omega} t \cdot \delta\left(x - \frac{L}{4}\right)$$

广义载荷：$P_n = \int_0^L \phi_n(x) p(x, t) \mathrm{d}x = p_0 \sin \frac{n\pi}{4} \sin \bar{\omega} t$

$$M_n \ddot{Y}_n(t) + M_n \omega_n^2 Y_n(t) = p_0 \sin \frac{n\pi}{4} \sin \bar{\omega} t$$

$$Y_n(t) = \frac{1}{M_n \omega_n} \int_0^t P_n(\tau) \sin \omega_n(t - \tau) \mathrm{d}\tau$$

$$Y_n = \frac{2 p_0}{\bar{m} L \omega_n} \sin \frac{n\pi}{4} \int_0^t \sin \bar{\omega}\tau \sin \omega_n(t - \tau) \mathrm{d}\tau$$

$$= \frac{2 p_0}{\bar{m} L \omega_n} \sin \frac{n\pi}{4} \int_0^t -\frac{1}{2} \{\cos[(\bar{\omega} - \omega_n)\tau + \omega_n t] - \cos[(\bar{\omega} + \omega_n)\tau - \omega_n t]\} \mathrm{d}\tau$$

$$= \frac{2 p_0}{\bar{m} L \omega_n} \sin \frac{n\pi}{4} \cdot \frac{\bar{\omega} \sin \omega_n t - \omega_n \sin \bar{\omega} t}{\bar{\omega}^2 - \omega_n^2}$$

梁的位移反应：

$$v(x, t) = \sum_{n=1}^{\infty} \phi_n(x) Y_n(t) = \sum_{n=1}^{\infty} \sin \frac{n\pi x}{L} \cdot \frac{2 p_0}{\bar{m} L \omega_n} \sin \frac{n\pi}{4} \cdot \frac{\bar{\omega} \sin \omega_n t - \omega_n \sin \bar{\omega} t}{\bar{\omega}^2 - \omega_n^2}$$

梁的稳态位移反应：

$$v(x, t) = \sum_{n=1}^{\infty} \sin \frac{n\pi x}{L} \cdot \frac{2 p_0}{\bar{m} L} \sin \frac{n\pi}{4} \frac{\sin \bar{\omega} t}{\omega_n^2 - \bar{\omega}^2}$$

$$= \frac{2p_0 L^3}{\pi^4 EI} \sum_{n=1}^{\infty} \sin\frac{n\pi x}{L} \cdot \sin\frac{n\pi}{4} \cdot \frac{\sin\frac{5}{4}\omega_1 t}{n^4 - \frac{25}{16}}$$

考虑前三个振型,稳态位移反应幅值为:

$$v_{\max}\left(\frac{L}{4},\,t\right) = \frac{2p_0 L^3}{\pi^4 EI} \sum_{n=1}^{3} \sin\frac{n\pi}{4} \cdot \sin\frac{n\pi}{4} \cdot \frac{1}{n^4 - \frac{25}{16}}$$

$$= \frac{2p_0 L^3}{\pi^4 EI}(-0.8889 + 0.0693 + 0.0063) = -1.6266 \frac{p_0 L^3}{\pi^4 EI}$$

$$v_{\max}\left(\frac{2L}{4},\,t\right) = \frac{2p_0 L^3}{\pi^4 EI} \sum_{n=1}^{3} \sin\frac{n\pi}{2} \cdot \sin\frac{n\pi}{4} \cdot \frac{1}{n^4 - \frac{25}{16}}$$

$$= \frac{2p_0 L^3}{\pi^4 EI}(-1.2571 + 0.0000 - 0.0089) = -2.5320 \frac{p_0 L^3}{\pi^4 EI}$$

$$v_{\max}\left(\frac{3L}{4},\,t\right) = \frac{2p_0 L^3}{\pi^4 EI} \sum_{n=1}^{3} \sin\frac{3n\pi}{4} \cdot \sin\frac{n\pi}{4} \cdot \frac{1}{n^4 - \frac{25}{16}}$$

$$= \frac{2p_0 L^3}{\pi^4 EI}(-0.8889 - 0.0693 + 0.0063) = -1.9038 \frac{p_0 L^3}{\pi^4 EI}$$

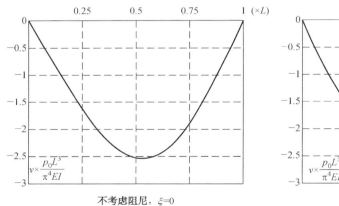

不考虑阻尼,$\xi = 0$

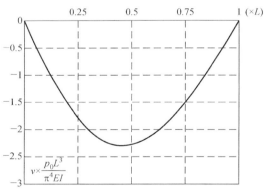

考虑阻尼,$\xi = 0.1$

(b) 假定每一振型的阻尼为临界阻尼的10%,即 $\xi_n = 0.1$

$$\ddot{Y}_n(t) + 2\xi_n \omega_n \dot{Y}_n(t) + \omega_n^2 Y_n(t) = \frac{p_0}{M_n} \sin\frac{n\pi}{4} \sin\bar{\omega} t$$

假设其稳态解为:$Y_n(t) = C\sin\bar{\omega} t + D\cos\bar{\omega} t$

代入方程得:

$$-C\bar{\omega}^2 \sin\bar{\omega} t - D\bar{\omega}^2 \cos\bar{\omega} t + 0.2C\omega_n\bar{\omega}\cos\bar{\omega} t - 0.2D\omega_n\bar{\omega}\sin\bar{\omega} t$$

$$+ C\omega_n^2 \sin\bar{\omega} t + D\omega_n^2 \cos\bar{\omega} t = \frac{2p_0}{\bar{m}L}\sin\frac{n\pi}{4}\sin\bar{\omega} t$$

整理得：

$$\begin{cases} C(\omega_n^2-\bar{\omega}^2)-0.2D\bar{\omega}\omega_n=\dfrac{2p_0}{\bar{m}L}\sin\dfrac{n\pi}{4} \\ 0.2C\bar{\omega}\omega_n+D(\omega_n^2-\bar{\omega}^2)=0 \end{cases}$$

解上式方程得：

$$C=\frac{\omega_n^2-\bar{\omega}^2}{(\omega_n^2-\bar{\omega}^2)^2+(0.2\bar{\omega}\omega_n)^2}\frac{2p_0}{\bar{m}L}\sin\frac{n\pi}{4}=\frac{2p_0L^3\left(n^4-\dfrac{25}{16}\right)\sin\dfrac{n\pi}{4}}{\pi^4EI\left(n^8-\dfrac{49}{16}n^4+\dfrac{625}{256}\right)}$$

$$D=-\frac{0.2\bar{\omega}\omega_n}{(\omega_n^2-\bar{\omega}^2)^2+(0.2\bar{\omega}\omega_n)^2}\frac{2p_0}{\bar{m}L}\sin\frac{n\pi}{4}=-\frac{2p_0L^3\dfrac{n^2}{4}\sin\dfrac{n\pi}{4}}{\pi^4EI\left(n^8-\dfrac{49}{16}n^4+\dfrac{625}{256}\right)}$$

$$Y_n(t)=\frac{2p_0L^3\sin\dfrac{n\pi}{4}}{\pi^4EI\left(n^8-\dfrac{49}{16}n^4+\dfrac{625}{256}\right)}\left[\left(n^4-\dfrac{25}{16}\right)\sin\bar{\omega}t-\dfrac{n^2}{4}\cos\bar{\omega}t\right]$$

稳态的位移反应为：

$$v(x,t)=\sum_{n=1}^{\infty}\phi_n(x)Y_n(t)$$

$$=\frac{2p_0L^3}{\pi^4EI}\sum_{n=1}^{\infty}\frac{\sin\dfrac{n\pi}{4}}{\left(n^8-\dfrac{49}{16}n^4+\dfrac{625}{256}\right)}\left[\left(n^4-\dfrac{25}{16}\right)\sin\bar{\omega}t-\dfrac{n^2}{4}\cos\bar{\omega}t\right]\sin\dfrac{n\pi x}{L}$$

$$v_{\max}(x,t)=\frac{2p_0L}{\pi^4EI}\sum_{n=1}^{\infty}\frac{\sin\dfrac{n\pi}{4}}{\sqrt{n^8-\dfrac{49}{16}n^4+\dfrac{625}{256}}}\sin\dfrac{n\pi x}{L}$$

考虑前三个振型，稳态位移反应幅值为：

$$v_{\max}(x,t)=\frac{2p_0L^3}{\pi^4EI}\sum_{n=1}^{3}\frac{\sin\dfrac{n\pi}{4}}{\sqrt{n^8-\dfrac{49}{16}n^4+\dfrac{625}{256}}}\sin\dfrac{n\pi x}{L}$$

$$v_{\max}\left(\frac{L}{4},t\right)=\frac{2p_0L^3}{\pi^4EI}(0.8123+0.0691+0.0063)=1.7754\frac{p_0L^3}{\pi^4EI}$$

$$v_{\max}\left(\frac{L}{2}, t\right) = \frac{2p_0 L^3}{\pi^4 EI}(1.148\ 7 + 0.000\ 0 - 0.008\ 9) = 2.279\ 6\frac{p_0 L^3}{\pi^4 EI}$$

$$v_{\max}\left(\frac{3L}{4}, t\right) = \frac{2p_0 L^3}{\pi^4 EI}(0.812\ 3 - 0.069\ 1 + 0.006\ 3) = 1.499\ 0\frac{p_0 L^3}{\pi^4 EI}$$

**19-4** 一等截面简支梁,抗弯刚度为 $EI = 78 \times 10^8$ lbf·in$^2$ [$2.238 \times 10^7$ N·m$^2$],支承总重为 1 000 lbf/ft[14 593 N/m]。把梁浸在粘滞液体中,使梁按第一振型振动,初始振幅为 1 in[2.54 cm],在 3 个周期末观测到运动振幅衰减为 0.1 in[0.254 cm]。

(a) 假定单位速度的阻尼 $c(x)$ 沿跨长不变,求出其数值;

(b) 假定同样的梁以初始振幅 1 in[2.54 cm] 开始按第二振型振动,确定运动振幅衰减到 0.1 in[0.254 cm] 时,要经过的周期数。

**解:**(a) 假设系统为低阻尼体系

$$\ln\left(\frac{v_n}{v_{n+m}}\right) = \frac{2m\pi\xi}{\sqrt{1-\xi^2}} \quad (\text{注:书中式(2-58)})$$

$$\xi = \frac{\ln(v_n/v_{n+m})}{2m\pi}\sqrt{1-\xi^2} = \frac{\ln\left(\frac{2.54}{0.254}\right)}{2 \times 3\pi}\sqrt{1-\xi^2}$$

$\xi^2 = 0.014\ 92(1-\xi^2);\ \xi = 0.121\ 2$

简支梁的频率、振型和广义质量为:

$$\omega_n = n^2\pi^2\sqrt{\frac{EI}{\bar{m}L^4}};\ \phi_n = \sin\frac{n\pi x}{L};\ M_n = \frac{1}{2}\bar{m}L;$$

第一阶振型的相应的临界阻尼:$C_{c1} = 2M_1\omega_1$

整个梁的阻尼为:

$$C_{c1}L = 2 \cdot \frac{1}{2}\bar{m}L \cdot \pi^2\sqrt{EI/\bar{m}L^4} \cdot L = \pi^2\sqrt{\bar{m} \cdot EI}$$

$$= \pi^2\sqrt{14\ 593/9.8 \times 2.238 \times 10^7} = 1.801\ 7 \times 10^6\ \text{N·s}$$

$$CL = \xi \cdot C_{c1}L = 0.121\ 2 \times 1.801\ 7 \times 10^6 = 218.369\ 3\ \text{kN·s}$$

(b) $C_{c2} = 2M_2\omega_2$

$$C_{c2}L = 2 \cdot \frac{1}{2}\bar{m}L \cdot 2^2 \cdot \pi^2\sqrt{EI/\bar{m}L^4} \cdot L = 4\pi^2\sqrt{\bar{m} \cdot EI}$$

$$= 7.206\ 9 \times 10^6\ \text{N·s}$$

$$\xi_2 = \frac{CL}{C_{c2}L} = \frac{218.369\ 3 \times 10^3}{7.206\ 9 \times 10^6} = 0.030\ 3$$

$$m = \frac{\ln(v_n/v_{n+m})}{2\xi_2\pi}\sqrt{1-\xi_2^2} = \frac{\ln 10}{2\pi} \cdot \frac{\sqrt{1-\xi_2^2}}{\xi_2} = 12.089\ 1(\text{周})$$

**19-5** 对图 P19-1 所示等截面杆,重新按习题 19-3 的要求进行计算。注意,简谐荷载

$p(t) = p_0 \sin \bar{\omega} t$ 在杆的一半长度处沿轴向作用，分别按考虑及不考虑振型阻尼影响画出轴向位移反应。

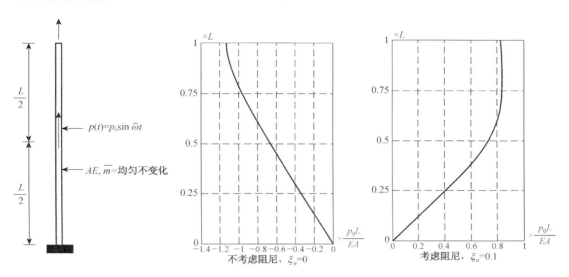

**图 19-4**

**解**：悬臂杆的振型和频率为

$$\phi_n(x) = \sin \frac{(2n-1)\pi x}{2L}; \quad \omega_n = \frac{2n-1}{2}\pi\sqrt{\frac{EA}{\bar{m}L^2}}$$

广义质量：

$$M_n = \int_0^L \phi_n^2 \bar{m} \, dx = \frac{1}{2}\bar{m}L$$

广义载荷：

$$P_n(t) = \int_0^L p(x, t)\phi_n \, dx = \int_0^L p_0 \sin \bar{\omega} t \cdot \delta\left(x - \frac{L}{2}\right) \cdot \sin \frac{(2n-1)\pi x}{2L} \, dx$$

$$= p_0 \sin \bar{\omega} t \sin \frac{(2n-1)\pi}{4}$$

（a）不考虑阻尼，$\xi_n = 0$

$$\ddot{Y}_n + \omega_n^2 Y_n = \frac{2p_0}{\bar{m}L} \sin \frac{(2n-1)\pi}{4} \sin \bar{\omega} t$$

$$Y_n(t) = \frac{1}{M_n \omega_n} \int_0^t P_n(\tau) \sin \omega_n(t-\tau) \, d\tau$$

$$= \frac{2p_0 \sin \frac{(2n-1)\pi}{4}}{\bar{m}L\omega_n} \cdot \frac{\omega_n \sin \bar{\omega} t - \bar{\omega} \sin \omega_n t}{\omega_n^2 - \bar{\omega}^2}$$

**另解**：假设其稳态解为：$Y_n = C \sin \bar{\omega} t$

$$-C\bar{\omega}^2 \sin\bar{\omega}t + C\omega_n^2 \sin\bar{\omega}t = \frac{2p_0}{\bar{m}L}\sin\frac{(2n-1)\pi}{4}\sin\bar{\omega}t$$

$$C = \frac{2p_0 \sin\frac{(2n-1)\pi}{4}}{\bar{m}L} \cdot \frac{1}{\omega_n^2 - \bar{\omega}^2} \quad (\text{其中}: \bar{\omega} = \frac{5}{4}\omega_1)$$

$$= \frac{128p_0 L \sin\frac{(2n-1)\pi}{4}}{\pi^2 EA(64n^2 - 64n - 9)}$$

考虑前三阶振型的稳态位移反应

$$v(x,t) = \sum_{n=1}^{3} \phi_n(x)Y_n(t) = \sum_{n=1}^{3} \sin\frac{(2n-1)\pi x}{2L} \cdot \frac{128p_0 L \sin\frac{(2n-1)\pi}{4}}{\pi^2 EA(64n^2 - 64n - 9)} \sin\bar{\omega}t$$

$$v_{\max}\left(\frac{L}{4}, t\right) = \sum_{n=1}^{3} \sin\left[\frac{(2n-1)\pi}{2L} \cdot \frac{L}{4}\right] \cdot \frac{128p_0 L \sin\frac{(2n-1)\pi}{4}}{\pi^2 EA(64n^2 - 64n - 9)}$$

$$= \frac{128p_0 L}{\pi^2 EA} \sum_{n=1}^{3} \sin\frac{(2n-1)\pi}{8} \cdot \frac{\sin\frac{(2n-1)\pi}{4}}{(64n^2 - 64n - 9)}$$

$$= \frac{128p_0 L}{\pi^2 EA}(-0.0301 + 0.0055 - 0.0017) = -0.3413\frac{p_0 L}{EA}$$

$$v_{\max}\left(\frac{L}{2}, t\right) = \frac{128p_0 L}{\pi^2 EA}(-0.0556 + 0.0042 + 0.0013) = -0.6487\frac{p_0 L}{EA}$$

$$v_{\max}\left(\frac{3L}{4}, t\right) = \frac{128p_0 L}{\pi^2 EA}(-0.0726 - 0.0023 + 0.0007) = -0.9615\frac{p_0 L}{EA}$$

$$v_{\max}(L, t) = \frac{128p_0 L}{\pi^2 EA}(-0.0786 - 0.0059 - 0.0019) = -1.1205\frac{p_0 L}{EA}$$

(b) 考虑阻尼，$\xi_n = 0.1$

$$\ddot{Y}_n + 0.2\omega_n \dot{Y}_n + \omega_n^2 Y_n = \frac{2p_0}{\bar{m}L}\sin\frac{(2n-1)\pi}{4}\sin\bar{\omega}t$$

假设稳态解：$Y_n = C\sin\bar{\omega}t + D\cos\bar{\omega}t$

$$-C\bar{\omega}^2\sin\bar{\omega}t - D(0.2\bar{\omega}\omega_n)\sin\bar{\omega}t + C\omega_n^2\sin\bar{\omega}t - D\bar{\omega}^2\cos\bar{\omega}t + C(0.2\bar{\omega}\omega_n)\cos\bar{\omega}t + D\omega_n^2\cos\bar{\omega}t$$

$$= \frac{2p_0}{\bar{m}L}\sin\frac{(2n-1)\pi}{4}\sin\bar{\omega}t$$

$$C(\omega_n^2 - \bar{\omega}^2) - 0.2D\bar{\omega}\omega_n = \frac{2p_0 \sin\frac{(2n-1)\pi}{4}}{\bar{m}L}$$

$$D(\omega_n^2 - \bar{\omega}^2) + 0.2C\bar{\omega}\omega_n = 0$$

$$C = \frac{2p_0 \sin\dfrac{(2n-1)\pi}{4}}{\bar{m}L} \cdot \frac{\omega_n^2 - \bar{\omega}^2}{(\omega_n^2 - \bar{\omega}^2)^2 + (0.2\bar{\omega}\omega_n)^2}$$

$$D = -\frac{2p_0 \sin\dfrac{(2n-1)\pi}{4}}{\bar{m}L} \cdot \frac{0.2\bar{\omega}\omega_n}{(\omega_n^2 - \bar{\omega}^2)^2 + (0.2\bar{\omega}\omega_n)^2}$$

$$\sqrt{C^2 + D^2} = \frac{2p_0 \sin\dfrac{(2n-1)\pi}{4}}{\bar{m}L} \cdot \frac{1}{\sqrt{(\omega_n^2 - \bar{\omega}^2)^2 + (0.2\bar{\omega}\omega_n)^2}}$$

$$= \frac{2p_0 L \sin\dfrac{(2n-1)\pi}{4}}{\pi^2 EA} \cdot \frac{1}{\sqrt{n^4 - 2n^3 + \dfrac{47}{64}n^2 + \dfrac{17}{64}n + \dfrac{97}{4\,096}}}$$

考虑前三阶振型的稳态位移反应

$$v(x, t) = \sum_{n=1}^{3} \phi_n(x) Y_n(t) t$$

$$v_{\max}\left(\frac{L}{4}, t\right) = \sum_{n=1}^{3} \sin\left[\frac{(2n-1)\pi}{2L} \cdot \frac{L}{4}\right] \cdot \sqrt{C^2 + D^2}$$

$$= \frac{2p_0 L}{\pi^2 EA}(1.758\,4 + 0.349\,6 - 0.111\,3) = -0.404\,6 \frac{p_0 L}{EA}$$

$$v_{\max}\left(\frac{L}{2}, t\right) = \frac{2p_0 L}{\pi^2 EA}(3.249\,1 + 0.267\,6 + 0.085\,2) = 0.729\,9 \frac{p_0 L}{EA}$$

$$v_{\max}\left(\frac{3L}{4}, t\right) = \frac{2p_0 L}{\pi^2 EA}(4.245\,2 - 0.144\,8 + 0.046\,1) = 0.840\,3 \frac{p_0 L}{EA}$$

$$v_{\max}(L, t) = \frac{2p_0 L}{\pi^2 EA}(4.595\,4 - 0.378\,4 - 0.120\,5) = 0.830\,0 \frac{p_0 L}{EA}$$

**19-6** 图 P19-2 所示的等截面简支梁承受侧向荷载 $p(x, t) = \delta(x-a)\delta(t)$ 的作用，其中 $\delta(x-a)$ 和 $\delta(t)$ 为 Dirac-$\delta$ 函数（关于 Dirac-$\delta$ 函数的定义参看 20-1 节）。运用梁的初等理论和振型叠加法，写出由上面定义的荷载 $p(x, t)$ 引起的侧向挠度 $v(x, t)$、弯矩 $M(x, t)$ 和剪力 $V(x, t)$ 的级数表达式。讨论这三个级数表达式的相对的收敛速度。

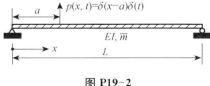

图 P19-2

**解：** 简支梁的频率和振型为：

$$\omega_n = n^2\pi^2\sqrt{\frac{EI}{\bar{m}L^4}}\ ;\ \phi_n(x) = \sin\frac{n\pi x}{L}$$

广义质量：$M_n = \int_0^L \phi_n^2(x)m(x)\mathrm{d}x = \bar{m}\int_0^L \sin^2\frac{n\pi x}{L}\mathrm{d}x = \frac{1}{2}\bar{m}L$

$$p(x,t) = \delta(x-a)\cdot\delta(t)$$

广义载荷：$P_n = \int_0^L \phi_n(x)p(x,t)\mathrm{d}x = \int_0^L \sin\left(\frac{n\pi x}{L}\right)\delta(x-a)\cdot\delta(t)\mathrm{d}x = \sin\frac{na\pi}{L}\cdot\delta(t)$

$$M_n\ddot{Y}_n(t) + M_n\omega_n^2 Y_n(t) = \sin\frac{na\pi}{L}\cdot\delta(t)$$

$$Y_n(t) = \frac{1}{M_n\omega_n}\int_0^t \sin\frac{na\pi}{L}\cdot\delta(\tau)\sin\omega_n(t-\tau)\mathrm{d}\tau = \frac{1}{M_n\omega_n}\sin\frac{na\pi}{L}\sin\omega_n t$$

位移反应为：

$$v(x,t) = \sum_{n=1}^{\infty}\phi_n(x)Y_n(t) = \sum_{n=1}^{\infty}\sin\frac{n\pi x}{L}\frac{1}{M_n\omega_n}\sin\frac{na\pi}{L}\sin\omega_n t$$

$$= \frac{2L}{\pi^2}\sqrt{\frac{1}{\bar{m}EI}}\sum_{n=1}^{\infty}\frac{1}{n^2}\sin\frac{na\pi}{L}\cdot\sin\omega_n t\cdot\sin\frac{n\pi x}{L}$$

弯矩反应为：

$$M(x,t) = EIv''(x,t) = -2\sqrt{\frac{EI}{\bar{m}L^2}}\sum_{n=1}^{\infty}\sin\frac{na\pi}{L}\cdot\sin\omega_n t\cdot\sin\frac{n\pi x}{L}$$

剪力反应为：

$$V(x,t) = EIv'''(x,t) = -2\pi\sqrt{\frac{EI}{\bar{m}L^4}}\sum_{n=1}^{\infty}n\cdot\sin\frac{na\pi}{L}\cdot\sin\omega_n t\cdot\cos\frac{n\pi x}{L}$$

收敛速度按 $v(x,t)$、$M(x,t)$、$V(x,t)$ 逐渐变慢。

# 第Ⅳ篇　随机振动

# 第 20 章 概 率 论

**20-1** 随机变量 $x$ 具有概率密度函数
$$p(x) = \begin{cases} 1-|x| & 0 \leqslant |x| \leqslant 1 \\ 0 & |x| \geqslant 1 \end{cases}$$
如果定义一个新的随机变量 $y = ax^2$,试求概率密度函数 $p(y)$,并绘出图形。

**解:** $p(y) = p(x)\left|\dfrac{\mathrm{d}x}{\mathrm{d}y}\right|$;$x = \pm\sqrt{\dfrac{y}{a}}$;

Ⅰ:当 $a > 0$ 时,$\dfrac{\mathrm{d}x}{\mathrm{d}y} = \pm\dfrac{1}{2\sqrt{ay}}$

(1) $x = \sqrt{\dfrac{y}{a}}$ 时,$p(y) = \dfrac{1}{2\sqrt{ay}}p\left(\sqrt{\dfrac{y}{a}}\right) = \begin{cases} \dfrac{1}{2\sqrt{ay}} - \dfrac{1}{2a} & 0 \leqslant y \leqslant a \\ 0 & \text{其他} \end{cases}$

(2) $x = -\sqrt{\dfrac{y}{a}}$ 时,$p(y) = \dfrac{1}{2\sqrt{ay}}p\left(-\sqrt{\dfrac{y}{a}}\right) = \begin{cases} \dfrac{1}{2\sqrt{ay}} - \dfrac{1}{2a} & 0 \leqslant y \leqslant a \\ 0 & \text{其他} \end{cases}$

Ⅱ:当 $a < 0$ 时,$\dfrac{\mathrm{d}x}{\mathrm{d}y} = \pm\dfrac{1}{2\sqrt{ay}}$

(1) $x = \sqrt{\dfrac{y}{a}}$ 时,$p(y) = \dfrac{1}{2\sqrt{ay}}p\left(\sqrt{\dfrac{y}{a}}\right) = \begin{cases} \dfrac{1}{2\sqrt{ay}} + \dfrac{1}{2a} & a \leqslant y \leqslant 0 \\ 0 & \text{其他} \end{cases}$

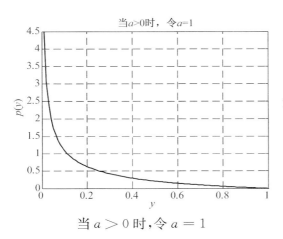

当 $a > 0$ 时,令 $a = 1$

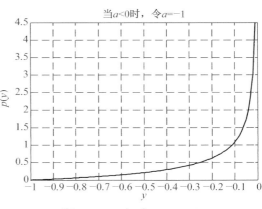

当 $a < 0$ 时,令 $a = -1$

(2) $x = -\sqrt{\dfrac{y}{a}}$ 时，$p(y) = \dfrac{1}{2\sqrt{ay}} p\left(-\sqrt{\dfrac{y}{a}}\right) = \begin{cases} \dfrac{1}{2\sqrt{ay}} + \dfrac{1}{2a} & a \leqslant y \leqslant 0 \\ 0 & \text{其他} \end{cases}$

**20-2** 随机变量 $x$ 的概率密度函数具有指数形式
$$p(x) = a\exp(-b|x|)$$
式中 $a$ 和 $b$ 是两个常数，试确定 $a$ 和 $b$ 之间所应满足的关系式，并求当 $a = 1$ 时的概率分布函数 $P(X)$。

**解：** 因为 $p(x) \geqslant 0$，所以 $a \geqslant 0$

又因为 $\int_{-\infty}^{\infty} p(x) \mathrm{d}x = 1$，

所以 $\int_{-\infty}^{0} a\exp(bx) \mathrm{d}x$ 与 $\int_{0}^{\infty} a\exp(-bx) \mathrm{d}x$ 都应收敛

所以 $b > 0$

所以 $\int_{-\infty}^{\infty} p(x) \mathrm{d}x = \dfrac{a}{b}\exp(bx)\Big|_{-\infty}^{0} - \dfrac{a}{b}\exp(-bx)\Big|_{0}^{\infty} = \dfrac{a}{b} + \dfrac{a}{b} = 2\dfrac{a}{b} = 1$

所以 $b = 2a$

当 $a = 1$ 时，$b = 2$
$$p(x) = \exp(-2|x|)$$
$$P(x) = \int_{-\infty}^{x} p(x) \mathrm{d}x = \int_{-\infty}^{x} \exp(-2|x|) \mathrm{d}x$$

当 $x \leqslant 0$，$P(x) = \int_{-\infty}^{x} \exp(2x) \mathrm{d}x = \dfrac{1}{2}\mathrm{e}^{2x}$

当 $x \geqslant 0$，$P(x) = \int_{-\infty}^{0} \exp(2x) \mathrm{d}x + \int_{0}^{x} \exp(-2x) \mathrm{d}x$

$= \dfrac{1}{2} + \left(-\dfrac{1}{2}\right)(\mathrm{e}^{-2x} - 1) = 1 - \dfrac{1}{2}\mathrm{e}^{-2x}$

**20-3** 考虑一维随机走动，单步长的概率密度函数为
$$p(L) = 0.6\delta(L - \Delta L) + 0.4\delta(L + \Delta L)$$
试求随机变量 $x_4$ 的概率密度函数。$x_4$ 定义为：$x_4 = \sum\limits_{j=1}^{4} L_j$，它表示走出四步以后离开原点的距离。

**解：** 若 $x_4 = k\Delta L$，令此时，右移 $m$ 步，则左移 $4 - m$ 步。

于是有 $m - (4 - m) = k$，$m = \dfrac{4 + k}{2}$，$k$ 为偶数。由二项分布，得

$$p\{x_4 = k\Delta L\} = C_4^{\frac{4+k}{2}} \times 0.6^{\frac{4+k}{2}} \times 0.4^{\frac{4-k}{2}}$$

则 $p(x_4) = \sum\limits_{\substack{k=-4 \\ \text{步长}=2}}^{4} \dfrac{24\delta(x_4 - k\Delta L)}{\dfrac{(4+k)}{2}!\dfrac{(4-k)}{2}!} 0.6^{\frac{4+k}{2}} 0.4^{\frac{4-k}{2}}$

$$= \frac{24\delta(x_4 + 4\Delta L)}{24} 0.4^4 + \frac{24\delta(x_4 + 2\Delta L)}{6} 0.6 \times 0.4^3$$
$$+ \frac{24\delta(x_4)}{4} 0.6^2 \times 0.4^2 + \frac{24\delta(x_4 - 2\Delta L)}{6} 0.6^3 \times 0.4 + \frac{24\delta(x_4 - 4\Delta L)}{24} 0.6^4$$
$$= 0.025\,6\delta(x_4 + 4\Delta L) + 0.153\,6\delta(x_4 + 2\Delta L)$$
$$+ 0.345\,6\delta(x_4) + 0.345\,6\delta(x_4 - 2\Delta L) + 0.129\,6\delta(x_4 - 4\Delta L)$$

**20-4** 考虑一位随机走动，单步长的概率密度函数为

$$p(L) = 0.1\delta(L + \Delta L) + 0.3\delta(L) + 0.5\delta(L - \Delta L) + 0.1\delta(L - 2\Delta L)$$

试求 10 步以后位于 $6\Delta L$ 处的近似概率。

**解：**
$\bar{L} = 0.1(-\Delta L) + 0.5(\Delta L) + 0.1(2\Delta L) = 0.6\Delta L$
$\bar{x}_{10} = 6\Delta L$
$\sigma_L^2 = [0.1 \cdot (1.6)^2 + 0.3 \cdot (0.6)^2 + 0.5 \cdot (0.4)^2 + 0.1 \cdot (1.4)^2](\Delta L)^2$
$= 0.64\,(\Delta L)^2$
$\sigma_{x_{10}}^2 = 6.4\,(\Delta L)^2$
$p(x_{10} = 6\Delta L) \cong \dfrac{1}{\sqrt{2\pi \times 6.4} \cdot \Delta L} = \dfrac{0.157\,7}{\Delta L}$  密度函数值

$P\{x_{10} = 6\Delta L\} \cong 0.157\,7$  概率近似值

**20-5** 设 $x$ 和 $y$ 是两个统计独立的随机变量，令第三个随机变量 $z$ 为 $x$ 和 $y$ 的乘积，即 $z = xy$。试推导概率密度函数 $p(z)$ 的表达式，用概率密度函数 $p(x)$ 和 $p(y)$ 来表示。

**解：** 根据定义：$p(x, y) = p(x)p(y)$

则 $P(z) = \iint\limits_{xy \leqslant z} p(x, y)\mathrm{d}x\mathrm{d}y = \iint\limits_{xy \leqslant z} p(x) \cdot p(y)\mathrm{d}x\mathrm{d}y$

有 $p(z) = \left[ \iint\limits_{xy \leqslant z} p(x) \cdot p(y)\mathrm{d}x\mathrm{d}y \right]\Big|_z^1$

**20-6** 两个统计独立的随机变量 $x$ 和 $y$ 具有相同的概率密度函数

$$p(x) = \begin{cases} \dfrac{1}{2} & -1 \leqslant x \leqslant 1 \\ 0 & x < -1; x > 1 \end{cases} \qquad p(y) = \begin{cases} \dfrac{1}{2} & -1 \leqslant y \leqslant 1 \\ 0 & y < -1; y > 1 \end{cases}$$

如果随机变量 $z$ 定义为 $z = yx^{-2}$，试求在范围 $0 < z < 1$ 内变量 $z$ 的概率密度函数。

**解：** 联合概率密度 $f(x, y) = p(x)p(y)$，$z = \dfrac{y}{x^2}$

当 $0 < z < 1$ 时，$z$ 的分布函数为

$$F_Z(z) = P(Z \leqslant z) = P\left(\frac{y}{x^2} \leqslant z\right) = P(y \leqslant zx^2)$$
$$= \iint\limits_{y \leqslant zx^2} p(x, y)\mathrm{d}x\mathrm{d}y = \iint\limits_{y \leqslant zx^2} p(x) \cdot p(y)\mathrm{d}x\mathrm{d}y$$

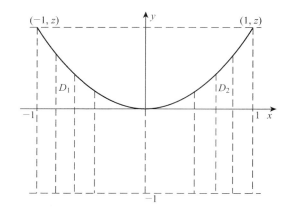

$$= \iint_{D_1} p(x) \cdot p(y) \mathrm{d}x \mathrm{d}y + \iint_{D_2} p(x) \cdot p(y) \mathrm{d}x \mathrm{d}y + \frac{1}{4} \times 2 \times 1$$

$$F_Z(z) = \int_{-1}^{0} \mathrm{d}x \int_{0}^{zx^2} \frac{1}{2} \cdot \frac{1}{2} \mathrm{d}y + \int_{0}^{1} \mathrm{d}x \int_{0}^{zx^2} \frac{1}{2} \cdot \frac{1}{2} \mathrm{d}y + \frac{1}{2}$$

$$= \frac{1}{4} \int_{-1}^{0} zx^2 \mathrm{d}x + \frac{1}{4} \int_{0}^{1} zx^2 \mathrm{d}x + \frac{1}{2} = \frac{1}{6}z + \frac{1}{2}$$

所以,当 $0 < z < 1$ 时,$f_z(z) = \dfrac{1}{6}$

注意: $\int_{-\infty}^{\infty} f_z(z) \mathrm{d}z \neq 1$

**20-7** 两个随机变量 $x$ 和 $y$ 的联合概率密度函数为

$$p(x, y) = \begin{cases} \dfrac{y}{\pi \sqrt{1-x^2}} \exp\left(-\dfrac{y^2}{2}\right) & y \geqslant 0; \, |x| < 1 \\ 0 & \text{其他} \end{cases}$$

试求边缘概率密度函数 $p(y)$ 和条件概率密度函数 $p(x \mid y)$,并求出 $x$ 的平均值;随机变量 $x$ 和 $y$ 是否统计独立?

**解:**

$$p(y) = \int_{-\infty}^{\infty} p(x, y) \mathrm{d}x = \int_{-1}^{1} \frac{y}{\pi \sqrt{1-x^2}} \exp\left(-\frac{y^2}{2}\right) \mathrm{d}x = y \exp\left(-\frac{y^2}{2}\right), \, y \geqslant 0$$

$$p(x \mid y) = \frac{p(x, y)}{p(y)} = \begin{cases} \dfrac{1}{\pi \sqrt{1-x^2}} & |x| < 1 \\ 0 & |x| \geqslant 1 \end{cases}, \, y \geqslant 0$$

$$p(x) = \int_{-\infty}^{\infty} p(x, y) \mathrm{d}y = \int_{0}^{\infty} \frac{y}{\pi \sqrt{1-x^2}} \exp\left(-\frac{y^2}{2}\right) \mathrm{d}y = \frac{1}{\pi \sqrt{1-x^2}}, \, |x| < 1$$

$$E(x) = \int_{-\infty}^{\infty} p(x) x \mathrm{d}x = \int_{-1}^{1} \frac{x}{\pi \sqrt{1-x^2}} \mathrm{d}x = 0$$

因为 $p(x) = p(x \mid y)$，所以随机变量 $x$ 和 $y$ 为统计独立。

**20-8** 证明式(20-69)。

**解：**

$$p(x, y) = \frac{1}{2\pi ab \sqrt{1-c^2}} \times \exp\left\{-\frac{1}{2(1-c^2)} \times \left[\frac{(x-d)^2}{a^2} - \frac{2c(x-d)(y-e)}{ab} + \frac{(y-e)^2}{b^2}\right]\right\}$$

$$p(x) = \int_{-\infty}^{\infty} p(x, y) \mathrm{d}y$$

$$= \frac{1}{2\pi ab \sqrt{1-c^2}} \times \exp\left[-\frac{1}{2}\left(\frac{x-d}{a}\right)^2\right] \times \sqrt{2\pi} \times \sqrt{1-c^2} \times b$$

$$= \frac{1}{\sqrt{2\pi} a} \exp\left[-\frac{1}{2}\left(\frac{x-d}{a}\right)^2\right]$$

平均值：$\bar{x} = \int_{-\infty}^{\infty} x p(x) \mathrm{d}x = \frac{1}{\sqrt{2\pi} a} \int_{-\infty}^{\infty} x \cdot \exp\left[-\frac{1}{2}\left(\frac{x-d}{a}\right)^2\right] \mathrm{d}x = d$

均方值：$\overline{x^2} = \int_{-\infty}^{\infty} x^2 p(x) \mathrm{d}x = \frac{1}{\sqrt{2\pi} a} \int_{-\infty}^{\infty} x^2 \cdot \exp\left[-\frac{1}{2}\left(\frac{x-d}{a}\right)^2\right] \mathrm{d}x = d^2 + a^2$

方差：$\sigma_x^2 = \overline{(x-\bar{x})^2} = \int_{-\infty}^{\infty}\int_{-\infty}^{\infty}(x-\bar{x})^2 p(x, y) \mathrm{d}x \mathrm{d}y = \overline{x^2} - \bar{x}^2 = a^2$

标准差：$\sigma_x = \sqrt{\sigma_x^2} = a$

同理：$\bar{y} = e, \sigma_y = b$

协方差：$\mu_{xy} = \int_{-\infty}^{\infty}\int_{-\infty}^{\infty}(x-\bar{x})(y-\bar{y}) p(x, y) \mathrm{d}x \mathrm{d}y = abc$

相关系数：$\rho_{xy} = \frac{\mu_{xy}}{\sigma_x \sigma_y} = \frac{abc}{ab} = c$

**20-9** 随机变量 $x$ 和 $y$ 的联合概率密度函数为

$$p(x, y) = \begin{cases} a\exp(-x-y) & x > 0, y > 0 \\ 0 & \text{其他} \end{cases}$$

试求此函数被规格化时 $a$ 的值。当 $y=1$ 时，$x$ 落入范围 $0<x<1$ 的概率是多少？随机变量 $x$ 和 $y$ 是否统计独立？$x$ 和 $y$ 落在如图 P20-1 所示面积为 1 的正方形 $0ABC$ 外面的概率是多少？求概率分布函数 $P(x, y)$。

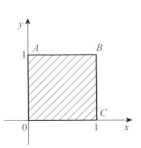

图 P20-1　习题 20-9 的 $xy$ 平面中的区域 $0ABC$

**解：**

$$1 = \int_0^{\infty}\int_0^{\infty} a\mathrm{e}^{-x-y} \mathrm{d}x \mathrm{d}y = a，\text{则} a = 1$$

所以 $p(x, y) = \mathrm{e}^{-x-y}$

$$p(0<x<1 \mid y=1) = \int_0^1 e^{-x-1} dx \times \left(\int_0^\infty e^{-x-1} dx\right)^{-1} = 1 - \frac{1}{e} = 0.6321$$

$$p(0<x<1, 0<y<1) = \int_0^1 \int_0^1 e^{-x-y} dx dy = \left(1 - \frac{1}{e}\right)^2 = 0.3996$$

$$p(x) = \int_0^\infty p(x,y) dy = e^{-x}, x>0$$

$$p(y) = \int_0^\infty p(x,y) dy = e^{-y}, y>0$$

$$p(x,y) = p(x)p(y) \quad x, y \text{ 统计独立}$$

$$P(x,y) = \int_0^x \int_0^y p(x,y) dx dy = \begin{cases} (1-e^{-x})(1-e^{-y}) & x>0, y>0 \\ 0 & \text{其他} \end{cases}$$

**20-10** 随机变量 $x$ 和 $y$ 为统计独立,并可按如下的边缘概率密度函数取样:

$$p(x) = \begin{cases} 2(1-x) & 0<x<1 \\ 0 & x<0; x>1 \end{cases}; \quad p(y) = \begin{cases} 2(1-y) & 0<y<1 \\ 0 & y<0; y>1 \end{cases}$$

试画出联合概率密度函数 $p(x,y)$ 的简图,并求出平均值 $\bar{x}$ 和 $\bar{y}$,均方值 $\overline{x^2}$ 和 $\overline{y^2}$,协方差 $\mu_{xy}$,以及平均值 $\overline{x+y}$。

**解:**

$$p(x,y) = p(x)p(y) = \begin{cases} 4(1-x)(1-y) & 0<x, y<1 \\ 0 & \text{其他} \end{cases}$$

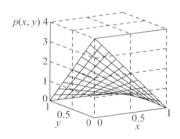
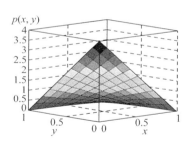

$$\bar{x} = \int_0^1 2(1-x) \cdot x dx = \frac{1}{3}; \quad \bar{y} = \int_0^1 2(1-y) \cdot y dy = \frac{1}{3}$$

$$\overline{x^2} = \int_0^1 2(1-x) \cdot x^2 dx = \frac{1}{6}; \quad \overline{y^2} = \int_0^1 2(1-y) \cdot y^2 dy = \frac{1}{6}$$

$\mu_{xy} = 0$ (因为 $x, y$ 统计独立)

$$\overline{x+y} = \bar{x} + \bar{y} = \frac{2}{3}$$

**20-11** 两个随机变量 $x$ 和 $y$ 的联合概率密度函数,在图 P20-2 所示的区域内等于常数 $C$,在该区域外为零。

(a) 试求使 $p(x,y)$ 规格化的 $C$ 值。

(b) 试画出边缘概率密度函数 $p(x)$ 和 $p(y)$。

(c) 试画出条件概率密度函数 $p(x\mid y=0.5)$ 和 $p(y\mid x=1.5)$。

(d) 随机变量 $x$ 和 $y$ 是否统计独立？

(e) 试求出平均值 $\bar{x}$ 和 $\bar{y}$，方差 $\sigma_x^2$ 和 $\sigma_y^2$，以及协方差 $\mu_{xy}$。

(f) 考虑 $x$ 和 $y$ 的采样值，比如说分别为 $x_1$，$x_2$，$x_3$，… 和 $y_1$，$y_2$，$y_3$，…。如果两个新的随机变量 $r$ 和 $s$ 定义为：

$$r_n = x_1 + x_2 + x_3 + \cdots + x_n$$
$$s_n = y_1 + y_2 + y_3 + \cdots + y_n$$

试求当 $n=20$ 时联合概率密度函数 $p(r_n, s_n)$ 的适当表达式。

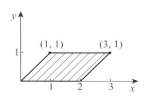

图 P20-2　习题 20-11 的 $xy$ 平面中非零联合概率区域

**解：** (a) 因为 $\int_{-\infty}^{\infty}\int_{-\infty}^{\infty} p(x, y)\mathrm{d}x\mathrm{d}y = 1$

则 $C = \dfrac{1}{S_A} = \dfrac{1}{2\times 1} = 0.5$

(b) $p(x) = \int_{-\infty}^{\infty} p(x, y)\mathrm{d}y$

$$= \begin{cases} \int_0^x 0.5\mathrm{d}y & 0<x<1 \\ \int_0^1 0.5\mathrm{d}y & 1<x<2 \\ \int_{x-2}^1 0.5\mathrm{d}y & 2<x<3 \\ 0 & \text{其他} \end{cases}$$

$$= \begin{cases} 0.5x & 0<x<1 \\ 0.5 & 1<x<2 \\ 1.5-0.5x & 2<x<3 \\ 0 & \text{其他} \end{cases}$$

$p(y) = \int_{-\infty}^{\infty} p(x, y)\mathrm{d}x = \int_{y}^{2+y} 0.5\mathrm{d}x = 1$, $0<y<1$

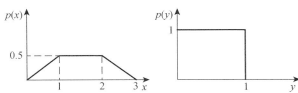

(c) $p(x\mid y=0.5) = \dfrac{p(x, y)}{p(y)}\bigg|_{y=0.5} = \dfrac{0.5}{1} = 0.5$, $0.5<x<2.5$

$p(y\mid x=1.5) = \dfrac{p(x, y)}{p(x)} = \dfrac{0.5}{0.5} = 1$, $0<y<1$

(d) 因为 $p(x, y) \neq p(x)p(y)$，所以不独立。

(e) $\bar{x} = \int_0^3 p(x)x\,dx = \int_0^1 0.5x^2\,dx + \int_1^2 0.5x\,dx + \int_2^3 x(1.5-0.5x)\,dx = 1.5$

$\bar{y} = \int_0^1 y\,dy = 0.5$

$\overline{x^2} = \int_0^1 0.5x^3\,dx + \int_1^2 0.5x^2\,dx + \int_2^3 x^2(1.5-0.5x)\,dx = \dfrac{8}{3}$

$\overline{y^2} = \int_0^1 y^2\,dy = \dfrac{1}{3}$

$\sigma_x^2 = \overline{(x-\bar{x})^2} = \int_{-\infty}^{\infty}(x-\bar{x})^2 p(x)\,dx = \overline{x^2} - \bar{x}^2 = \dfrac{8}{3} - \left(\dfrac{3}{2}\right)^2 = \dfrac{5}{12}$

$\sigma_y^2 = \overline{(y-\bar{y})^2} = \int_{-\infty}^{\infty}(y-\bar{y})^2 p(y)\,dy = \overline{y^2} - \bar{y}^2 = \dfrac{1}{3} - \left(\dfrac{1}{2}\right)^2 = \dfrac{1}{12}$

$\mu_{xy} = \int_{-\infty}^{\infty}\int_{-\infty}^{\infty}(x-\bar{x})(y-\bar{y})p(x,y)\,dx\,dy$

$= \int_{-\infty}^{\infty}\int_{-\infty}^{\infty}(x-1.5)(y-0.5)\cdot 0.5\,dx\,dy = \dfrac{1}{12}$

(f) 假设为正态分布，则

$\bar{r} = n \times \bar{x} = 20 \times \dfrac{3}{2} = 30;\quad \bar{s} = n \times \bar{y} = 20 \times \dfrac{1}{2} = 10$

$\sigma_r^2 = n\sigma_x^2 = 20 \times \dfrac{5}{12} = \dfrac{25}{3};\quad \sigma_s^2 = n\sigma_y^2 = 20 \times \dfrac{1}{12} = \dfrac{5}{3}$

$\rho_{rs} = \rho_{xy} = \dfrac{\mu_{xy}}{\sigma_x \sigma_y} = \dfrac{1/12}{\sqrt{5/12} \times \sqrt{1/12}} = \dfrac{\sqrt{5}}{5}$

$p(r,s) = \dfrac{1}{2\pi \cdot \dfrac{5\sqrt{5}}{3}\sqrt{1-\dfrac{1}{5}}} \exp\left\{-\dfrac{1}{2\left(1-\dfrac{1}{5}\right)} \times \right.$

$\left. \left[\dfrac{(r-30)^2}{\dfrac{25}{3}} - \dfrac{2\dfrac{1}{\sqrt{5}}(r-30)(s-10)}{\dfrac{5\sqrt{5}}{3}} + \dfrac{(s-10)^2}{\dfrac{5}{3}}\right]\right\}$

$= \dfrac{3}{20\pi}\exp\left[-\dfrac{3}{40}(r-30)^2 + \dfrac{3}{20}(r-30)(s-10) - \dfrac{3}{8}(s-10)^2\right]$

**20-12** 再次考虑习题 20-11 所定义的随机变量 $x$ 和 $y$。通过如下变换定义两个新的随机变量 $u$ 和 $v$

$$u = (y-A)\sin\theta + (x-B)\cos\theta$$
$$v = (y-A)\cos\theta - (x-B)\sin\theta$$

试求出使 $u$ 和 $v$ 的平均值为零的 $A$、$B$ 值，并求出使 $u$ 和 $v$ 统计独立的角度 $\theta$，以及在这个特定角度时 $u$ 和 $v$ 的方差。

**解：**

$\bar{u} = (\bar{y} - A)\sin\theta + (\bar{x} - B)\cos\theta$

$\bar{v} = (\bar{y} - A)\cos\theta - (\bar{x} - B)\sin\theta$

因为 $\bar{x} = 1.5$，$\bar{y} = 0.5$

所以 $(0.5 - A)\sin\theta + (1.5 - B)\cos\theta = 0$

$(0.5 - A)\cos\theta - (1.5 - B)\sin\theta = 0$

得：$A = 0.5$，$B = 1.5$

$u = (y - 0.5)\sin\theta + (x - 1.5)\cos\theta$

$v = (y - 0.5)\cos\theta - (x - 1.5)\sin\theta$

令：$X = x - 1.5$，$Y = y - 0.5$，则

$$u = Y\sin\theta + X\cos\theta$$
$$v = Y\cos\theta - X\sin\theta$$

有：$\sigma_X^2 = \sigma_x^2 = \dfrac{5}{12}$

$\sigma_Y^2 = \sigma_y^2 = \dfrac{1}{12}$

$\mu_{XY} = \mu_{xy} = \dfrac{1}{12}$

$\mu_{uv} = \mu_{XY}(\cos^2\theta - \sin^2\theta) - (\sigma_X^2 - \sigma_Y^2)\cos\theta\sin\theta$

要使 $\mu_{uv} = 0$，

则 $\theta = \dfrac{1}{2}\arctan\left(\dfrac{2\mu_{XY}}{\sigma_X^2 - \sigma_Y^2}\right) = \dfrac{1}{2}\arctan\left(\dfrac{2 \times \dfrac{1}{12}}{\dfrac{5}{12} - \dfrac{1}{12}}\right) = \dfrac{1}{2}\arctan\dfrac{1}{2}$

$\sin\theta = \dfrac{\sqrt{5}}{5}$，$\cos\theta = \dfrac{2\sqrt{5}}{5}$

$\sigma_u^2 = \sigma_X^2\cos^2\theta + 2\mu_{XY}\cos\theta\sin\theta + \sigma_Y^2\sin^2\theta$

$= \dfrac{5}{12} \times \dfrac{4}{5} + 2 \times \dfrac{1}{12} \times \dfrac{2\sqrt{5}}{5} \times \dfrac{\sqrt{5}}{5} + \dfrac{1}{12} \times \dfrac{1}{5} = \dfrac{5}{12}$

$\sigma_v^2 = \sigma_X^2\sin^2\theta - 2\mu_{XY}\cos\theta\sin\theta + \sigma_Y^2\cos^2\theta$

$= \dfrac{5}{12} \times \dfrac{1}{5} - 2 \times \dfrac{1}{12} \times \dfrac{2\sqrt{5}}{5} \times \dfrac{\sqrt{5}}{5} + \dfrac{1}{12} \times \dfrac{4}{5} = \dfrac{1}{12}$

# 第 21 章 随 机 过 程

**21-1** 试证明一个偶函数和一个奇函数的 Fourier 变换分别是实的和虚的。

**解：**（1）偶函数：$f(t) = f(-t)$

$$\int_{-\infty}^{\infty} f(t)\exp(\mathrm{i}\bar{\omega}t)\mathrm{d}t = \int_{-\infty}^{\infty} f(t)(\cos\bar{\omega}t + \mathrm{i}\sin\bar{\omega}t)\mathrm{d}t$$

$$= \int_{-\infty}^{\infty} f(t)\cos\bar{\omega}t\mathrm{d}t + \mathrm{i}\int_{-\infty}^{\infty} f(t)\sin\bar{\omega}t\mathrm{d}t$$

$$= \int_{-\infty}^{\infty} f(t)\cos\bar{\omega}t\mathrm{d}t \quad \text{结果为实数}$$

（2）奇函数：$f(t) = -f(-t)$

$$\int_{-\infty}^{\infty} f(t)\exp(\mathrm{i}\bar{\omega}t)\mathrm{d}t = \int_{-\infty}^{\infty} f(t)(\cos\bar{\omega}t + \mathrm{i}\sin\bar{\omega}t)\mathrm{d}t$$

$$= \int_{-\infty}^{\infty} f(t)\cos\bar{\omega}t\mathrm{d}t + \mathrm{i}\int_{-\infty}^{\infty} f(t)\sin\bar{\omega}t\mathrm{d}t$$

$$= \mathrm{i}\int_{-\infty}^{\infty} f(t)\sin\bar{\omega}t\mathrm{d}t \quad \text{结果为虚数}$$

**21-2** 试求出图 P21-1 所表示各函数 $x(t)$ 的 Fourier 变换。

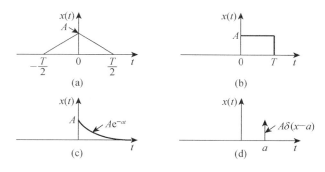

图 P21-1 题 21-2 的各函数 $x(t)$

**解：**（a）$x(t) = \begin{cases} A - \dfrac{2A|t|}{T} & |t| \leqslant \dfrac{T}{2} \\ 0 & \text{其他} \end{cases}$

$$\int_{-\infty}^{\infty} x(t)\exp(\mathrm{i}\bar{\omega}t)\mathrm{d}t$$

$$= \int_{-\infty}^{\infty} x(t)\cos\bar{\omega}t \mathrm{d}t = 2\int_{0}^{\infty} x(t)\cos\bar{\omega}t \mathrm{d}t$$

$$= 2\int_{0}^{T/2}(A-2At/T)\cos\bar{\omega}t\mathrm{d}t$$

$$= \frac{4A}{\bar{\omega}^2 T}\left(1-\cos\frac{\bar{\omega}T}{2}\right) = \frac{AT}{2}\mathrm{Sa}^2\left(\frac{\bar{\omega}T}{4}\right)$$

(b) $0 < t < T$, $x(t) = A$

$$\int_{-\infty}^{\infty} x(t)\exp(\mathrm{i}\bar{\omega}t)\mathrm{d}t = \int_{0}^{T} A\exp(\mathrm{i}\bar{\omega}t)\mathrm{d}t$$

$$= \frac{A}{\mathrm{i}\bar{\omega}}\exp(\mathrm{i}\bar{\omega}t)\Big|_{0}^{T} = -\frac{A}{\bar{\omega}}\mathrm{i}[\exp(\mathrm{i}\bar{\omega}T)-1]$$

$$= \frac{A}{\bar{\omega}}\mathrm{i}[1-\exp(\mathrm{i}\bar{\omega}T)]$$

$$= \frac{A}{\bar{\omega}}\sin\bar{\omega}T + \mathrm{i}\frac{A}{\bar{\omega}}(1-\cos\bar{\omega}T)$$

(c) $t > 0$, $x(t) = A\mathrm{e}^{-at}$ $(a > 0)$

$$\int_{-\infty}^{\infty} x(t)\exp(\mathrm{i}\bar{\omega}t)\mathrm{d}t = \int_{0}^{\infty} A\mathrm{e}^{-at}\exp(\mathrm{i}\bar{\omega}t)\mathrm{d}t$$

$$= \frac{A}{-a+\mathrm{i}\bar{\omega}}\exp(-at+\mathrm{i}\bar{\omega}t)\Big|_{0}^{\infty}$$

$$= \frac{A}{-a+\mathrm{i}\bar{\omega}} = -\frac{A(a+\mathrm{i}\bar{\omega})}{a^2+\bar{\omega}^2}$$

(d) $x(t) = A\delta(t-a)$

$$\int_{-\infty}^{\infty} x(t)\exp(\mathrm{i}\bar{\omega}t)\mathrm{d}t = \int_{-\infty}^{\infty} A\delta(t-a)\exp(\mathrm{i}\bar{\omega}t)\mathrm{d}t$$

$$= A\exp(\mathrm{i}\bar{\omega}a) = A\cos\bar{\omega}a + \mathrm{i}A\sin\bar{\omega}a$$

**21-3** 考虑函数 $x(t)$，在 $-T/2 < t < T/2$ 范围内，$x(t) = A\cos at$；在此范围外，$x(t) = 0$。当(a) $T = \pi/a$，(b) $T = 3\pi/a$，(c) $T = 5\pi/a$ 和(d) $T \to \infty$ 时，试分别求出并用简图绘出 Fourier 变换 $X(\bar{\omega})$。

**解：** $X(\bar{\omega}) = 2\int_{0}^{\frac{T}{2}} A\cos at \cdot \cos\bar{\omega}t \mathrm{d}t$

$$= A\left[\int_{0}^{\frac{T}{2}}\cos(a+\bar{\omega})t + \cos(a-\bar{\omega})t\right]\mathrm{d}t$$

$$= A\left[\frac{1}{a+\bar{\omega}}\sin\frac{a+\bar{\omega}}{2}T + \frac{1}{a-\bar{\omega}}\sin\frac{a-\bar{\omega}}{2}T\right]$$

$$= \frac{AT}{2}\left[\mathrm{Sa}\left(\frac{a+\bar{\omega}}{2}T\right) + \mathrm{Sa}\left(\frac{a-\bar{\omega}}{2}T\right)\right]$$

注：抽样函数 $\mathrm{sample}(x) = \mathrm{Sa}(x) = \dfrac{\sin x}{x}$

(a) $T = \dfrac{\pi}{a}$, $X(\bar{\omega}) = \dfrac{A\pi}{2a}\left[\mathrm{Sa}\left(\dfrac{a+\bar{\omega}}{2}\dfrac{\pi}{a}\right) + \mathrm{Sa}\left(\dfrac{a-\bar{\omega}}{2}\dfrac{\pi}{a}\right)\right] = \dfrac{2aA}{a^2-\bar{\omega}^2}\cos\dfrac{\pi\bar{\omega}}{2a}$

(b) $T = \dfrac{3\pi}{a}$, $X(\bar{\omega}) = \dfrac{3A\pi}{2a}\left[\mathrm{Sa}\left(\dfrac{a+\bar{\omega}}{2}\dfrac{3\pi}{a}\right) + \mathrm{Sa}\left(\dfrac{a-\bar{\omega}}{2}\dfrac{3\pi}{a}\right)\right] = -\dfrac{2aA}{a^2-\bar{\omega}^2}\cos\dfrac{3\pi\bar{\omega}}{2a}$

(c) $T = \dfrac{5\pi}{a}$, $X(\bar{\omega}) = \dfrac{5A\pi}{2a}\left[\mathrm{Sa}\left(\dfrac{a+\bar{\omega}}{2}\dfrac{5\pi}{a}\right) + \mathrm{Sa}\left(\dfrac{a-\bar{\omega}}{2}\dfrac{5\pi}{a}\right)\right] = \dfrac{2aA}{a^2-\bar{\omega}^2}\cos\dfrac{5\pi\bar{\omega}}{2a}$

(d) $T \to \infty$，由(a)～(c) 可得：

当 $T = \dfrac{2k-1}{a}\pi (k = 1, 2, \cdots)$ 时，$X_k(\bar{\omega}) = (-1)^{k+1}\dfrac{2aA}{a^2-\bar{\omega}^2}\cos\dfrac{(2k-1)\pi\bar{\omega}}{2a}$

即 $k \to +\infty$ 时，$X_k(\bar{\omega})$ 不存在极限，所以，$T \to \infty$ 时，$X(\bar{\omega})$ 不存在。

**21-4** 试计算积分

$$I = \int_1^\infty \left[\int_1^\infty \dfrac{x^2-y^2}{(x^2+y^2)^2}\mathrm{d}y\right]\mathrm{d}x$$

的值，首先对 $y$ 积分，再对 $x$ 积分。然后，把积分次序颠倒过来，重新计算这个积分的值。最后在有限域内积分 $I$，然后取 $I$ 的极限值 $L$ 如下：

$$L = \lim_{T\to\infty}\left\{\int_1^T\left[\int_1^T \dfrac{x^2-y^2}{(x^2+y^2)^2}\mathrm{d}y\right]\mathrm{d}x\right\}$$

注意积分 $I$ 中的被积函数是与直线 $x = y$ 反对称的。对工程的应用，你推荐采用哪种积分形式？

**解：** 首先对 $y$ 积分，再对 $x$ 积分

$$I = \int_1^\infty\left[\int_1^\infty \dfrac{x^2-y^2}{(x^2+y^2)^2}\mathrm{d}y\right]\mathrm{d}x = \int_1^\infty \dfrac{y}{x^2+y^2}\bigg|_1^\infty \mathrm{d}x$$

$$= -\int_1^\infty \dfrac{1}{x^2+1}\mathrm{d}x = -\arctan x\bigg|_1^\infty = -\dfrac{\pi}{4}$$

改变积分次序，先对 $x$ 积分，再对 $y$ 积分

$$I = \int_1^\infty\left[\int_1^\infty \dfrac{x^2-y^2}{(x^2+y^2)^2}\mathrm{d}x\right]\mathrm{d}y = \int_1^\infty \dfrac{-x}{x^2+y^2}\bigg|_1^\infty \mathrm{d}y = \int_1^\infty \dfrac{1}{y^2+1}\mathrm{d}y = \arctan y\bigg|_1^\infty = \dfrac{\pi}{4}$$

$$L = \lim_{T\to\infty}\left\{\int_1^T\left[\int_1^T \dfrac{x^2-y^2}{(x^2+y^2)^2}\mathrm{d}y\right]\mathrm{d}x\right\} = \lim_{T\to\infty}\int_1^T \dfrac{y}{x^2+y^2}\bigg|_1^T \mathrm{d}x$$

$$= \lim_{T\to\infty}\int_1^T\left(\dfrac{T}{x^2+T^2} - \dfrac{1}{x^2+1}\right)\mathrm{d}x = \lim_{T\to\infty}\left(\arctan\dfrac{x}{T} - \arctan x\right)\bigg|_1^T$$

$$= \lim_{T\to\infty}\left(\arctan 1 - \arctan T - \arctan\dfrac{1}{T} + \arctan 1\right)$$

$$= \lim_{T\to\infty}\left(\dfrac{\pi}{2} - \arctan T - \arctan\dfrac{1}{T}\right) = \dfrac{\pi}{2} - \dfrac{\pi}{2} - 0 = 0$$

对工程的应用，建议用后一种积分形式，因为 $T$ 的数值可按工程要求确定。

**21-5** 计算积分
$$I = \int_{-\infty}^{\infty} \frac{\sin^2 x}{x^2} dx$$

**解**：$I = \int_{-\infty}^{\infty} \frac{\sin^2 x}{x^2} dx = 2\int_{0}^{\infty} \frac{\sin^2 x}{x^2} dx = -2\frac{\sin^2 x}{x}\Big|_{0}^{\infty} + 2\int_{0}^{\infty} \frac{\sin 2x}{2x} d(2x) = \pi$

**详解**：$\int_{0}^{\infty} \frac{\sin^2 x}{x^2} dx = -\int_{0}^{\infty} \sin^2 x \, d\left(\frac{1}{x}\right) = -\frac{\sin^2 x}{x}\Big|_{0}^{\infty} + \int_{0}^{\infty} \frac{1}{x} d(\sin^2 x)$

$$= -\lim_{x\to\infty}\left(\frac{1}{x}\times\sin^2 x\right) + \lim_{x\to 0}\left(\frac{\sin x}{x}\times\sin x\right) + \int_{0}^{\infty} \frac{2\sin x\cos x}{x} dx$$

$$= -0 + 0 + \int_{0}^{\infty} \frac{\sin 2x}{x} dx = \int_{0}^{\infty} \frac{\sin 2x}{2x} d(2x) = \int_{0}^{\infty} \frac{\sin y}{y} dy = \frac{\pi}{2}$$

**21-6** 考虑平稳随机过程 $x(t)$，其定义为

$$x_r(t) = \sum_{n=1}^{10} A_{nr}\cos(n\bar{\omega}_0 t + \theta_{nr}) \quad r = 1, 2, \cdots$$

式中 $x_r(t)$ 为集合的第 $r$ 个元；$A_{nr}$ 为随机变量 $A$ 的样本值；$\bar{\omega}_0$ 为固定圆频率；$\theta_{nr}$ 为随机相位角 $\theta$ 的样本值，$\theta$ 在范围 $0 < \theta < 2\pi$ 内具有密度为 $1/2\pi$ 的均布概率密度函数。

如果随机变量 $A$ 是 Gauss 变量（增加：$A$ 与 $\theta$ 统计独立），已知其平均值 $\bar{A}$ 和方差 $\sigma_A^2$，试求 $x(t)$ 的集合平均值和集合方差。$x(t)$ 是 Gauss 过程吗？

**解**：集合平均值即均值函数：

$$E[x(t)] = E\Big[\sum_{n=1}^{10} A_n\cos(n\bar{\omega}_0 t + \theta_n)\Big] = \sum_{n=1}^{10}\big[EA_n \cdot E\cos(n\bar{\omega}_0 t + \theta_n)\big] = 0$$

集合方差即方差函数：

$$D[x(t)] = D\Big[\sum_{n=1}^{10} A_n\cos(n\bar{\omega}_0 t + \theta_n)\Big] = \sum_{n=1}^{10}\big[EA_n^2 \cdot E\cos^2(n\bar{\omega}_0 t + \theta_n)\big]$$

$$= (EA^2)10\pi = 10\pi EA^2$$

因为 $A \sim N(\bar{A}, \sigma_A^2)$，所以 $EA^2 = DA + (EA)^2 = \sigma_A^2 + \bar{A}^2$

$$D[x(t)] = 10\pi(\sigma_A^2 + \bar{A}^2)$$

利用随机变量函数变换定理可求得 $x(0)$ 不服从正态分布，故 $x(t)$ 不是 Gauss 过程，当然 $\theta$ 若是常量，$x(t)$ 就是 Gauss 过程。

**21-7** 试导出习题 21-6 所定义的平稳随机过程 $x(t)$ 的自相关函数。

**解**：$R_x(\tau) = E[x(t)x(t+\tau)]$

$$= E\Big\{\Big[\sum_{n=1}^{10} A_n\cos(n\bar{\omega}_0 t + \theta_n)\Big]\Big[\sum_{n=1}^{10} A_n\cos(n\bar{\omega}_0(t+\tau) + \theta_n)\Big]\Big\}$$

$$= \sum_{i=1}^{10}\sum_{j=1}^{10} E\{A_i A_j\cos(i\bar{\omega}_0 t + \theta_i)\cos[j\bar{\omega}_0(t+\tau) + \theta_j]\}$$

$$= \sum_{i=1}^{10} E\{A_i^2\cos(i\bar{\omega}_0 t + \theta_i)\cos[i\bar{\omega}_0(t+\tau) + \theta_i]\}$$

$$+ \sum_{i=1}^{10} \sum_{i \neq j=1}^{10} E\{A_i A_j \cos(i\bar{\omega}_0 t + \theta_i) \cos[j\bar{\omega}_0(t+\tau) + \theta_j]\}$$

$$= \sum_{i=1}^{10} \frac{1}{2}(\sigma_A^2 + \bar{A}^2) \cos(i\bar{\omega}_0 \tau) +$$

$$\sum_{i=1}^{10} \sum_{i \neq j=1}^{10} EA_i EA_j E\cos(i\bar{\omega}_0 t + \theta_i) E\cos[j\bar{\omega}_0(t+\tau) + \theta_j]$$

$$= \sum_{i=1}^{10} \frac{1}{2}(\sigma_A^2 + \bar{A}^2) \cos(i\bar{\omega}_0 \tau) + 0$$

$$= \frac{1}{2} \sum_{i=1}^{10} (\sigma_A^2 + \bar{A}^2) \cos(i\bar{\omega}_0 \tau)$$

**21-8** 试导出习题 21-6 所定义的平稳随机过程 $x(t)$ 的功率谱密度函数，允许在答案中包含 Dirac-$\delta$ 函数。

**解**：因为 $R_x(\tau) = \frac{1}{2} \sum_{n=1}^{10} (\sigma_A^2 + \bar{A}^2) \cos(n\bar{\omega}_0 \tau) = \frac{1}{2} \sum_{n=1}^{10} (\sigma_A^2 + \bar{A}^2) \frac{e^{i(n\bar{\omega}_0 \tau)} + e^{-i(n\bar{\omega}_0 \tau)}}{2}$

所以 $S_x(\bar{\omega}) = \frac{1}{4} \sum_{n=1}^{10} \{(\sigma_A^2 + \bar{A}^2)[\delta(\bar{\omega} - n\bar{\omega}_0) + \delta(\bar{\omega} + n\bar{\omega}_0)]\}$

**21-9** 平稳随机过程 $x(t)$ 具有自相关函数

$$R_x(\tau) = A\exp(-a|\tau|)$$

式中 $A$ 和 $a$ 为实的常数。试求出此过程的功率谱密度函数。

**解**：补充条件 $a > 0$

$$S_x(\bar{\omega}) = \frac{1}{2\pi} \int_{-\infty}^{\infty} R(\tau) e^{-i\bar{\omega}\tau} d\tau$$

$$= \frac{1}{2\pi} \int_{-\infty}^{0} R(\tau) e^{-i\bar{\omega}\tau} d\tau + \frac{1}{2\pi} \int_{0}^{\infty} R(\tau) e^{-i\bar{\omega}\tau} d\tau = \frac{Aa}{(a^2 + \bar{\omega}^2)\pi}$$

**21-10** 考虑随机过程 $x(t)$，对此过程的每个元的每一个时段 $n\Delta\varepsilon < t < (n+1)\Delta\varepsilon$ 内，过程以等概率取 $+A$ 或 $-A$ 值，其中 $n$ 为从 $-\infty$ 到 $+\infty$ 的整数。试求出并绘出集合协方差函数 $E[x(t)x(t+\tau)]$。此过程是平稳的还是非平稳的？

**解**：补充条件，过程在不同时段取值相互独立，其中 $n$ 为从 $-\infty$ 到 $+\infty$ 的整数。

$$E[x(t)x(t+\tau)] = \begin{cases} E[x(t)]^2 = A^2 & \text{当} \left[\dfrac{t}{\Delta\tau}\right] = \left[\dfrac{t+\tau}{\Delta\tau}\right] \text{时} \\ E[x(t)] \cdot E[x(t+\tau)] & \text{其他} \end{cases}$$

此为二元函数。因与 $t$ 有关，所以 $x(t)$ 为非平稳过程。

**21-11** 如果以均匀的概率在时段 $\Delta\varepsilon$ 中随机地选择习题 21-10 所定义过程 $x(t)$ 的每一个元的时间原点（即 $t = 0$），试求它的协方差函数 $E[x(t)x(t+\tau)]$。此过程是平稳的还是非平稳的？

**解**：该问题可转化为 0 时刻后的一个周期时刻的起始时刻为 $t_0$，则 $t_0$ 均匀分布在 $[0, \Delta\varepsilon]$ 上。当 $|\tau| > \Delta\varepsilon$ 时，$x(t)$ 与 $x(t+\tau)$ 独立，有 $E[x(t)x(t+\tau)] = 0$。

当 $|\tau| \leqslant \Delta\varepsilon$ 时,不妨令 $0 \leqslant \tau \leqslant \Delta\varepsilon$,则 $t$ 与 $t+\tau$ 落在一个周期的概率为 $1-\dfrac{\tau}{\Delta\varepsilon}$,在两个周期的概率为 $\dfrac{\tau}{\Delta\varepsilon}$。由全概率公式得:

$$E[x(t)x(t+\tau)] = \left(1-\dfrac{\tau}{\Delta\varepsilon}\right) \cdot A^2 + \dfrac{\tau}{\Delta\varepsilon} \cdot 0 = \left(1-\dfrac{\tau}{\Delta\varepsilon}\right)A^2$$

去除 $\tau > 0$ 的条件,则有

$$E[x(t)x(t+\tau)] = \begin{cases} \left(1-\dfrac{|\tau|}{\Delta\varepsilon}\right) \cdot A^2 & |\tau| \leqslant \Delta\varepsilon \\ 0 & \text{其他} \end{cases}$$

又因为 $E[x(t)] = 0$ 为常数,可见 $x(t)$ 为平稳过程。

**21-12** 假设已求出习题 21-11 的过程是平稳的,试求它的自相关函数和功率谱密度函数。求功率谱密度函数时利用式(21-35)和式(21-38)。

**解**:由习题 21-11 知:

$$E[x(t)x(t+\tau)] = \begin{cases} \left(1-\dfrac{|\tau|}{\Delta\varepsilon}\right) \cdot A^2 & |\tau| \leqslant \Delta\varepsilon \\ 0 & \text{其他} \end{cases}$$

根据式(21-35)得:

$$S_{x_r}(\bar{\omega}) = \dfrac{1}{2\pi} F_{x_r}(\bar{\omega}) = \lim_{S \to +\infty} \dfrac{\left|\int_{-\frac{S}{2}}^{\frac{S}{2}} x_r(t) e^{-i\bar{\omega}t} dt\right|^2}{2\pi S}$$

$$= \lim_{S \to +\infty} \dfrac{A^2 \left|\int_{-\frac{S}{2}}^{k\Delta\varepsilon} (-1)^{r_k} e^{-i\bar{\omega}t} dt + \sum_{m=k}^{M} \int_{m\Delta\varepsilon}^{(m+1)\Delta\varepsilon} (-1)^{r_m} e^{-i\bar{\omega}t} dt + \int_{m\Delta\varepsilon}^{\frac{S}{2}} (-1)^{r_{M+1}} e^{-i\bar{\omega}t} dt\right|^2}{2\pi S}$$

由于上式中 $r_m$ 可取 $+1$ 和 $-1$,所以对每个样本函数 $x_r$,$S_{x_r}(\bar{\omega})$ 是不同的。

又由式(21-38)得:

$$\dfrac{1}{2\pi} \lim_{n \to +\infty} \dfrac{1}{n} \sum_{r=1}^{n} F_{x_r}(\bar{\omega}) = \lim_{n \to +\infty} \dfrac{1}{n} \sum_{r=1}^{n} S_{x_r}(\bar{\omega})$$

$$= \dfrac{1}{2\pi} \lim_{n \to +\infty} \lim_{S \to +\infty} \dfrac{\sum_{r=1}^{n} \left|\int_{-\frac{S}{2}}^{\frac{S}{2}} x_r(t) e^{-i\bar{\omega}t} dt\right|^2}{nS}$$

$$= \dfrac{1}{2\pi} \lim_{S \to +\infty} \left[\dfrac{1}{S} \lim_{n \to +\infty} \dfrac{1}{n} \sum_{r=1}^{n} \left|\int_{-\frac{S}{2}}^{\frac{S}{2}} x_r(t) e^{-i\bar{\omega}t} dt\right|^2\right]$$

$$= \dfrac{1}{2\pi} \lim_{S \to +\infty} \left\{\dfrac{1}{S} \lim_{n \to +\infty} \dfrac{1}{n} \sum_{r=1}^{n} \left|\int_{-\frac{S}{2}}^{\frac{S}{2}} \int_{-\frac{S}{2}}^{\frac{S}{2}} x_r(u) x_r(v) e^{-i\bar{\omega}(u-v)} du dv\right|^2\right\}$$

$$= \dfrac{1}{2\pi} \lim_{S \to +\infty} \left\{\dfrac{1}{S} \left[\int_{-\frac{S}{2}}^{\frac{S}{2}} \int_{-\frac{S}{2}}^{\frac{S}{2}} \lim_{n \to +\infty} \dfrac{1}{n} \left[\sum_{r=1}^{n} x_r(u) x_r(v)\right] e^{-i\bar{\omega}(u-v)} du dv\right]\right\}$$

$$= \frac{1}{2\pi} \lim_{S \to +\infty} \left[ \frac{1}{S} \int_{-\frac{S}{2}}^{\frac{S}{2}} \int_{-\frac{S}{2}}^{\frac{S}{2}} R_x(u-v) e^{-i\bar{\omega}(u-v)} du dv \right]$$

其中：$R_x(u-v) = \begin{cases} \left(1 - \dfrac{|u-v|}{\Delta\varepsilon}\right) A^2 & |u-v| \leqslant \Delta\varepsilon \\ 0 & \text{其他} \end{cases}$

利用变量代换，积分后求极限可得：

$$\frac{1}{2\pi} \lim_{n \to +\infty} \frac{1}{n} \sum_{r=1}^{n} F_{x_r}(\bar{\omega}) = \frac{A^2}{\pi \bar{\omega}^2 \cdot \Delta\varepsilon} [1 - \cos(\bar{\omega} \cdot \Delta\varepsilon)]$$

**21-13** 试证明习题 21-12 求得的自相关函数和功率谱密度函数是符合式 (21-37) Fourier 变换对的。

**证明：**

因为 $R_x(\tau) = \begin{cases} \left(1 - \dfrac{|\tau|}{\Delta\varepsilon}\right) A^2 & |\tau| \leqslant \Delta\varepsilon \\ 0 & \text{其他} \end{cases}$

由式 (21-37) 得：

$$S_x(\bar{\omega}) = \frac{1}{2\pi} \int_{-\infty}^{+\infty} R_x(\tau) e^{-i\bar{\omega}\tau} d\tau = \frac{1}{2\pi} \int_{-\Delta\varepsilon}^{\Delta\varepsilon} \left(1 - \frac{|\tau|}{\Delta\varepsilon}\right) A^2 e^{-i\bar{\omega}\tau} d\tau$$

$$= \frac{A^2}{\Delta\varepsilon \cdot \pi} \int_{-\Delta\varepsilon}^{\Delta\varepsilon} \left(1 - \frac{|\tau|}{\Delta\varepsilon}\right) \cos(\bar{\omega}\tau) d\tau$$

$$= \frac{A^2}{\pi \bar{\omega}^2 \cdot \Delta\varepsilon} [1 - \cos(\bar{\omega} \cdot \Delta\varepsilon)]$$

可见：$S_x(\bar{\omega}) = \dfrac{1}{2\pi} \lim_{n \to +\infty} \dfrac{1}{n} \sum_{r=1}^{n} F_{x_r}(\bar{\omega})$

**21-14** 平稳随机过程 $x(t)$ 的每一个元都是由一系列周期性的无限的三角形脉冲所组成，如图 P21-2 所示。除相位外，这个过程的每一个元都是相同的，而相位是时段 $(0, T)$ 中均匀分布的随机变量。假设周期 $T$ 不小于 $2a$，$a$ 是一个脉冲的持续时间。试求此过程的自相关函数。

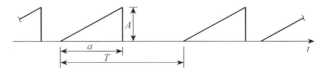

图 P21-2  习题 21-14 中过程 $x(t)$ 的一个样本元

**解：** $\forall t$，不妨令 $t$ 所在周期的起点为 $t_0$，则 $t_0$ 均匀分布在 $[t-T, t]$ 内。

由题意 $Ex(t) = \displaystyle\int_{t-a}^{t} \frac{A}{a}(t-t_0) \frac{1}{T} dt_0 = \frac{aA}{2T}$

因为 $x(t+\tau) = x(t+kT+\tau_0)$  $k$ 为整数

这里的 $\tau_0 = \tau - \left[\dfrac{\tau}{T}\right]T$,即为 $\tau$ 除以 $T$ 的非负余数

所以有 $E[x(t)x(t+\tau)] = E[x(t)x(t+\tau_0)]$

当 $0 \leqslant \tau_0 \leqslant a$ 时,因为 $t_0 \leqslant t+\tau_0 \leqslant t_0+a+a = t_0+2a \leqslant t_0+T$

即 $t_0$ 与 $t+\tau_0$ 在同一周期内

$$\begin{aligned}
E[x(t)x(t+\tau_0)] &= \int_{t+\tau_0-a}^{t} \frac{A^2}{a^2}(t-t_0)(t+\tau_0-t_0)\frac{1}{T}\mathrm{d}t_0 \\
&= \frac{A^2}{a^2 T}\int_{t+\tau_0-a}^{t}[(t-t_0)^2 + \tau_0(t-t_0)]\mathrm{d}t_0 \\
&= \frac{A^2}{a^2 T}\left\{\frac{1}{3}[(0)^3 - (\tau_0-a)^3] - \frac{\tau_0}{2}[(0)^2 - (\tau_0-a)^2]\right\} \\
&= \frac{A^2}{6a^2 T}[3\tau_0 - 2(\tau_0-a)](\tau_0-a)^2 \\
&= \frac{A^2}{6a^2 T}(\tau_0+2a)(\tau_0-a)^2
\end{aligned}$$

当 $a \leqslant \tau_0 < T-a$ 时,

因为 $a \leqslant (t+\tau_0) - t_0 < (t-t_0) + (T-a) = [(t-t_0) - a] + T \leqslant 0 + T = T$

所以,$x(t+\tau_0)$ 与 $x(t)$ 在同一周期内,且 $x(t+\tau_0) = 0$。因此,有 $E[x(t)x(t+\tau_0)] = 0$

当 $T-a \leqslant \tau_0 \leqslant T$ 时,因为 $t+T \geqslant t+\tau_0 \geqslant t-a+T$,$x(t+\tau_0)$ 有在下一周期的可能,则

$$\begin{aligned}
E[x(t)x(t+\tau_0)] &= \int_{t-a}^{t-(T-\tau_0)} \frac{A^2}{a^2}(t-t_0)[(t+\tau_0)-(t_0+T)]\frac{1}{T}\mathrm{d}t_0 \\
&= \frac{A^2}{a^2 T}\int_{t-a}^{t-(T-\tau_0)}(t_0-t)[(t_0-t)+(T-\tau_0)]\mathrm{d}t_0 \\
&= \frac{A^2}{6a^2 T}[(T-\tau_0)^3 - 3a^2(T-\tau_0) + 2a^3]
\end{aligned}$$

**21-15** 随机过程 $x(t)$ 的每个元都是由矩形脉冲叠加而成,每个脉冲具有持续时间 $\Delta\varepsilon$ 和不变的密度 $A$,这些脉冲在时间上以随机的方式发生,如图 P21-3a 所示。$\varepsilon_n$ 的每一个值是按照图 P21-3b 所示的均布概率密度函数 $p(\varepsilon)$ 取样的结果。这个过程的集合平均值 $\overline{x(t)}$ 是什么?此过程是平稳的还是非平稳的?

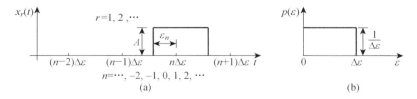

**图 P21-3** 习题 21-15 的过程 $x(t)$ 的一个样本元 $x_r(t)$ 和随机变量 $\varepsilon$ 的概率密度函数

**解：** 由于第 $n$ 个脉冲发生的起点 $B_n \sim u[(n-1)\Delta\varepsilon, n\Delta\varepsilon]$，脉宽均为 $\Delta\varepsilon$，所以，$\forall t$，$x(t)$ 只能取 $0, A, 2A$ 三种可能的值。

若令 $P_0 = \dfrac{t - \left[\dfrac{\tau}{\Delta\varepsilon}\right]\Delta\varepsilon}{\Delta\varepsilon} = \dfrac{t}{\Delta\varepsilon} - \left[\dfrac{\tau}{\Delta\varepsilon}\right]$，又由第 $n$ 脉冲的终点 $C_n \sim u[n\Delta\varepsilon, (n+1)\Delta\varepsilon]$ 可得 $x(t)$ 的分布律为

| $x(t)$ | 0 | A | 2A |
|---|---|---|---|
| $P$ | $P_0(1-P_0)$ | $P_0^2 + (1-P_0)^2$ | $P_0(1-P_0)$ |

所以，$\overline{x(t)} = E[x(t)] = A[P_0^2 + 2P_0(1-P_0) + (1-P_0)^2] = A$，与 $t$ 无关。

但 $E[x^2(t)] = A^2[P_0^2 + 4P_0(1-P_0) + (1-P_0)^2] = A^2[1 + 2P_0(1-P_0)]$，与 $t$ 有关。

所以 $x(t)$ 不是平稳过程。

**21-16** 假设一个平稳随机过程 $x(t)$ 的自相关函数 $R_{xx}(\tau)$ 和功率谱密度函数 $S_{xx}(\overline{\omega})$ 为已知。试分别推导以 $S_{xx}(\overline{\omega})$ 和 $R_{xx}(\tau)$ 表示的 $S_{\dot{x}x}(\overline{\omega})$，$S_{x\dot{x}}(\overline{\omega})$，$S_{\ddot{x}x}(\overline{\omega})$，$S_{x\ddot{x}}(\overline{\omega})$，$S_{\dot{x}\ddot{x}}(\overline{\omega})$，$S_{\ddot{x}\dot{x}}(\overline{\omega})$ 和 $R_{\dot{x}x}(\tau)$，$R_{x\dot{x}}(\tau)$，$R_{\ddot{x}x}(\tau)$，$R_{x\ddot{x}}(\tau)$，$R_{\dot{x}\ddot{x}}(\tau)$，$R_{\ddot{x}\dot{x}}(\tau)$ 的表达式。

**解：** 因为，$R_{\dot{x}x}(\tau) = R'_x(\tau)$

所以，$S_{\dot{x}x}(\overline{\omega}) = \dfrac{1}{2\pi}\int_{-\infty}^{+\infty} R_{\dot{x}x}(\tau) e^{-i\overline{\omega}\tau} d\tau$

$= i\overline{\omega} \dfrac{1}{2\pi}\int_{-\infty}^{+\infty} R_x(\tau) e^{-i\overline{\omega}\tau} d\tau = i\overline{\omega} S_{xx}(\overline{\omega})$

同理 $S_{x\dot{x}}(\overline{\omega}) = -i\overline{\omega} S_{xx}(\overline{\omega})$

又因为，$R_{\ddot{x}x}(\tau) = R''_x(\tau)$ 得到，$S_{\ddot{x}x}(\overline{\omega}) = -\overline{\omega}^2 S_{xx}(\overline{\omega}) = S_{\dot{x}\dot{x}}(\overline{\omega})$；

因为，$R_{\ddot{x}\dot{x}}(\tau) = -R'''_x(\tau)$ 得到，$S_{\ddot{x}\dot{x}}(\overline{\omega}) = -(i\overline{\omega})^3 S_{xx}(\overline{\omega}) = i\overline{\omega}^3 S_{xx}(\overline{\omega})$

在习题 21-15 中求出 $x_r(t)$ 的 $S_{xx}(\overline{\omega})$ 及 $R_{xx}(\tau)$ 后代入上述公式即可求得各量。

**21-17** 考虑两个平稳随机过程 $x(t)$ 和 $y(t)$，试证明 $S_{yx}(\overline{\omega})$ 是 $S_{xy}(\overline{\omega})$ 的复共轭式。

**证明：** 因为 $R_{yx}(\tau) = E[y(t)x(t+\tau)] = E[x(t+\tau)y(t)] = R_{xy}(-\tau)$

所以 $S_{yx}(\overline{\omega}) = \dfrac{1}{2\pi}\int_{-\infty}^{+\infty} R_{yx}(\tau) e^{-i\overline{\omega}\tau} d\tau = \dfrac{1}{2\pi}\int_{-\infty}^{+\infty} R_{xy}(-\tau) \overline{e^{-i\overline{\omega}(-\tau)}} d\tau$

$= \overline{\dfrac{1}{2\pi}\int_{-\infty}^{+\infty} R_{xy}(\tau) e^{-i\overline{\omega}\tau} d\tau} = \overline{S_{xy}(\overline{\omega})}$

**21-18** 两个平稳随机过程 $x(t)$ 和 $y(t)$ 具有联合概率密度函数

$$p[x(t)y(t+\tau)] = \dfrac{1}{2ab\pi\sqrt{1-c^2}} \exp\left[-\dfrac{1}{2(1-c^2)}\left(\dfrac{x^2}{a^2} - \dfrac{2cxy}{ab} + \dfrac{y^2}{b^2}\right)\right]$$

试以过程 $x(t)$ 和 $y(t)$ 的适当的自相关函数和（或）互相关函数定义 $a, b$ 和 $c$。相应的联合概率密度函数 $p[\dot{x}(t)\dot{y}(t+\tau)]$ 是什么？并试以过程 $x(t)$ 和 $y(t)$ 的适当的自相关函数和（或）互相关函数定义这个函数中的系数。

**解:** $p[x(t)y(t+\tau)] = \dfrac{1}{2ab\pi\sqrt{1-c^2}}\exp\left[-\dfrac{1}{2(1-c^2)}\left(\dfrac{x^2}{a^2}-\dfrac{2cxy}{ab}+\dfrac{y^2}{b^2}\right)\right]$

为二维正态分布的随机变量的联合概率密度函数,其中

$$x(t) \sim N(0, a^2), \, y(t+\tau) \sim N(0, b^2), \, c = \rho_{xy}(t, t+\tau)$$

即 $a^2 = E[x^2(t)], \, b^2 = E[y^2(t+\tau)]$

于是有 $a = \sqrt{R_{xx}(0)}, \, b = \sqrt{R_{yy}(0)}, \, c = \dfrac{R_{xy}(\tau)}{ab} = \dfrac{c_{xy}(\tau)}{ab}$,

由 Gauss 过程的性质知

$$P[\dot{x}(t)\dot{y}(t+\tau)] = \dfrac{1}{2ef\pi\sqrt{1-\rho^2}}\exp\left[-\dfrac{1}{2(1-\rho^2)}\left(\dfrac{x^2}{e^2}-\dfrac{2\rho xy}{ef}+\dfrac{y^2}{f^2}\right)\right]$$

这里 $e = \sqrt{R_{\dot{x}\dot{x}}(0)} = \sqrt{-R''_{xx}(0)}, \, f = \sqrt{R_{\dot{y}\dot{y}}(0)} = \sqrt{-R''_{yy}(0)}$

$\rho = \dfrac{c_{\dot{x}\dot{y}}(\tau)}{ef} = \dfrac{R_{\dot{x}\dot{y}}(\tau)}{ef} = \dfrac{-R''_{xy}(\tau)}{ef}$

# 第 22 章 线性单自由度体系的随机反应

**22-1** 考虑单自由度体系,表示为
$$m\ddot{v} + c\dot{v} + kv = p(t)$$

受到一个零均值的正态平稳过程 $p(t)$ 激励。此激励在以 $\pm \omega$ 为中心的两个宽频率带内具有不变的功率谱密度 $S_0 = 2 \times 10^4 \text{ lbf}^2 \cdot \text{s}[39.57 \times 10^4 \text{ N}^2 \cdot \text{s}]$,其中 $\omega$ 为自振圆频率 $\sqrt{k/m}$。这个体系的质量为 $100 \text{ lbf} \cdot \text{s}^2/\text{ft}[1\,459 \text{ kg}]$,自振频率 $\omega$ 为 $62.8 \text{ rad/s}$,临界阻尼比 $\xi = 0.02$。

(a) 试求出均方位移 $E[v^2(t)]$ 的数值。
(b) 试求出均方速度 $E[\dot{v}^2(t)]$ 的数值。
(c) 试求 $v(t)$ 和 $\dot{v}(t)$ 的联合概率密度函数,并确定此函数中所有常数的数值。
(d) 试求反应过程 $v(t)$ 的极大值的概率密度函数,并确定此函数中所有常数的数值(此例中假设为 Rayleigh 分布,因为图 21-11 中的 $\varepsilon$ 接近于零)。
(e) 试求过程 $v(t)$ 的平均极值的数值[按式(21-117)],此过程的持续时间 $T$ 为 30 s。(对此小阻尼体系而言,式(21-116) 所给 $v$ 值近似等于 $\omega/2\pi$)。
(f) 试求过程 $v(t)$ 的极值的标准差的数值。

**解:** $S_p(\bar{\omega}) = S_0 = 39.57 \times 10^4 \text{ N}^2 \cdot \text{s}$

(a) $E[v^2(t)] = E[v(t)v(t+0)] = R_v(0)$

$$R_v(\tau) = \frac{\pi \omega S_0}{2k^2 \xi} \left[ \cos \omega_D |\tau| + \frac{\xi}{\sqrt{1-\xi^2}} \sin \omega_D |\tau| \right] \exp(-\omega \xi |\tau|)$$

$$R_v(0) = \frac{\pi \omega S_0}{2k^2 \xi} = \frac{\pi S_0}{2m^2 \omega^3 \xi} = \frac{\pi \times 39.57 \times 10^4}{2 \times 145\,9^2 \times 62.8^3 \times 0.02} = 5.894\,8 \times 10^{-5} \text{ m}^2$$

$E[v^2(t)] = R_v(0) = 5.894\,8 \times 10^{-5} \text{ m}^2$

(b) $E[\dot{v}^2(t)] = E[\dot{v}(t)\dot{v}(t+0)] = R_{\dot{v}}(0); \quad R_{\dot{v}}(\tau) = -R_v''(\tau)$

$$R_v'(\tau) = -\frac{\pi \omega^2 S_0}{2k^2 \xi \sqrt{1-\xi^2}} \sin \omega_D |\tau| \cdot \exp(-\omega \xi |\tau|)$$

$$R_v''(\tau) = -\frac{\pi \omega^2 S_0}{2k^2 \xi \sqrt{1-\xi^2}} [\omega_D \cos \omega_D |\tau| - \omega \xi \sin \omega_D |\tau|] \exp(-\omega \xi |\tau|)$$

$$R_v''(0) = -\frac{\pi \omega^2 S_0}{2k^2 \xi \sqrt{1-\xi^2}} \omega_D = -\frac{\pi \omega^3 S_0}{2k^2 \xi} = -\frac{\pi S_0}{2\omega m^2 \xi}$$

$$E[\dot{v}^2(t)] = R_{\dot{v}}(0) = -R_v''(0) = \frac{\pi S_0}{2\omega m^2 \xi} = \frac{\pi \times 39.57 \times 10^4}{2 \times 1459^2 \times 62.8 \times 0.02}$$
$$= 0.2325 \text{ m}^2 \cdot \text{s}^{-2}$$

(c) $\because E[p(t)] = 0; \therefore E[v(t)] = \bar{v} = 0; E[\dot{v}(t)] = \bar{\dot{v}} = 0$

$$E[v(t)\dot{v}(t+\tau)] = \frac{\mathrm{d}R_v(\tau)}{\mathrm{d}\tau} = R_v'(\tau); E[v(t)\dot{v}(t)] = \frac{\mathrm{d}R_v(0)}{\mathrm{d}\tau} = R_v'(0) = 0$$

$$\sigma_v^2 = \overline{v^2} - \bar{v}^2 = E[v^2(t)] = 5.8948 \times 10^{-5} \text{ m}^2$$

$$\sigma_{\dot{v}}^2 = \overline{\dot{v}^2} - \bar{\dot{v}}^2 = E[\dot{v}^2(t)] = 0.2325 \text{ m}^2 \cdot \text{s}^{-2}$$

$$\rho_{v\dot{v}} = \frac{\mu_{v\dot{v}}}{\sigma_v \sigma_{\dot{v}}} = \frac{\overline{v\dot{v}} - \bar{v}\bar{\dot{v}}}{\sigma_v \sigma_{\dot{v}}} = 0$$

$$p(v,\dot{v}) = \frac{1}{2\pi\sigma_v\sigma_{\dot{v}}\sqrt{1-\rho_{v\dot{v}}^2}} \times \exp\left\{-\frac{1}{2(1-\rho_{v\dot{v}}^2)}\left[\frac{(v-\bar{v})^2}{\sigma_v^2} - \frac{2\rho_{v\dot{v}}(v-\bar{v})(\dot{v}-\bar{\dot{v}})}{\sigma_v \sigma_{\dot{v}}} + \frac{(\dot{v}-\bar{\dot{v}})^2}{\sigma_{\dot{v}}^2}\right]\right\}$$

$$= \frac{1}{2\pi\sigma_v\sigma_{\dot{v}}} \times \exp\left\{-\frac{1}{2}\left[\frac{v^2}{\sigma_v^2} + \frac{\dot{v}^2}{\sigma_{\dot{v}}^2}\right]\right\}$$

(d) 反应过程 $v(t)$ 的极大值的概率密度函数，当 $\varepsilon \to 0$ 时

$$p(\eta) = \frac{\eta}{\sigma_v^2} \exp\left(-\frac{\eta^2}{2\sigma_v^2}\right) \quad \eta \geqslant 0$$

其中，$\sigma_v^2 = 5.8948 \times 10^{-5} \text{ m}^2$

(e) $T = 30 \text{ s}$; $\gamma = 0.5772$(Euler 常数)

$$v \equiv \frac{1}{2\pi}\left(\frac{m_2}{m_0}\right)^{\frac{1}{2}}; \text{其中} m_n = \int_{-\infty}^{+\infty} \bar{\omega}^n \cdot S_v(\bar{\omega}) \mathrm{d}\bar{\omega};$$

$$m_0 = 2S_0\omega; m_2 = \int_{-\omega}^{+\omega} \bar{\omega}^2 \cdot S_0 \mathrm{d}\bar{\omega} = \frac{2S_0\omega^3}{3}$$

则：$v \equiv \frac{1}{2\pi}\left(\frac{m_2}{m_0}\right)^{\frac{1}{2}} = \frac{1}{2\pi}\left[\frac{\frac{2S_0\omega^3}{3}}{2S_0\omega}\right]^{\frac{1}{2}} = \frac{\omega}{2\sqrt{3}\pi} = \frac{62.8}{2\sqrt{3}\pi} = 5.7706$

所以 $\bar{\eta}_e \cong (2 \times \ln vT)^{\frac{1}{2}} + \frac{\gamma}{(2 \times \ln vT)^{\frac{1}{2}}}$

$$= \sqrt{2 \times \ln(5.7706 \times 30)} + \frac{0.5772}{\sqrt{2 \times \ln(5.7706 \times 30)}} = 3.3904$$

(f) 过程 $v(t)$ 的极值的标准差的数值，式(21-118)

$$\sigma_{\eta_e} = \frac{\pi}{\sqrt{6}} \frac{1}{(2 \times \ln vT)^{\frac{1}{2}}} = \frac{\pi}{\sqrt{6}} \frac{1}{\sqrt{2 \times \ln(5.7706 \times 30)}} = 0.3995$$

**22-2** 如果习题 22-1 中过程 $p(t)$ 的功率谱密度函数由 $S_p(\bar{\omega}) = S_0$ 变为

$$S_p(\bar{\omega}) = S_0 \exp(-0.011\,1\,|\bar{\omega}|) \quad -\infty < \bar{\omega} < \infty$$

那么习题 22-1 中求出的数值将近似地有多大变化？

**解**：因为 $S_p(\bar{\omega}) = S_0 \exp(-0.011\,1\,|\bar{\omega}|) = S_0 \exp(-0.011\,1\,|\beta\omega|)$ 是在自振频率 $\omega$ 的邻近关于 $\bar{\omega}$ 的一个慢变函数，所以，

$$S_p(\bar{\omega}) = S_p(\omega) = S_0 \exp(-0.011\,1\,|\omega|) = S_0 \exp(-0.011\,1 \times 62.8) \cong \frac{1}{2} S_0$$

习题 22-1 中的 $S_0$ 用 $0.5 S_0$ 代入即可。

(a) $E[v^2(t)] = R_v(0) = \dfrac{\pi S_0}{4 m^2 \omega^3 \xi} = 2.947\,4 \times 10^{-5}\ \mathrm{m}^2$

(b) $E[\dot{v}^2(t)] = R_{\dot{v}}(0) = \dfrac{\pi S_0}{4 m^2 \omega \xi} = 0.116\,3\ \mathrm{m}^2 \cdot \mathrm{s}^{-2}$

(c) $\sigma_v^2 = \overline{v^2} - \bar{v}^2 = E[v^2(t)] = 2.947\,4 \times 10^{-5}\ \mathrm{m}^2$

$\sigma_{\dot{v}}^2 = \overline{\dot{v}^2} - \bar{\dot{v}}^2 = E[\dot{v}^2(t)] = 0.116\,3\ \mathrm{m}^2 \cdot \mathrm{s}^{-2}$

$$p(v, \dot{v}) = \frac{1}{2\pi \sigma_v \sigma_{\dot{v}}} \times \exp\left\{ -\frac{1}{2}\left[ \frac{v^2}{\sigma_v^2} + \frac{\dot{v}^2}{\sigma_{\dot{v}}^2} \right] \right\}$$

(d) 反应过程 $v(t)$ 的极大值的概率密度函数，当 $\varepsilon \to 0$ 时

$$p(\eta) = \frac{\eta}{\sigma_v^2} \exp\left( -\frac{\eta^2}{2\sigma_v^2} \right) \quad \eta \geqslant 0$$

(e) $T = 30\ \mathrm{s};\ \gamma = 0.577\,2$ (Euler 常数)

$$v \equiv \frac{1}{2\pi}\left(\frac{m_2}{m_0}\right)^{\frac{1}{2}};\ \text{其中}\ m_n = \int_{-\infty}^{+\infty} \bar{\omega}^n \cdot S_v(\bar{\omega})\,\mathrm{d}\bar{\omega};$$

$$S_v(\bar{\omega}) = |H(\mathrm{i}\omega)|^2 S_p(\bar{\omega}) = \frac{1}{2} |H(\mathrm{i}\omega)|^2 S_0$$

$$m_0 = S_0 \omega;\ m_2 = \int_{-\omega}^{+\omega} \bar{\omega}^2 \cdot \frac{S_0}{2}\,\mathrm{d}\bar{\omega} = \frac{S_0 \omega^3}{3}$$

则：$v \equiv \dfrac{1}{2\pi}\left(\dfrac{m_2}{m_0}\right)^{\frac{1}{2}} = \dfrac{1}{2\pi}\left(\dfrac{\dfrac{S_0 \omega^3}{3}}{S_0 \omega}\right)^{\frac{1}{2}} = \dfrac{\omega}{2\sqrt{3}\,\pi} = \dfrac{62.8}{2\sqrt{3}\,\pi} = 5.770\,6$

所以 $\bar{\eta}_e \cong (2\ln vT)^{\frac{1}{2}} + \dfrac{\gamma}{(2\ln vT)^{\frac{1}{2}}}$

$$= \sqrt{2\ln(5.770\,6 \times 30)} + \frac{0.577\,2}{\sqrt{2\ln(5.770\,6 \times 30)}} = 3.390\,4$$

(f) 过程 $v(t)$ 的极值的标准差的数值，式 (21-118)

$$\sigma_{\eta_e} = \frac{\pi}{\sqrt{6}} \frac{1}{(2\ln vT)^{\frac{1}{2}}} = \frac{\pi}{\sqrt{6}} \frac{1}{\sqrt{2\ln(5.770\,6 \times 30)}} = 0.399\,5$$

**22-3** 图 P22-1 所示单质量块体系受到支承位移 $x(t)$ 的激励。弹簧和粘滞阻尼器都

是线性的,其参数分别为常数 $k$ 和 $c$。令 $\omega^2 = k/m$ 和 $\xi = c/2m\omega$。

(a) 试求出当 $x(t) = \delta(t)$ 时弹簧力 $f_S(t) = k[y(t) - x(t)]$ 的单位脉冲反应函数 $h(t)$。

(b) 试求出力 $f_S(t)$ 作用时的复频率反应函数 $H(\mathrm{i}\bar{\omega})$,它是当体系以频率 $\bar{\omega}$ 做简谐运动时 $f_S(t)$ 的复幅值和 $x(t)$ 的复幅值的比值。

(c) 试按照式(12-73)验证 $h(t)$ 和 $H(\mathrm{i}\bar{\omega})$ 是 Fourier 变换对。

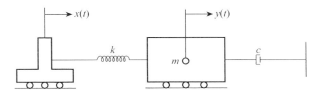

**图 P22-1**　习题 22-3 的单质量块体系

**解**:(a) 运动方程:$m\ddot{y}(t) + c\dot{y}(t) + ky(t) = kx(t)$

单位脉冲反应函数 $h(t)$ 满足方程:

$$m\ddot{h}(t) + c\dot{h}(t) + hy(t) = k\delta(t)$$

$$\delta(t) = \begin{cases} \infty & t = 0 \\ 0 & t \neq 0 \end{cases}; \quad \int_{-\infty}^{+\infty} \delta(t)\mathrm{d}t = 1$$

因为,$\ddot{h}(t=0) = \dfrac{k}{m}\delta(t)$,

所以,$\dot{h}(t=0) = \lim\limits_{\varepsilon \to 0}\int_0^\varepsilon \ddot{h}(t=0)\mathrm{d}t = \dfrac{k}{m} = \omega^2$

$h(t=0) = \lim\limits_{\varepsilon \to 0}\int_0^\varepsilon \dot{h}(t=0)\mathrm{d}t = 0$

$\delta(t)$ 的作用相当于结构在做自由振动,初始条件为 $y(0) = 0$,$\dot{y}(0) = \omega^2$

$h(t) = \exp(-\xi\omega t)(A\cos\omega_D t + B\sin\omega_D t)$

由 $h(0) = 0$,$\dot{y}(0) = \omega^2$ 得 $A = 0$,$B = \dfrac{\omega^2}{\omega_D} = \dfrac{\omega}{\sqrt{1-\xi^2}}$

单位脉冲反应函数:

$$h(t) = \dfrac{\omega}{\sqrt{1-\xi^2}}\exp(-\xi\omega t)\sin\omega_D t$$

(b) 令 $x(t) = \exp(\mathrm{i}\bar{\omega}t)$

则,$y(t) = H(\mathrm{i}\bar{\omega})x(t) = H(\mathrm{i}\bar{\omega})\exp(\mathrm{i}\bar{\omega}t)$

$\dot{y}(t) = \mathrm{i}\bar{\omega}H(\mathrm{i}\bar{\omega})\exp(\mathrm{i}\bar{\omega}t)$

$\ddot{y}(t) = -\bar{\omega}^2 H(\mathrm{i}\bar{\omega})\exp(\mathrm{i}\bar{\omega}t)$

代入运动方程得:

$$(-m\bar{\omega}^2 + ic\bar{\omega} + k)H(i\bar{\omega})\exp(i\bar{\omega}t) = k\exp(i\bar{\omega}t)$$

$$H(i\bar{\omega}) = \frac{k}{k - m\bar{\omega}^2 + ic\bar{\omega}}$$

(c)

$$H(i\bar{\omega}) = \int_{-\infty}^{\infty} h(t)\exp(-i\bar{\omega}t)dt$$

$$= \int_{-\infty}^{\infty} \frac{\omega}{\sqrt{1-\xi^2}}\exp(-\xi\omega t)\sin\omega_D t \exp(-i\bar{\omega}t)dt$$

$$= \frac{\omega}{\sqrt{1-\xi^2}}\int_{0}^{\infty}\exp[-(\xi\omega + i\bar{\omega})t]\sin\omega_D t\, dt$$

$$= \frac{\omega}{\sqrt{1-\xi^2}}\frac{\omega_D}{(\xi\omega + i\bar{\omega})^2 + \omega_D^2} = \frac{k}{k - m\bar{\omega}^2 + ic\bar{\omega}}$$

$$h(t) = \frac{1}{2\pi}\int_{-\infty}^{\infty}H_{ij}(i\bar{\omega})\exp(i\bar{\omega}t)d\bar{\omega}$$

$$= \frac{1}{2\pi}\int_{-\infty}^{\infty}\frac{k}{k - m\bar{\omega}^2 + ic\bar{\omega}}\exp(i\bar{\omega}t)d\bar{\omega}$$

$$= \frac{\omega}{2\pi}\int_{-\infty}^{\infty}\frac{\exp(i\bar{\omega}t)}{1 - \beta^2 + i(2\xi\beta)}d\bar{\omega}$$

$$= \frac{-\omega}{2\pi}\int_{-\infty}^{\infty}\frac{\exp(i\omega\beta t)}{(\beta - r_1)(\beta - r_2)}d\beta \quad (\text{注:Cauchy 留数定理,见书中 P196})$$

$$= \frac{-\omega}{2\pi}\cdot 2\pi i\left\{\frac{\exp[i\omega(i\xi + \sqrt{1-\xi^2})t]}{2\sqrt{1-\xi^2}} + \frac{\exp[i\omega(i\xi - \sqrt{1-\xi^2})t]}{-2\sqrt{1-\xi^2}}\right\}$$

$$= \frac{\omega}{\sqrt{1-\xi^2}}\exp(-\xi\omega t)\sin\omega_D t$$

注:令 $\phi(\beta) = \dfrac{\exp(i\omega\beta t)}{(\beta - r_1)(\beta - r_2)}$,其中,$r_1 = i\xi + \sqrt{1-\xi^2}$;$r_2 = i\xi - \sqrt{1-\xi^2}$

$$\int_{-\infty}^{\infty}\frac{\exp(i\omega\beta t)}{(\beta - r_1)(\beta - r_2)}d\beta = 2\pi i\sum_{i=1}^{2}\text{Res }\phi(\beta = r_i) = 2\pi i\sum_{i=1}^{2}\lim_{\beta \to r_i}(\beta - r_i)\phi(\beta = r_i)$$

**22-4** 如果习题 22-3 中的体系的输入 $x(t)$ 是平稳随机过程,它在全部频率范围 $-\infty < \bar{\omega} < \infty$ 内具有不变的功率谱密度 $S_0$。试分别利用式(22-20)和式(22-9)推导反应过程 $f_y(t)$ 的功率谱密度函数和自相关函数。

**解**:$\because S_x(\bar{\omega}) = S_0$;$H(i\bar{\omega}) = \dfrac{k}{k - m\bar{\omega}^2 + ic\bar{\omega}}$

$$S_y(\bar{\omega}) = |H(i\bar{\omega})|^2 \cdot S_x(\bar{\omega})$$

$$= \frac{k^2}{(k - m\bar{\omega}^2)^2 + (c\bar{\omega})^2}S_0$$

$$= \frac{1}{(1 - \beta^2)^2 + (2\xi\beta)^2}S_0$$

因为 $S_x(\bar{\omega}) = S_0$，所以 $R_x(\tau) = 2\pi S_0 \delta(\tau)$

$$R_y(\tau) = \int_0^\infty \int_0^\infty R_x(\tau - u_2 + u_1) h(u_1) h(u_2) \mathrm{d}u_1 \mathrm{d}u_2$$

$$= \frac{2\pi S_0 \omega^4}{\omega_D^2} \int_0^\infty \int_0^\infty \delta(\tau - u_2 + u_1) \exp[-\xi\omega(u_1 + u_2)] \sin\omega_D u_1 \sin\omega_D u_2 \mathrm{d}u_1 \mathrm{d}u_2$$

$$= \frac{\pi S_0 \omega}{2\xi} \left[\cos\omega_D |\tau| + \frac{\xi}{\sqrt{1-\xi^2}} \sin\omega_D |\tau|\right] \exp(-\omega\xi|\tau|) \quad -\infty < \tau < +\infty$$

**22-5** 试按照式(21-37)，证明习题 22-4 中所求得的功率谱密度函数和自相关函数确实是 Fourier 变换对。

**解：** $S_y(\bar{\omega}) = \dfrac{1}{2\pi} \displaystyle\int_{-\infty}^\infty R_y(\tau) \exp(-\mathrm{i}\bar{\omega}\tau) \mathrm{d}\tau$

$$= \frac{1}{2\pi} \int_{-\infty}^\infty \frac{\pi\omega S_0}{2\xi} \left[\cos\omega_D|\tau| + \frac{\xi}{\sqrt{1-\xi^2}} \sin\omega_D|\tau|\right] \exp(-\omega\xi|\tau|) \exp(-\mathrm{i}\bar{\omega}\tau) \mathrm{d}\tau$$

$$= \frac{\omega S_0}{4\xi} \Bigg\{\int_{-\infty}^0 \left[\cos\omega_D\tau - \frac{\xi}{\sqrt{1-\xi^2}} \sin\omega_D\tau\right] \exp[-(-\omega\xi + \mathrm{i}\bar{\omega})\tau] \mathrm{d}\tau +$$

$$\int_0^\infty \left[\cos\omega_D\tau + \frac{\xi}{\sqrt{1-\xi^2}} \sin\omega_D\tau\right] \exp[-(\omega\xi + \mathrm{i}\bar{\omega})\tau] \mathrm{d}\tau\Bigg\}$$

$$= \frac{\omega S_0}{4\xi} \left[\frac{2\omega\xi - \mathrm{i}\bar{\omega}}{(\omega\xi - \mathrm{i}\bar{\omega})^2 + \omega_D^2} + \frac{2\omega\xi + \mathrm{i}\bar{\omega}}{(\omega\xi - \mathrm{i}\bar{\omega})^2 + \omega_D^2}\right]$$

$$= \frac{1}{(1-\beta^2)^2 + (2\xi\beta)^2} S_0$$

$$R_y(\tau) = \int_{-\infty}^\infty S_y(\bar{\omega}) \exp(\mathrm{i}\bar{\omega}\tau) \mathrm{d}\bar{\omega}$$

$$= \int_{-\infty}^\infty \frac{S_0}{(1-\beta^2)^2 + (2\xi\beta)^2} \exp(\mathrm{i}\bar{\omega}\tau) \mathrm{d}\bar{\omega}$$

$$= S_0 \int_{-\infty}^\infty \frac{\exp(\mathrm{i}\bar{\omega}\tau)}{(1-\beta^2)^2 + (2\xi\beta)^2} \mathrm{d}\bar{\omega}$$

$$= \omega S_0 \int_{-\infty}^\infty \frac{\exp(\mathrm{i}\beta\omega\tau)}{(\beta-r_1)(\beta-r_2)(\beta-r_3)(\beta-r_4)} \mathrm{d}\beta \quad (\text{注：Cauchy 留数定理})$$

$$= \frac{\pi S_0 \omega}{2\xi} \left[\cos\omega_D|\tau| + \frac{\xi}{\sqrt{1-\xi^2}} \sin\omega_D|\tau|\right] \exp(-\omega\xi|\tau|) \quad -\infty < \tau < +\infty$$

注：令 $\phi(\beta) = \dfrac{\exp(\mathrm{i}\omega\beta\tau)}{(\beta-r_1)(\beta-r_2)(\beta-r_3)(\beta-r_4)}$，

其中，$r_1 = \sqrt{1-\xi^2} + \mathrm{i}\xi$；$r_2 = -\sqrt{1-\xi^2} + \mathrm{i}\xi$；

$r_3 = -\sqrt{1-\xi^2} - \mathrm{i}\xi$；$r_4 = \sqrt{1-\xi^2} - \mathrm{i}\xi$；

$$\int_{-\infty}^\infty \frac{\exp(\mathrm{i}\omega\beta t)}{(\beta-r_1)(\beta-r_2)} \mathrm{d}\beta$$

$$= \begin{cases} 2\pi\mathrm{i}\sum_{i=1}^{2}\operatorname{Res}\,\phi(\beta=r_i)=2\pi\mathrm{i}\sum_{i=1}^{2}\lim_{\beta\to r_i}(\beta-r_i)\phi(\beta=r_i) & \tau>0 \\ -2\pi\mathrm{i}\sum_{i=1}^{2}\operatorname{Res}\,\phi(\beta=r_i)=-2\pi\mathrm{i}\sum_{i=3}^{4}\lim_{\beta\to r_i}(\beta-r_i)\phi(\beta=r_i) & \tau<0 \end{cases}$$

$$=\frac{\pi}{2\xi}\Big[\cos\omega_D|\tau|+\frac{\xi}{\sqrt{1-\xi^2}}\sin\omega_D|\tau|\Big]\exp(-\omega\xi|\tau|) \quad -\infty<\tau<+\infty$$

**22-6** 如果 $x(t)$ 是对一个线性体系的平稳随机输入,而 $y(t)$ 是相应的平稳随机输出,试用 $R_x(\tau)$ 和 $h(t)$ 表示互相关函数 $R_{xy}(\tau)$。

**解:** $R_{xy}(\tau)=E[x(t)y(t+\tau)]$

$$=E[y(t)x(t-\tau)]$$

$$=E\Big[\int_{-\infty}^{\infty}h(\theta)x(t-\theta)\mathrm{d}\theta x(t-\tau)\Big]$$

$$=\int_{-\infty}^{\infty}h(\theta)E[x(t-\theta)x(t-\tau)]\mathrm{d}\theta$$

$$=\int_{-\infty}^{\infty}h(\theta)R(\theta-\tau)\mathrm{d}\theta$$

**22-7** 如果一个线性体系的输入 $x(t)$ 和它所导致的输出 $y(t)$ 分别是(如图 P22-2 所示)

$$x(t)=\begin{cases} \mathrm{e}^{-t} & t>0 \\ 0 & t<0 \end{cases} \qquad y(t)=\begin{cases} \dfrac{1}{a-b}[\mathrm{e}^{-(b/a)t}-\mathrm{e}^{-t}] & t\geqslant 0 \\ 0 & t\leqslant 0 \end{cases}$$

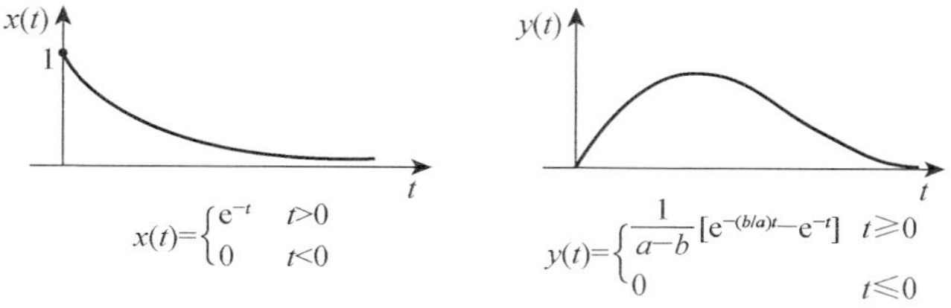

**图 P22-2** 习题 22-7 的输入和输出函数

试求此体系的复频率反应函数 $H(\mathrm{i}\bar{\omega})$。

**解:** 首先将 $x(t)$ 和 $y(t)$ 分别进行 Fourier 变换:

$$X(\mathrm{i}\omega)=\frac{1}{2\pi}\int_{-\infty}^{\infty}x(t)\mathrm{e}^{-\mathrm{i}\omega t}\mathrm{d}t=\frac{1}{2\pi}\int_{0}^{\infty}\mathrm{e}^{-t}\cdot\mathrm{e}^{-\mathrm{i}\omega t}\mathrm{d}t$$

$$=\frac{1}{2\pi}\Big[\int_{0}^{\infty}\mathrm{e}^{-t}\cos(\omega t)\mathrm{d}t-\mathrm{i}\int_{0}^{\infty}\mathrm{e}^{-t}\sin(\omega t)\mathrm{d}t\Big]$$

$$=\frac{1}{2\pi}\Big(\frac{1}{1+\omega^2}-\frac{\mathrm{i}\omega}{1+\omega^2}\Big)=\frac{1}{2\pi(1+\mathrm{i}\omega)}$$

$$Y(\mathrm{i}\omega)=\frac{1}{2\pi}\int_{-\infty}^{\infty}y(t)\mathrm{e}^{-\mathrm{i}\omega t}\mathrm{d}t=\frac{1}{2\pi}\int_{0}^{\infty}\frac{1}{a-b}[\mathrm{e}^{-(\frac{b}{a})t}-\mathrm{e}^{-t}]\cdot\mathrm{e}^{-\mathrm{i}\omega t}\mathrm{d}t$$

$$= \frac{1}{2\pi(a-b)} \Big[ \int_0^\infty e^{-(\frac{b}{a})t} \cos(\omega t) dt - i \int_0^\infty e^{-(\frac{b}{a})t} \sin(\omega t) dt -$$
$$\int_0^\infty e^{-t} \cos(\omega t) dt + i \int_0^\infty e^{-t} \sin(\omega t) dt \Big]$$
$$= \frac{1}{2\pi(a-b)} \left[ \frac{\frac{b}{a}}{\left(\frac{b}{a}\right)^2 + \omega^2} - \frac{i\omega}{\left(\frac{b}{a}\right)^2 + \omega^2} - \frac{1}{1+\omega^2} + \frac{i\omega}{1+\omega^2} \right]$$
$$= \frac{1}{2\pi(1+i\omega)(b+i\omega a)}$$

输入与输出的 Fourier 变换由频率响应函数相联系，即：
$$Y(i\omega) = H(i\omega) \cdot X(i\omega)$$
所以：
$$H(i\omega) = \frac{Y(i\omega)}{X(i\omega)} = \frac{1}{2\pi(1+i\omega)(b+i\omega a)} \Big/ \frac{1}{2\pi(1+i\omega)} = \frac{1}{b+i\omega a}$$

因阻尼的存在，$H(i\omega)$ 是一复函数。

**22-8** 如果对一个线性体系的一个矩形输入 $x(t)$，产生一个简单的正弦波输出 $y(t)$，如图 P22-3 所示，

$$x(t) = \begin{cases} 1 & 0 < t < T \\ 0 & t < 0; t > T \end{cases} \qquad y(t) = \begin{cases} \sin\frac{2\pi t}{T} & 0 \leqslant t \leqslant T \\ 0 & t < 0; t > T \end{cases}$$

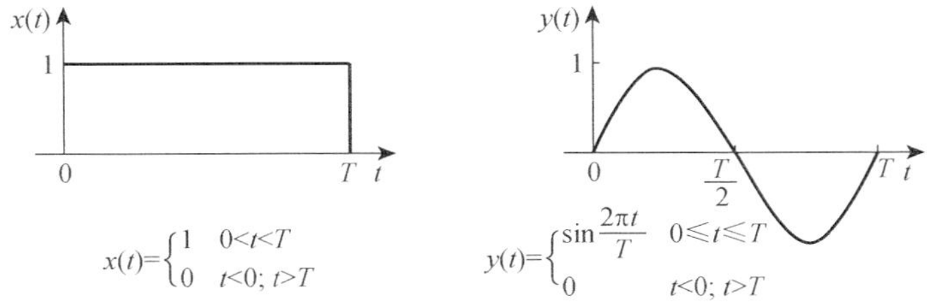

**图 P22-3** 习题 22-8 的输入和输出函数

那么，当输入是密度为 $S_0$ 的平稳白噪声过程时，输出过程的功率谱密度函数是什么？

**解：**
$$X(i\omega) = \frac{1}{2\pi} \int_{-\infty}^\infty x(t) e^{-i\omega t} dt = \frac{1}{2\pi} \int_0^T e^{-i\omega t} dt = \frac{1}{2\pi i\omega}(1 - e^{-i\omega T})$$
$$Y(i\omega) = \frac{1}{2\pi} \int_{-\infty}^\infty y(t) e^{-i\omega t} dt = \frac{1}{2\pi} \int_0^T \sin\frac{2\pi t}{T} \cdot e^{-i\omega t} dt = \frac{2\pi T(1 - e^{-i\omega T})}{4\pi^2 - T^2 \omega^2}$$
$$H(i\omega) = \frac{Y(i\omega)}{X(i\omega)} = \frac{2\pi T(1 - e^{-i\omega T})}{4\pi^2 - T^2 \omega^2} \Big/ \frac{1}{2\pi i\omega}(1 - e^{-i\omega T}) = \frac{4\pi^2 i T \omega}{4\pi^2 - T^2 \omega^2}$$

当输入是密度为 $S_0$ 的平稳白噪声过程时,输出过程的功率谱密度函数是

$$S(\omega) = |H(i\omega)|^2 \cdot S_0 = \left[\frac{4\pi^2 T\omega}{4\pi^2 - T^2\omega^2}\right]^2 S_0$$

**22-9** 考虑两个平稳过程 $x(t)$ 和 $y(t)$,它们之间通过如下的微分方程而联系起来

$$\ddot{x}_r(t) + A\dot{x}_r(t) + By_r(t) + C\dot{y}_r(t) = 0; \quad r = 1, 2, \cdots$$

试用过程 $y(t)$ 的功率谱密度函数和实常数 $A, B$ 和 $C$ 表示随机过程 $x(t)$ 的功率谱密度函数。

**解:** 令输入:$y(t) = \exp(-i\overline{\omega}t)$;则输出:$x(t) = H(i\overline{\omega})y(t)$

代入微分方程:

$$-\overline{\omega}^2 H(i\overline{\omega})y(t) + Ai\overline{\omega}H(i\overline{\omega})y(t) + By(t) + Ci\overline{\omega}y(t) = 0$$

得:$H(i\overline{\omega}) = \dfrac{B + Ci\overline{\omega}}{\overline{\omega}^2 - Ai\overline{\omega}}$

$$S_x(\overline{\omega}) = |H(i\overline{\omega})|^2 S_y(\overline{\omega}) = H(i\overline{\omega})H(-i\overline{\omega})S_y(\overline{\omega})$$

$$= \frac{B + Ci\overline{\omega}}{\overline{\omega}^2 - Ai\overline{\omega}} \cdot \frac{B - Ci\overline{\omega}}{\overline{\omega}^2 + Ai\overline{\omega}} S_y(\overline{\omega})$$

$$= \frac{B^2 + (C\overline{\omega})^2}{\overline{\omega}^4 + (A\overline{\omega})^2} S_y(\overline{\omega})$$

**另解:**

对微分方程进行 Fourier 变换

$$X(\overline{\omega}) = \int_{-\infty}^{+\infty} x(t)\exp(-i\overline{\omega}t)\mathrm{d}t$$

$$\int_{-\infty}^{+\infty} \dot{x}(t)\exp(-i\overline{\omega}t)\mathrm{d}t$$

$$= x(t)\exp(-i\overline{\omega}t)\Big|_{-\infty}^{+\infty} + i\overline{\omega}\int_{-\infty}^{+\infty} x(t)\exp(-i\overline{\omega}t)\mathrm{d}t$$

$$= i\overline{\omega}X(\overline{\omega})$$

$$\int_{-\infty}^{+\infty} \ddot{x}(t)\exp(-i\overline{\omega}t)\mathrm{d}t = -\overline{\omega}^2 X(\overline{\omega})$$

$$Y(\overline{\omega}) = \int_{-\infty}^{+\infty} y(t)\exp(-i\overline{\omega}t)\mathrm{d}t$$

$$\int_{-\infty}^{+\infty} \dot{y}(t)\exp(-i\overline{\omega}t)\mathrm{d}t = i\overline{\omega}Y(\overline{\omega})$$

$$-\overline{\omega}^2 X(\overline{\omega}) + Ai\overline{\omega}X(\overline{\omega}) + BY(\overline{\omega}) + Ci\overline{\omega}Y(\overline{\omega}) = 0$$

因为 $$H(i\overline{\omega}) = \frac{X(\overline{\omega})}{Y(\overline{\omega})} = \frac{B + Ci\overline{\omega}}{\overline{\omega}^2 - Ai\overline{\omega}}$$

所以 $$S_x(\overline{\omega}) = |H(i\overline{\omega})|^2 S_y(\overline{\omega}) = \frac{B^2 + (C\overline{\omega})^2}{\overline{\omega}^4 + (A\overline{\omega})^2} S_y(\overline{\omega})$$

# 第 23 章 线性多自由度体系的随机反应

**23-1** 考虑图 P23-1 所示两自由度线性体系,其中 $p_1(t)$ 和 $p_2(t)$ 是两个不同的零均值平稳随机过程。体系具有如图所示的离散的质量和弹簧,并可假定具有低于临界阻尼的非耦合形式的线性粘滞阻尼,各振型阻尼比 $\xi_1 = \xi_2 = \xi$。如果过程 $p_1(t)$ 和 $p_2(t)$ 的功率和互谱密度函数在整个频率范围 $-\infty < \bar\omega < \infty$ 内为

$$S_{p_1 p_1}(\bar\omega) = S_0 \quad S_{p_2 p_2}(\bar\omega) = AS_0 \quad S_{p_1 p_2}(\bar\omega) = (B + \mathrm{i}C)S_0$$

其中 $A$,$B$ 和 $C$ 为实的常数($A$ 必须为正值,但 $B$ 和 $C$ 可以为正值或负值)。试求出用常数 $k$,$m$,$\xi$,$S_0$,$A$,$B$ 和 $C$ 表示的弹簧力 $f_S(t)$ 的功率谱密度函数的表达式。写出一个包括常数 $A$,$B$ 和 $C$ 的表达式,此式给出常数 $B$ 和 $C$ 的可能值的范围(注:$B$ 的可能值的范围和 $A$ 的可能值的范围不能分开独立表示)。

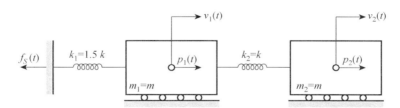

图 P23-1 习题 23-1 的两质量块体系

**解**:运动方程:

$$m_2 \ddot{v}_2(t) + k_2(v_2 - v_1) = p_2$$
$$m_1 \ddot{v}_1(t) + k_1 v_1 - k_2(v_2 - v_1) = p_1$$

系统的质量矩阵、刚度矩阵和载荷列阵为

$$\boldsymbol{M} = \begin{bmatrix} m_1 & 0 \\ 0 & m_2 \end{bmatrix} = m \begin{bmatrix} 1 & 0 \\ 0 & 1 \end{bmatrix};\ \boldsymbol{K} = \begin{bmatrix} k_1 + k_2 & -k_2 \\ -k_2 & k_2 \end{bmatrix} = k \begin{bmatrix} 2.5 & -1 \\ -1 & 1 \end{bmatrix};\ \boldsymbol{P} = \begin{bmatrix} p_1 \\ p_2 \end{bmatrix}$$

$$\omega_1^2 = 0.5000 \frac{k}{m},\ \boldsymbol{\varphi}_1 = \begin{bmatrix} 0.5000 & 1.0000 \end{bmatrix}^\mathrm{T};$$

$$\omega_2^2 = 3.0000 \frac{k}{m},\ \boldsymbol{\varphi}_2 = \begin{bmatrix} 1.0000 & -0.5000 \end{bmatrix}^\mathrm{T}$$

$$\boldsymbol{\omega}^2 = \begin{bmatrix} 0.5000 \\ 3.0000 \end{bmatrix} \frac{k}{m};\ \boldsymbol{\varphi} = \begin{bmatrix} 0.5000 & 1.0000 \\ 1.0000 & -0.5000 \end{bmatrix}$$

$$\boldsymbol{M}^* = \boldsymbol{\varphi}^{\mathrm{T}} \boldsymbol{M} \boldsymbol{\varphi} = \begin{bmatrix} 0.5000 & 1.0000 \\ 1.0000 & -0.5000 \end{bmatrix} m \begin{bmatrix} 1 & 0 \\ 0 & 1 \end{bmatrix} \begin{bmatrix} 0.5000 & 1.0000 \\ 1.0000 & -0.5000 \end{bmatrix}$$

$$= \frac{5m}{4} \begin{bmatrix} 1 & 0 \\ 0 & 1 \end{bmatrix}$$

$$\boldsymbol{K}^* = \boldsymbol{\varphi}^{\mathrm{T}} \boldsymbol{K} \boldsymbol{\varphi} = \begin{bmatrix} 0.5000 & 1.0000 \\ 1.0000 & -0.5000 \end{bmatrix} k \begin{bmatrix} 2.5 & -1 \\ -1 & 1 \end{bmatrix} \begin{bmatrix} 0.5000 & 1.0000 \\ 1.0000 & -0.5000 \end{bmatrix}$$

$$= \frac{5k}{8} \begin{bmatrix} 1 & 0 \\ 0 & 6 \end{bmatrix}$$

$$\boldsymbol{P}^* = \begin{bmatrix} \boldsymbol{P}_1^* \\ \boldsymbol{P}_2^* \end{bmatrix} = \boldsymbol{\varphi} \begin{bmatrix} p_1 \\ p_2 \end{bmatrix} = \begin{bmatrix} 0.5000 & 1.0000 \\ 1.0000 & -0.5000 \end{bmatrix} \begin{bmatrix} p_1 \\ p_2 \end{bmatrix}$$

$$\boldsymbol{P}_1^* = \boldsymbol{\varphi}_1^{\mathrm{T}} \boldsymbol{P} = \begin{bmatrix} 0.5000 & 1.000 \end{bmatrix} \begin{bmatrix} p_1 \\ p_2 \end{bmatrix} = 0.5 p_1 + p_2$$

$$\boldsymbol{P}_2^* = \boldsymbol{\varphi}_2^{\mathrm{T}} \boldsymbol{P} = \begin{bmatrix} 1.000 & -0.5000 \end{bmatrix} \begin{bmatrix} p_1 \\ p_2 \end{bmatrix} = p_1 - 0.5 p_2$$

$$\boldsymbol{P}_n^* = \boldsymbol{\varphi}_n^{\mathrm{T}} \boldsymbol{P}$$

$$\boldsymbol{P}_j^* \boldsymbol{P}_n^* = \boldsymbol{\varphi}_j^{\mathrm{T}} \boldsymbol{P} \boldsymbol{P}^{\mathrm{T}} \boldsymbol{\varphi}_n$$

$$\boldsymbol{S}_{P_j^* P_n^*}(\overline{\omega}) = \boldsymbol{\varphi}_j^{\mathrm{T}} \begin{bmatrix} S_{p_1 p_1}(\overline{\omega}) & S_{p_1 p_2}(\overline{\omega}) \\ S_{p_2 p_1}(\overline{\omega}) & S_{p_2 p_2}(\overline{\omega}) \end{bmatrix} \boldsymbol{\varphi}_n$$

$$= \boldsymbol{\varphi}_j^{\mathrm{T}} \begin{bmatrix} S_0 & (B+\mathrm{i}C)S_0 \\ (B-\mathrm{i}C)S_0 & AS_0 \end{bmatrix} \boldsymbol{\varphi}_n$$

$$= \boldsymbol{\varphi}_j^{\mathrm{T}} \begin{bmatrix} 1 & B+\mathrm{i}C \\ B-\mathrm{i}C & A \end{bmatrix} S_0 \boldsymbol{\varphi}_n$$

$$= \frac{S_0}{4} \begin{bmatrix} 1+4A+4B & 2-2A+3B-5\mathrm{i}C \\ 2-2A+3B+5\mathrm{i}C & 4+A-4B \end{bmatrix}$$

$$f_S = k_1 v_1 = 1.5 k \sum_{n=1}^{2} \varphi_{1n} Y_n$$

$$S_f(\overline{\omega}) = (1.5k)^2 \sum_{j=1}^{2} \sum_{n=1}^{2} \varphi_{1j} \varphi_{1n} H_j(-\mathrm{i}\overline{\omega}) H_n(\mathrm{i}\overline{\omega}) S_{P_j^* P_n^*}(\overline{\omega})$$

$$= (1.5k)^2 \varphi_{11} \varphi_{11} H_1(-\mathrm{i}\overline{\omega}) H_1(\mathrm{i}\overline{\omega}) S_{P_1^* P_1^*}(\overline{\omega}) +$$
$$(1.5k)^2 \varphi_{11} \varphi_{12} H_1(-\mathrm{i}\overline{\omega}) H_2(\mathrm{i}\overline{\omega}) S_{P_1^* P_2^*}(\overline{\omega}) +$$
$$(1.5k)^2 \varphi_{12} \varphi_{11} H_2(-\mathrm{i}\overline{\omega}) H_1(\mathrm{i}\overline{\omega}) S_{P_2^* P_1^*}(\overline{\omega}) +$$
$$(1.5k)^2 \varphi_{12} \varphi_{12} H_2(-\mathrm{i}\overline{\omega}) H_2(\mathrm{i}\overline{\omega}) S_{P_2^* P_2^*}(\overline{\omega})$$

$$= \frac{0.36 \times S_0 (1+4A+4B)}{(1-2\mathrm{i}\xi\beta_1-\beta_1^2)(1+2\mathrm{i}\xi\beta_1-\beta_1^2)} + \frac{0.12 \times S_0 (2-2A+3B-5\mathrm{i}C)}{(1-2\mathrm{i}\xi\beta_1-\beta_1^2)(1+2\mathrm{i}\xi\beta_2-\beta_2^2)} +$$
$$\frac{0.12 \times S_0 (2-2A+3B+5\mathrm{i}C)}{(1-2\mathrm{i}\xi\beta_2-\beta_2^2)(1+2\mathrm{i}\xi\beta_1-\beta_1^2)} + \frac{0.04 \times S_0 (4+A-4B)}{(1-2\mathrm{i}\xi\beta_2-\beta_2^2)(1+2\mathrm{i}\xi\beta_2-\beta_2^2)}$$

$$= \frac{0.36 \times S_0(1+4A+4B)}{(1-\beta_1^2)^2 + (2\xi\beta_1)^2} + \frac{0.12 \times S_0(2-2A+3B-5\mathrm{i}C)}{(1-2\mathrm{i}\xi\beta_1-\beta_1^2)(1+2\mathrm{i}\xi\beta_2-\beta_2^2)} +$$
$$\frac{0.12 \times S_0(2-2A+3B+5\mathrm{i}C)}{(1-2\mathrm{i}\xi\beta_2-\beta_2^2)(1+2\mathrm{i}\xi\beta_1-\beta_1^2)} + \frac{0.04 \times S_0(4+A-4B)}{(1-\beta_2^2)^2 + (2\xi\beta_2)^2}$$
$$= \frac{0.04 \times S_0}{[(1-\beta_1^2)^2+(2\xi\beta_1)^2][(1-\beta_2^2)^2+(2\xi\beta_2)^2]} \times$$
$$\{9(1+4A+4B)[(1-\beta_2^2)^2+(2\xi\beta_2)^2]+(4+A-4B)[(1-\beta_1^2)^2+(2\xi\beta_1)^2]+$$
$$6(2-2A+3B)[(1-\beta_1^2)(1-\beta_2^2)+4\beta_1\beta_2\xi^2]+60\xi[\beta_1(1-\beta_2^2)-\beta_2(1-\beta_1^2)]\}$$

如果忽略交叉项的影响，则上式后两项省略。

若 $p_1(t)$ 和 $p_2(t)$ 统计独立，则 $S_{p_1p_2}(\bar{\omega}) = (B+\mathrm{i}C)S_0 = 0$，所以，$B = C = 0$

若 $p_1(t)$ 和 $p_2(t)$ 完全统计相关，则 $p_2(t) = \alpha p_1(t)$，式中 $\alpha$ 为实数。

则 $S_{p_2p_2}(\bar{\omega}) = \alpha^2 S_{p_1p_1}(\bar{\omega}) = AS_0$，得 $\alpha^2 = A$

$S_{p_1p_2}(\bar{\omega}) = \alpha S_{p_1p_1}(\bar{\omega}) = \alpha S_0 = (B+\mathrm{i}C)S_0$；得 $\alpha = B+\mathrm{i}C$

$A = (B+\mathrm{i}C)^2 = B^2 - C^2 + 2BC\mathrm{i}$

因为 $A$、$B$、$C$ 均为实数，所以 $BC = 0$

若 $B = 0$ 得 $A = -C^2 < 0$ 与条件矛盾，舍去

若 $C = 0$ 得 $B = \pm\sqrt{A}$

所以，$A$、$B$、$C$ 的范围为：$C = 0$，$-\sqrt{A} \leqslant B \leqslant \sqrt{A}$

**23-2** 一个等截面简支梁，跨长为 $L$，刚度为 $EI$，单位长度质量为 $\bar{m}$，两端受到零均值平稳随机竖向支座运动。令 $v(x,t)$ 表示构件总的竖向位移；竖向支座位移可由 $v(0,t)$ 和 $v(L,t)$ 给出。假定具有非耦合形式的粘滞阻尼，所有振型具有相同的阻尼比 $\xi(0 < \xi < 1)$。如果竖向支座加速度的功率和互谱密度函数在全部频率范围 $-\infty < \bar{\omega} < \infty$ 内为

$$S_{a_1a_1}(\bar{\omega}) = S_0 \quad S_{a_2a_2}(\bar{\omega}) = 0.5S_0 \quad S_{a_1a_2}(\bar{\omega}) = (0.4+0.2\mathrm{i})S_0$$

式中下标 $a_1$ 和 $a_2$ 分别代表 $\ddot{v}(0,t)$ 和 $\ddot{v}(L,t)$。试求出

(a) 位移 $v(x,t)$；(b) 弯矩 $M(x,t)$；(c) 剪力 $V(x,t)$ 的功率谱密度函数。答案用级数形式，并由 $L, EI, \bar{m}, \xi, S_0$ 和 $\bar{\omega}$ 表示。讨论这些级数收敛的相对速率。

**解：**假设 $y(x,t)$ 为相对支座端的位移，$y(0,t) = y(L,t) = 0$；则

$$v(x,t) = \frac{x}{L}v(L,t) + \left(1-\frac{x}{L}\right)v(0,t) + y(x,t)$$

简支梁的运动方程为：

$$\frac{\partial^2}{\partial x^2}\left[EI(x)\frac{\partial^2 v(x,t)}{\partial x^2}\right] + c(x)\frac{\partial v(x,t)}{\partial t} + m(x)\frac{\partial^2 v(x,t)}{\partial t^2} = p(x,t);$$

$$\frac{\partial^2}{\partial x^2}\left[EI(x)\frac{\partial^2 y(x,t)}{\partial x^2}\right] + c(x)\frac{\partial y(x,t)}{\partial t} + m(x)\frac{\partial^2 y(x,t)}{\partial t^2}$$

$$= -m(x)\left(1-\frac{x}{L}\right)\ddot{v}(0,t) - m(x)\frac{x}{L}\ddot{v}(L,t) - c(x)\left(1-\frac{x}{L}\right)\dot{v}(0,t) - c(x)\frac{x}{L}\dot{v}(L,t)$$

振型分解：$y(x, t) = \sum_{i=1}^{\infty} \varphi_i(x) Y_i(t)$，或 $\{y(x, t)\} = [\varphi(x)]\{Y(t)\}$

$$\frac{d^2}{dx^2}\left[EI(x)\sum_{i=1}^{\infty}\frac{d^2\varphi_i(x)}{dx^2}Y_i(t)\right] + c(x)\sum_{i=1}^{\infty}\varphi_i(x)\frac{dY_i(t)}{dt} + m(x)\sum_{i=1}^{\infty}\varphi_i(x)\frac{d^2Y_i(t)}{dt^2}$$

$$= -m(x)\left(1-\frac{x}{L}\right)\ddot{v}(0, t) - m(x)\frac{x}{L}\ddot{v}(L, t) - c(x)\left(1-\frac{x}{L}\right)\dot{v}(0, t) - c(x)\frac{x}{L}\dot{v}(L, t)$$

在大多数实际情况中，阻尼对等效载荷的影响远小于惯性力的影响，因此，上式后两项可略去。前乘 $\varphi_j(x)$，并积分

$$\int_0^L \varphi_j(x)\frac{d^2}{dx^2}\left[EI(x)\sum_{i=1}^{\infty}\frac{d^2\varphi_i(x)}{dx^2}Y_i(t)\right]dx + \int_0^L \varphi_j(x)c(x)\sum_{i=1}^{\infty}\varphi_i(x)\frac{dY_i(t)}{dt}dx +$$

$$\int_0^L \varphi_j(x)m(x)\sum_{i=1}^{\infty}\varphi_i(x)\frac{d^2Y_i(t)}{dt^2}dx$$

$$= -\int_0^L \varphi_j(x)m(x)\left(1-\frac{x}{L}\right)\ddot{v}(0, t)dx - \int_0^L \varphi_j(x)m(x)\frac{x}{L}\ddot{v}(L, t)dx$$

由梁振型的正交性，假设阻尼为比例阻尼。

$$M_j\ddot{Y}_j(t) + C_j\dot{Y}_j(t) + K_jY(t) = P_j(t)$$

$$M_j = \int_0^L \varphi_j(x)m(x)\varphi_j(x)dx; C_j = \int_0^L \varphi_j(x)c(x)\varphi_j(x)dx$$

$$K_j = \int_0^L \varphi_j(x)\frac{d^2}{dx^2}\left[EI(x)\sum_{i=1}^{\infty}\frac{d^2\varphi_i(x)}{dx^2}\right]dx = \int_0^L \varphi_j(x)\omega_j^2 m(x)\varphi_j(x)dx = \omega_j^2 M_j$$

$$P_j(t) = -\int_0^L \varphi_j(x)m(x)\left(1-\frac{x}{L}\right)\ddot{v}(0, t)dx - \int_0^L \varphi_j(x)m(x)\frac{x}{L}\ddot{v}(L, t)dx$$

$$\ddot{Y}_j(t) + 2\xi_j\omega_j\dot{Y}_j(t) + \omega_j^2 Y(t) = P_j(t)/M_j = F_j(t)$$

$$F_j(t) = -\frac{1}{M_j}\left\{\int_0^L \varphi_j(x)m(x)\left(1-\frac{x}{L}\right)dx \quad \int_0^L \varphi_j(x)m(x)\frac{x}{L}dx\right\}\begin{Bmatrix}\ddot{v}(0, t)\\ \ddot{v}(L, t)\end{Bmatrix}$$

$$= -\frac{1}{M_j}\boldsymbol{\psi}_j^T\begin{Bmatrix}\ddot{v}(0, t)\\ \ddot{v}(L, t)\end{Bmatrix}$$

其中：$\boldsymbol{\psi}_j^T = \left\{\int_0^L \varphi_j(x)m(x)\left(1-\frac{x}{L}\right)dx \quad \int_0^L \varphi_j(x)m(x)\frac{x}{L}dx\right\}$

$$F_j(t)F_n(t) = \frac{1}{M_jM_n}\boldsymbol{\psi}_j^T\begin{Bmatrix}\ddot{v}(0, t)\\ \ddot{v}(L, t)\end{Bmatrix}\{\ddot{v}(0, t) \quad \ddot{v}(L, t)\}\boldsymbol{\psi}_n$$

$$S_{F_jF_n}(\bar{\omega}) = \frac{1}{M_jM_n}\boldsymbol{\psi}_j^T\begin{bmatrix}S_{a_1a_1} & S_{a_1a_2}\\ S_{a_2a_1} & S_{a_2a_2}\end{bmatrix}\boldsymbol{\psi}_n$$

$$v(x, t) = \frac{x}{L}v(L, t) + \left(1-\frac{x}{L}\right)v(0, t) + \sum_{i=1}^{\infty}\varphi_i(x)Y_i(t)$$

$$S_{v(x, t)} = \sum_{j=1}^{\infty}\sum_{n=1}^{\infty}\varphi_j(x)\varphi_n(x)H_j(-i\bar{\omega})H_n(i\bar{\omega})S_{F_jF_n}(\bar{\omega})$$

$$S_{M(x,t)} = (EI)^2 \sum_{j=1}^{\infty} \sum_{n=1}^{\infty} \varphi_j''(x)\varphi_n''(x) H_j(-i\overline{\omega}) H_n(i\overline{\omega}) S_{F_j F_n}(\overline{\omega})$$

$$S_{v(x,t)} = (EI)^2 \sum_{j=1}^{\infty} \sum_{n=1}^{\infty} \varphi_j'''(x)\varphi_n'''(x) H_j(-i\overline{\omega}) H_n(i\overline{\omega}) S_{F_j F_n}(\overline{\omega})$$

对于小阻尼系统,由振型 $j$ 产生的响应与振型 $n$ 产生的响应几乎是统计独立的,因此,上式中各交叉项都相对较小,可以忽略,只保留下标相同的各项即可。

简支梁:$\omega_n = n^2 \pi^2 \sqrt{\dfrac{EI}{\bar{m}L^4}}$;$\varphi_n(x) = \sin\dfrac{n\pi x}{L}$;$n = 1, 2, 3, \cdots$

$$M_j = \int_0^L \varphi_j(x) m(x) \varphi_j(x) dx = \int_0^L \sin\dfrac{j\pi x}{L} \bar{m} \sin\dfrac{j\pi x}{L} dx = \dfrac{1}{2}\bar{m}L;$$

$$C_j = \int_0^L \varphi_j(x) c(x) \varphi_j(x) dx = \int_0^L \sin\dfrac{j\pi x}{L} c \sin\dfrac{j\pi x}{L} dx = \dfrac{1}{2}cL$$

$$P_j(t) = -\int_0^L \varphi_j(x) m(x) \left(1-\dfrac{x}{L}\right) \ddot{v}(0,t) dx - \int_0^L \varphi_j(x) m(x) \dfrac{x}{L} \ddot{v}(L,t) dx$$

$$= -\int_0^L \sin\dfrac{j\pi x}{L} \cdot \bar{m} \cdot \left(1-\dfrac{x}{L}\right) \cdot \ddot{v}(0,t) dx - \int_0^L \sin\dfrac{j\pi x}{L} \cdot \bar{m} \cdot \dfrac{x}{L} \cdot \ddot{v}(L,t) dx$$

$$= -\dfrac{\bar{m}L}{j\pi} \ddot{v}(0,t) + \dfrac{\bar{m}L}{j\pi} \cos j\pi \ddot{v}(L,t) = -\begin{bmatrix} \dfrac{\bar{m}L}{j\pi} & -\dfrac{\bar{m}L}{j\pi}\cos j\pi \end{bmatrix} \begin{bmatrix} \ddot{v}(0,t) \\ \ddot{v}(L,t) \end{bmatrix}$$

注:$\int_0^L \sin\dfrac{j\pi x}{L} \cdot \left(1-\dfrac{x}{L}\right) dx = \int_0^L \sin\dfrac{j\pi x}{L} \cdot dx - \int_0^L \dfrac{x}{L}\sin\dfrac{j\pi x}{L} dx$

$$= -\dfrac{L}{j\pi}\cos\dfrac{j\pi x}{L}\bigg|_0^L - L\left(\dfrac{1}{(j\pi)^2}\sin\dfrac{j\pi x}{L} - \dfrac{x}{j\pi L}\cos\dfrac{j\pi x}{L}\right)\bigg|_0^L$$

$$= -\dfrac{L}{j\pi}(\cos j\pi - 1) - L\left(-\dfrac{1}{j\pi}\cos j\pi\right) = \dfrac{L}{j\pi}$$

$$\int_0^L \sin\dfrac{j\pi x}{L} \cdot \dfrac{x}{L} dx = -\dfrac{L}{j\pi}\cos j\pi$$

$$F_j(t) = \dfrac{P_j}{M_j} = -\begin{bmatrix} \dfrac{2}{j\pi} & (-1)^{j+1}\dfrac{2}{j\pi} \end{bmatrix} \begin{bmatrix} \ddot{v}(0,t) \\ \ddot{v}(L,t) \end{bmatrix} = -\boldsymbol{\psi}_j^T \begin{bmatrix} a_1 \\ a_2 \end{bmatrix}$$

其中:$\boldsymbol{\psi}_j^T = -\dfrac{2}{j\pi}\begin{bmatrix} 1 & (-1)^{j+1} \end{bmatrix}$

$$F_j(t)F_n(t) = \boldsymbol{\psi}_j^T \begin{bmatrix} a_1 \\ a_2 \end{bmatrix} \begin{bmatrix} a_1 & a_2 \end{bmatrix} \boldsymbol{\psi}_n$$

$$S_{F_j F_n}(\overline{\omega}) = \boldsymbol{\psi}_j^T \begin{bmatrix} S_{a_1 a_1} & S_{a_1 a_2} \\ S_{a_2 a_1} & S_{a_2 a_2} \end{bmatrix} \boldsymbol{\psi}_n = S_0 \boldsymbol{\psi}_j^T \begin{bmatrix} 1 & 0.4+0.2i \\ 0.4-0.2i & 0.5 \end{bmatrix} \boldsymbol{\psi}_n$$

$$S_{F_j F_j} = S_0 \left(\dfrac{2}{j\pi}\right)^2 [1.5 + 0.8(-1)^{j+1}]$$

$$S_{v(x,t)} = \sum_{j=1}^{\infty} \varphi_j^2(x) H_j^2(i\overline{\omega}) S_{F_j F_j}(\overline{\omega})$$

$$= \sum_{j=1}^{\infty} \left(\sin \frac{j\pi x}{L}\right)^2 \frac{1}{\omega_j^4 [(1-\beta_j^2)^2 + (2\xi_j\beta_j)^2]} S_0 \left(\frac{2}{j\pi}\right)^2 [1.5 + 0.8(-1)^{j+1}]$$

$$= \sum_{j=1}^{\infty} \frac{4S_0 [1.5 + 0.8(-1)^{j+1}]}{(j\pi\omega_j^2)^2 [(1-\beta_j^2)^2 + (2\xi_j\beta_j)^2]} \left(\sin \frac{j\pi x}{L}\right)^2$$

$$S_{M(x,t)} = (EI)^2 \sum_{j=1}^{\infty} [\varphi_j''(x)]^2 H_j^2(i\bar{\omega}) S_{F_j F_j}(\bar{\omega})$$

$$= (EI)^2 \sum_{j=1}^{\infty} \left(\frac{j\pi}{L}\right)^4 \left(\sin \frac{j\pi x}{L}\right)^2 \frac{1}{\omega_j^4 [(1-\beta_j^2)^2 + (2\xi_j\beta_j)^2]} S_0 \left(\frac{2}{j\pi}\right)^2$$

$$\times [1.5 + 0.8(-1)^{j+1}]$$

$$= (EI)^2 \sum_{j=1}^{\infty} \left(\frac{j\pi}{L}\right)^4 \frac{4S_0 [1.5 + 0.8(-1)^{j+1}]}{(j\pi\omega_j^2)^2 [(1-\beta_j^2)^2 + (2\xi_j\beta_j)^2]} \left(\sin \frac{j\pi x}{L}\right)^2$$

$$S_{V(x,t)} = (EI)^2 \sum_{j=1}^{\infty} [\varphi_j'''(x)]^2 H_j^2(i\bar{\omega}) S_{F_j F_j}(\bar{\omega})$$

$$= (EI)^2 \sum_{j=1}^{\infty} \left(\frac{j\pi}{L}\right)^6 \left(\cos \frac{j\pi x}{L}\right)^2 \frac{1}{\omega_j^4 [(1-\beta_j^2)^2 + (2\xi_j\beta_j)^2]} S_0 \left(\frac{2}{j\pi}\right)^2$$

$$\times [1.5 + 0.8(-1)^{j+1}]$$

$$= (EI)^2 \sum_{j=1}^{\infty} \left(\frac{j\pi}{L}\right)^6 \frac{4S_0 [1.5 + 0.8(-1)^{j+1}]}{(j\pi\omega_j^2)^2 [(1-\beta_j^2)^2 + (2\xi_j\beta_j)^2]} \left(\cos \frac{j\pi x}{L}\right)^2$$

随着 $j$ 的增大，$j\pi\omega_j^2$ 也急剧变大，$S_{v(x,t)}$ 的级数收敛极快。因此，在大多数情况下，仅取一阶。在 $S_{M(x,t)}$ 级数中含有 $\left(\dfrac{j\pi}{L}\right)^4$ 比较 $S_{v(x,t)}$ 而言，收敛变慢，阶数需要取得多一点。在 $S_{V(x,t)}$ 级数中含有 $\left(\dfrac{j\pi}{L}\right)^6$ 比较 $S_{M(x,t)}$ 而言，收敛变得更慢，阶数需要取得更多一点。

**23-3** 图 P23-2 所示锥形竖直悬臂构件受到分布的零均值平稳 Gauss 随机荷载 $p(x,t)$ 作用，其功率谱密度函数为

$$S_p(x,\alpha,\bar{\omega}) = S(\bar{\omega}) \exp[-(A/L)|x-\alpha|]$$

式中，$S(\bar{\omega})$ 是 $\bar{\omega}$ 的已知函数，其单位为 lbf² · s/ft²；$A$ 是一个已知的正的实常数。函数 $m(x)$ 和 $EI(x)$ 均为已知；可以假定具有非耦合形式的粘滞阻尼，每个振型都有相同的阻尼比 $\xi$。概述如何分析此结构的随机反应。作充分详细的解释，表明如果需要这样做的话，确实能得出正确的数值结果。

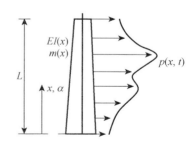

图 P23-2  习题 23-3 的悬臂构件

**解**：运动方程：

$$\frac{\partial^2}{\partial x^2}\left[EI(x)\frac{\partial^2 v(x,t)}{\partial x^2}\right] + c(x)\frac{\partial v(x,t)}{\partial t} + m(x)\frac{\partial^2 v(x,t)}{\partial t^2} = p(x,t)$$

$$v(x,t) = \sum_{n=1}^{\infty} \varphi_n(x) Y_n(t)$$

$$\frac{d^2}{dx^2}\left[EI(x)\sum_{n=1}^{\infty}\frac{d^2\varphi_n(x)}{dx^2}Y_n(t)\right]+c(x)\sum_{n=1}^{\infty}\varphi_n(x)\frac{dY_n(t)}{dt}+m(x)\sum_{n=1}^{\infty}\varphi_n(x)\frac{d^2Y_n(t)}{dt^2}$$
$$=p(x,t)$$

上式前乘 $\varphi_j(x)$，并积分

$$\int_0^L\varphi_j(x)\frac{d^2}{dx^2}\left[EI(x)\sum_{n=1}^{\infty}\frac{d^2\varphi_n(x)}{dx^2}Y_n(t)\right]dx+$$
$$\int_0^L\varphi_j(x)m(x)\sum_{n=1}^{\infty}\varphi_n(x)\frac{d^2Y_n(t)}{dt^2}dx+\int_0^L\varphi_j(x)c(x)\sum_{n=1}^{\infty}\varphi_n(x)\frac{dY_n(t)}{dt}dx$$
$$=\int_0^L\varphi_j(x)p(x,t)dx$$

由梁振型的正交性，假设阻尼为比例阻尼。

$$M_j\ddot{Y}_j(t)+C_j\dot{Y}_j(t)+K_jY_j(t)=P_j(t)$$

其中：$M_j=\int_0^L\varphi_j(x)m(x)\varphi_j(x)dx$；$C_j=\int_0^L\varphi_j(x)c(x)\varphi_j(x)dx$

$$K_j=\int_0^L\varphi_j(x)\frac{d^2}{dx^2}\left[EI(x)\sum_{n=1}^{\infty}\frac{d^2\varphi_n(x)}{dx^2}\right]dx=\int_0^L\varphi_j(x)\omega_j^2m(x)\varphi_j(x)dx=\omega_j^2M_j$$

$$P_j(t)=\int_0^L\varphi_j(x)p(x,t)dx$$

$$\ddot{Y}_j(t)+2\xi_j\omega_j\dot{Y}_j(t)+\omega_j^2Y_j(t)=P_j(t)/M_j=F_j(t);j=1,2,3,\cdots$$

$$H_j(\bar{\omega})=\frac{1}{\omega_j^2-\bar{\omega}^2+2i\xi_j\bar{\omega}};h_j(t)=\frac{1}{2\pi}\int_{-\infty}^{\infty}H_j(\bar{\omega})\exp(i\bar{\omega}t)d\bar{\omega}$$

$$Y_j(t)=\int_{-\infty}^{\infty}h_j(\lambda)F_j(t-\lambda)d\lambda$$

(1) $Y_j(t)$ 和 $Y_n(t)$ 的互相关函数

$$R_{Y_jY_n}(\tau)=\int_{-\infty}^{\infty}\int_{-\infty}^{\infty}h_j(\lambda_j)h_n(\lambda_n)E[F_j(t-\lambda_j)F_n(t-\lambda_n+\tau)]d\lambda_jd\lambda_n$$
$$=\int_{-\infty}^{\infty}\int_{-\infty}^{\infty}h_j(\lambda_j)h_n(\lambda_n)R_{F_jF_n}(\tau+\lambda_j-\lambda_n)d\lambda_jd\lambda_n$$
$$=\int_{-\infty}^{\infty}\int_{-\infty}^{\infty}h_j(\lambda_j)h_n(\lambda_n)\int_{-\infty}^{\infty}S_{F_jF_n}(\bar{\omega})\exp[i\bar{\omega}(\tau+\lambda_j-\lambda_n)]d\bar{\omega}d\lambda_jd\lambda_n$$
$$=\int_{-\infty}^{\infty}H_j(-i\bar{\omega})H_n(i\bar{\omega})S_{F_jF_n}(\bar{\omega})\exp(i\bar{\omega}\tau)d\bar{\omega}$$

$Y_j(t)$ 和 $Y_n(t)$ 的互谱密度为：

$$S_{Y_jY_n}(\bar{\omega})=H_j(-i\bar{\omega})H_n(i\bar{\omega})S_{F_jF_n}(\bar{\omega})$$

其中：$S_{F_jF_n}(\bar{\omega})=\dfrac{1}{M_jM_n}\int_0^L\int_0^L\varphi_j(x)\varphi_n(\alpha)S_P(x,\alpha,\bar{\omega})dxd\alpha$

(2) $v_1=v(x_1,t)$ 和 $v_2=v(x_2,t)$ 的互相关函数

$$R_{v_1v_2}(\tau) = E[v(x_1,t)v(x_2,t+\tau)]$$
$$= \sum_{j=1}^{\infty}\sum_{n=1}^{\infty}\varphi_j(x_1)\varphi_n(x_2)R_{Y_jY_n}(\tau)$$
$$= \sum_{j=1}^{\infty}\sum_{n=1}^{\infty}\varphi_j(x_1)\varphi_n(x_2)\int_{-\infty}^{\infty}H_j(-\mathrm{i}\overline{\omega})H_n(\mathrm{i}\overline{\omega})S_{F_jF_n}(\overline{\omega})\exp(\mathrm{i}\overline{\omega}\tau)\mathrm{d}\overline{\omega}$$

上式中，令 $x_1 = x_2$，可得响应的自相关函数，再令 $\tau = 0$，可得响应的均方值 $E[v^2(x,t)]$。
$v_1 = v(x_1,t)$ 和 $v_2 = v(x_2,t)$ 的互谱密度为：

$$S_{v_1v_2}(\overline{\omega}) = \sum_{j=1}^{\infty}\sum_{n=1}^{\infty}\varphi_j(x_1)\varphi_n(x_2)H_j(-\mathrm{i}\overline{\omega})H_n(\mathrm{i}\overline{\omega})S_{F_jF_n}(\overline{\omega})$$

**附例：**

均匀简支梁的弯曲振动微分方程为

$$EI\frac{\partial^4 v(x,t)}{\partial x^4} + c\frac{\partial v(x,t)}{\partial t} + m\frac{\partial^2 v(x,t)}{\partial t^2} = p(x,t);\ 0<x<l,$$

$EI$, $c$ 和 $m$ 为常数，$p(x,t)$ 为平稳随机过程。假设

$$R_{p_1p_2}(x_1,x_2,\tau) = E[p(x_1,t)p(x_2,t+\tau)] = \sigma^2\exp(-a|x_1-x_2|)\delta[\tau],$$

其中 $\delta[\tau]$ 为狄拉克 $\delta$-函数，求响应 $v(x,t)$ 的均方值。

**解：**均匀简支梁的固有频率和正规化振型为：

$$\omega_n = \sqrt{\frac{EI}{m}}\left(\frac{n\pi}{l}\right)^2;\ \varphi_n(x) = \sqrt{\frac{2}{ml}}\sin\frac{n\pi x}{l}\quad (n=1,2,3,\cdots)$$

令 $v(x,t) = \sum_{n=1}^{\infty}\varphi_n(x)Y_n(t)$ 代入振动微分方程得

$$\ddot{Y}_n(t) + 2\xi_n\omega_n\dot{Y}_n(t) + \omega_n^2 Y_n(t) = F_n(t);\ n=1,2,3,\cdots$$

其中 $F_n(t) = \int_0^l \varphi_n(x)p(x,t)\mathrm{d}x;\ 2\xi_n\omega_n = \dfrac{c}{m}$

$$H_n(\mathrm{i}\overline{\omega}) = \frac{1}{\omega_n^2 - \overline{\omega}^2 + 2\mathrm{i}\xi_n\overline{\omega}\omega_n} = \frac{m}{EI\left(\dfrac{n\pi}{l}\right)^4 - m\overline{\omega}^2 + \mathrm{i}c\overline{\omega}};$$

由 $R_{p_1p_2}(x_1,x_2,\tau) = \sigma^2\exp(-a|x_1-x_2|)\delta[\tau]$ 得

$$S_{p_1p_2}(x_1,x_2,\overline{\omega}) = \frac{\sigma^2}{2\pi}\exp(-a|x_1-x_2|)$$

$$S_{F_jF_n}(\overline{\omega}) = \int_0^l\int_0^l \varphi_j(x_1)\varphi_n(x_2)S_{p_1p_2}(x_1,x_2,\overline{\omega})\mathrm{d}x_1\mathrm{d}x_2$$
$$= \frac{\sigma^2}{\pi ml}\left\{\int_0^l \mathrm{d}x_1\int_0^{x_1}\sin\frac{j\pi x_1}{l}\sin\frac{n\pi x_2}{l}\mathrm{e}^{-a(x_1-x_2)}\mathrm{d}x_2\right.$$
$$\left. + \int_0^l \mathrm{d}x_2\int_0^{x_2}\sin\frac{j\pi x_1}{l}\sin\frac{n\pi x_2}{l}\mathrm{e}^{-a(x_2-x_1)}\mathrm{d}x_1\right\}$$

$$= \frac{\sigma^2}{\pi ml} \left\{ \frac{al}{2} \left[ \frac{1}{a^2 + \left(\frac{j\pi}{l}\right)^2} + \frac{1}{a^2 + \left(\frac{n\pi}{l}\right)^2} \right] \delta_{jn} + \right.$$

$$\left. \frac{j\pi}{l} \cdot \frac{n\pi}{l} \cdot \frac{2 + e^{-al}\left[(-1)^{j+1} + (-1)^{n+1}\right]}{\left[a^2 + \left(\frac{j\pi}{l}\right)^2\right]\left[a^2 + \left(\frac{n\pi}{l}\right)^2\right]} \right\}$$

代入 $R_{v_1 v_2}(\tau) = \sum_{j=1}^{\infty} \sum_{n=1}^{\infty} \varphi_j(x_1) \varphi_n(x_2) \int_{-\infty}^{\infty} H_j(-i\bar{\omega}) H_n(i\bar{\omega}) S_{F_j F_n}(\bar{\omega}) \exp(i\bar{\omega}\tau) d\bar{\omega}$

并令 $x_1 = x_2 = x$ 和 $\tau = 0$，得

$$E[v^2(x, t)] = R_v(0) = \sum_{j=1}^{\infty} \sum_{n=1}^{\infty} \varphi_j(x) \varphi_n(x) \int_{-\infty}^{\infty} H_j(-i\bar{\omega}) H_n(i\bar{\omega}) S_{F_j F_n}(\bar{\omega}) d\bar{\omega}$$

$$= \frac{32 c\sigma^2}{\pi^4 m^2 EI} \sum_{j=1}^{\infty} \sum_{n=1}^{\infty} \sin\frac{j\pi x}{l} \sin\frac{n\pi x}{l} \left\{ \frac{al}{2} \left[ \frac{1}{a^2 + \left(\frac{j\pi}{l}\right)^2} + \frac{1}{a^2 + \left(\frac{n\pi}{l}\right)^2} \right] \delta_{jn} + \right.$$

$$\left. \frac{jn\pi^2}{l^2} \times \frac{2 + e^{-al}\left[(-1)^{j+1} + (-1)^{n+1}\right]}{\left[a^2 + \left(\frac{j\pi}{l}\right)^2\right]\left[a^2 + \left(\frac{n\pi}{l}\right)^2\right]} \right\} \times$$

$$\left[ \frac{EI}{m} \left(\frac{\pi}{l}\right)^4 (j^4 - n^4) + 2\left(\frac{c}{m}\right)^2 (j^4 + n^4) \right]$$

# 第 V 篇　地震工程

# 第 24 章 地 震 学 基 础

**24-1** 如何理解地震活动性?其主要指标是什么?

**解:** 地震活动性决定了地震荷载的程度,它可以控制在该地区计划建造的任何结构物的设计。地震活动程度的主要指标是该区域发生过的地震历史记录。

**24-2** 什么是地质断层?断层面的取向如何定义?

**解:** 当岩石的应变超过其材料的变形能力时,岩体中会出现许多断裂,断裂面的相对滑动形成所谓的地质断层。断层面的取向用"走向"和"倾斜"来描述,"走向"是断层和地平面的交线与北向的方位角,"倾斜"是断层面与水平地面的夹角。

**24-3** 地震的震源是指什么位置?地震的震中是指什么位置?

**解:** 地震的震源是指断层上最早断裂的点。地震的震中是指正对震源地表面的点。

**24-4** 地震运动在地球内部深处传播时分为两类波,分别是什么?又是如何定义的?两者有什么特点?

**解:** 地震运动在地球内部深处传播时分为两类波分别是"P"波(或纵波,主波)和"S"波(或横波,次波)。"P"波是指材料质点在波的传播方向上运动,产生交替的拉压变形,是正应力波,通过岩石传播的速度快。"S"波是指材料质点在与波传播方向垂直的方向上运动,产生剪切变形,是剪应力波,通过岩石传播的速度比"P"波慢(如图 24-3a,b)。

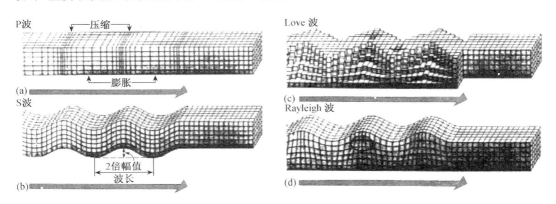

图 24-3 图解说明四种地震波在接近地表面的地面运动的形式

**24-5** 地震运动在接近地球表面传播时分为两类波,分别是什么?又是如何定义的?两者有什么特点?

**解:** 地震运动在接近地球表面传播时分为两类波,分别是 Rayleigh 波和 Love 波。Rayleigh 表面波是类似于"P"波的拉压波,其幅值沿地面向下的距离逐渐消失。Love 波是类似于"S"波的剪切波,它沿地面向下的距离迅速消失(如图 24-3c,d)。

**24-6** 地震大小的度量?

**解**:地震大小的度量是按震源释放的应变能数量,定量标记为震级。

$$\log E = 11.8 + 1.5M$$

其中:$E$ 为地震能量,$M$ 为震级。

地震工程师关心的是地面运动对结构产生应力和变形或破坏程度。通常用地震烈度表示,即在任意一点观察地面运动的激烈程度。

# 第 25 章　自由场表面的地面运动

**25-1**　给出谱相对位移、谱相对速度、谱绝对加速度的定义表达式。

**解：**

谱相对位移：

$$S_d(\xi, \omega) = \max\left\{\left|\frac{1}{\omega}\int_0^t \ddot{v}_g(\tau)\sin\omega(t-\tau)\exp[-\xi\omega(t-\tau)]\mathrm{d}\tau\right|\right\}$$

谱相对速度：

$$S_v(\xi, \omega) = \max\left\{\left|\int_0^t \ddot{v}_g(\tau)[\cos\omega(t-\tau) - \xi\sin\omega(t-\tau)]\exp[-\xi\omega(t-\tau)]\mathrm{d}\tau\right|\right\}$$

谱绝对加速度：

$$S_a(\xi, \omega) = \max\left\{\left|\omega(2\xi^2-1)\int_0^t \ddot{v}_g(\tau)\sin\omega(t-\tau)\exp[-\xi\omega(t-\tau)]\mathrm{d}\tau - 2\omega\xi\int_0^t \ddot{v}_g(\tau)\cos\omega(t-\tau)\exp[-\xi\omega(t-\tau)]\mathrm{d}\tau\right|\right\}$$

**25-2**　给出伪速度谱反应、伪加速度谱反应的定义表达式。

**解：**

伪速度谱反应：

$$S_{pv}(\xi, \omega) = \max\left\{\left|\int_0^t \ddot{v}_g(\tau)\sin\omega(t-\tau)\exp[-\xi\omega(t-\tau)]\mathrm{d}\tau\right|\right\}$$

伪加速度谱反应：

$$S_{pa}(\xi, \omega) = \omega S_{pv}(\xi, \omega) = \omega\max\left\{\left|\int_0^t \ddot{v}_g(\tau)\sin\omega(t-\tau)\exp[-\xi\omega(t-\tau)]\mathrm{d}\tau\right|\right\}$$

**25-3**　影响反应谱的因素有哪些？现代设计中反应谱曲线常根据哪两个参数确定？为什么？

**解：** 影响反应谱的因素有震源机制、震中距、震源深度、地质条件、Richter 震级、土质条件、阻尼比和周期等。对一个固定强度水准正规化设计时反应谱曲线常根据土质条件和阻尼比来确定。主要是其他因素对反应谱曲线影响知识的缺乏，或无法量化，常常忽略。

# 第 26 章 确定性地震反应:在刚性基础上的体系

**26-1** 假定图 26-1 的结构有下面的性质:$m = 3.2 \text{ kips} \cdot \text{s}^2/\text{in}[560.32 \times 10^3 \text{ kg}]$;$k = 48 \text{ kips/in}[8\,404.8 \text{ kN/m}]$;$\xi = 0.05$。

试求用图 25-9 的 $S_2$ 型反应谱的 $0.3g$ 峰值加速度地震引起的最大位移和基底剪力。

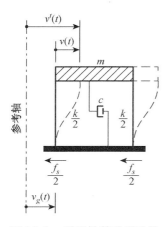

图 26-1 受刚性基础平动的集中参数的单自由度体系

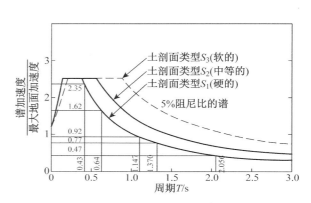

图 25-9 被推荐在建筑规范使用的 ATC-3 正规化反应谱

**解:** $\omega = \sqrt{\dfrac{k}{m}} = \sqrt{\dfrac{8\,404.8 \times 10^3}{560.32 \times 10^3}} = 3.873\,0 \text{ rad/s}$; $T = \dfrac{2\pi}{\omega} = \dfrac{2\pi}{3.873\,0} = 1.622\,3 \text{ s}$

谱加速度

$S_{pa} = 0.3g \times 0.58 = 0.3 \times 9.807 \times 0.58 = 1.706\,4 \text{ m} \cdot \text{s}^{-2}$ (0.58,图 25-9 中查出)

$v_{\max} = \dfrac{S_{pa}}{\omega^2} = \dfrac{1.706\,4}{3.873\,0^2} = 0.113\,8 \text{ m}$

$V_{\max} = kv_{\max} = 8\,404.8 \times 10^3 \times 0.113\,8 = 956.466\,2 \text{ kN}$

或 $V_{\max} = mS_{pa} = 560.32 \times 10^3 \times 1.706\,4 = 956.130\,0 \text{ kN}$

**26-2** 重做习题 26-1,假定结构刚度增加到 $k = 300 \text{ kips/in}[52\,530 \text{ kN/m}]$。试说明增加刚度的效果可作为增加地震抗力的手段。

**解:** $\omega = \sqrt{\dfrac{k}{m}} = \sqrt{\dfrac{52\,530 \times 10^3}{560.32 \times 10^3}} = 9.682\,5 \text{ rad/s}$; $T = \dfrac{2\pi}{\omega} = \dfrac{2\pi}{9.682\,5} = 0.648\,9 \text{ s}$

谱加速度

$S_{pa} = 0.3g \times 1.60 = 0.3 \times 9.807 \times 1.60 = 4.707\,4 \text{ m} \cdot \text{s}^{-2}$（1.60，图 25-9 中查出）

$v_{\max} = \dfrac{S_{pa}}{\omega^2} = \dfrac{4.707\,4}{9.682\,5^2} = 0.050\,2 \text{ m}$

$V_{\max} = k v_{\max} = 52\,530 \times 10^3 \times 0.050\,2 = 2\,637.006 \text{ kN}$

或 $V_{\max} = m S_{pa} = 560.32 \times 10^3 \times 4.707\,4 = 2\,637.65 \text{ kN}$

可见 $V_{\max}^{k1} < V_{\max}^{k2}$；$v_{\max}^{k1} > v_{\max}^{k2}$

说明增加刚度可作为增加地震抗力的手段。

**26-3** 假定图 E26-1 的均匀悬臂柱有 $\bar{m} = 0.016 \text{ kips} \cdot \text{s}^2/\text{ft}^2 [765.88 \text{ kg/m}]$ 和 $EI = 10^6 \text{ kips} \cdot \text{ft}^2 [413.2 \times 10^6 \text{ N} \cdot \text{m}^2]$ 的性质，并且它的挠曲形状是 $\psi(x) = 1 - \cos(\pi x/2L)$。如果这个结构受图 25-9 的 $S_1$ 型反应谱的 $0.3g$ 峰值加速度地震。

（a）试求最大顶点位移，基底弯矩和基底剪力。

（b）试求在中间高度的最大位移、弯矩和剪力。

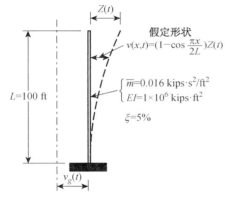

图 E26-1 均匀悬臂柱的单自由度简化

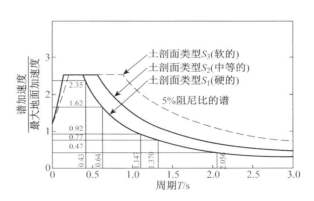

图 25-9 被推荐在建筑规范使用的 ATC-3 正规化反应谱

**解：** $L = 100 \text{ ft} [30.48 \text{ m}]$

$\ddot{Z}(t) + 2\xi\omega\dot{Z}(t) + \omega^2 Z(t) = \dfrac{\mathcal{L}}{m^*}\ddot{v}_g(t)$

$m^* = \displaystyle\int_0^L \bar{m}(x)[\psi(x)]^2 \,\mathrm{d}x$

$= \bar{m}\displaystyle\int_0^L \left(1 - \cos\dfrac{\pi x}{2L}\right)^2 \mathrm{d}x = \dfrac{(3\pi - 8)\bar{m}L}{2\pi} = 5.293\,5 \times 10^3 \text{ kg}$

$k^* = \displaystyle\int_0^L EI(x)[\psi''(x)]^2 \,\mathrm{d}x$

$= EI\displaystyle\int_0^L \left(\dfrac{\pi^2}{4L^2}\cos\dfrac{\pi x}{2L}\right)^2 \mathrm{d}x = \dfrac{\pi^4 EI}{32 L^3} = 44.418\,6 \text{ kN/m}$

$\mathcal{L} = \displaystyle\int_0^L \bar{m}(x)\psi(x) \,\mathrm{d}x$

$$= \bar{m}\int_0^L \left(-\cos\frac{\pi x}{2L}\right)\mathrm{d}x = \frac{(\pi-2)\bar{m}L}{\pi} = 8.482\ 8\times 10^3\ \mathrm{kg}$$

$$\omega = \sqrt{\frac{k^*}{m^*}} = \sqrt{\frac{44.418\ 6\times 10^3}{5.293\ 5\times 10^3}} = 2.896\ 7\ \mathrm{rad/s}$$

$$T = \frac{2\pi}{\omega} = \frac{2\pi}{2.896\ 7} = 2.169\ 0\ \mathrm{s}$$

谱加速度

$$S_{pa} = 0.3g \times 0.42 = 0.3 \times 9.807 \times 0.42 = 1.235\ 7\ \mathrm{m\cdot s^{-2}}\ (0.42,\text{图 25-9 中得到})$$

$$Z_{\max} = \frac{\mathcal{L}}{m^* \cdot \omega^2} \cdot S_{pa} = \frac{8.482\ 8\times 10^3}{5.293\ 5\times 10^3 \times 2.896\ 7^2} \cdot 1.235\ 7 = 0.236\ 0\ \mathrm{m}$$

最大顶点位移:$v_{\max} = Z_{\max}\psi(L) = 0.236\ 0\times\left(1-\cos\frac{\pi L}{2L}\right) =$
0.236 0 m

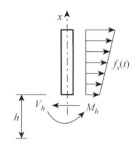

地震引起的弹性力:$f_S(x,t) = \omega^2 m(x) v(x,t) = m(x)\psi(x)\dfrac{\mathcal{L}}{m^*}\omega V(t)$

基地的剪力:$V_0(t) = \int_0^L f_S(x,t)\mathrm{d}x$

$$= \int_0^L m(x)\psi(x)\frac{\mathcal{L}}{m^*}\omega V(t)\mathrm{d}x = \frac{\mathcal{L}^2}{m^*}\cdot\omega V(t)$$

最大基地剪力:$V_{0,\max}(t) = \dfrac{\mathcal{L}^2}{m^*}S_{pa} = \dfrac{8.482\ 8^2\times 10^6}{5.293\ 5\times 10^3}\times 1.235\ 7 = 16.797\ 7\ \mathrm{kN}$

基地弯矩:$M_0(t) = \int_0^L x\cdot f_S(x,t)\mathrm{d}x = \dfrac{\mathcal{L}}{m^*}\cdot\omega V(t)\int_0^L x\cdot m(x)\cdot\psi(x)\mathrm{d}x$

$$= \frac{\mathcal{L}}{m^*}\cdot\bar{m}\cdot\omega V(t)\int_0^L x\cdot\left(1-\cos\frac{\pi x}{2L}\right)\mathrm{d}x$$

$$= \frac{\mathcal{L}}{m^*}\cdot\bar{m}\cdot\omega V(t)\cdot L^2\left(\frac{1}{2}-\frac{2}{\pi}+\frac{4}{\pi^2}\right)$$

最大基地弯矩:$M_{0,\max}(t) = \dfrac{\mathcal{L}}{m^*}\cdot\bar{m}\cdot S_{pa}\cdot L^2\left(\dfrac{1}{2}-\dfrac{2}{\pi}+\dfrac{4}{\pi^2}\right)$

$$= \frac{8.482\ 8\times 10^3}{5.293\ 5\times 10^3}\times 765.88\times 1.235\ 7\times 30.48^2\times$$

$$\left(\frac{1}{2}-\frac{2}{\pi}+\frac{4}{\pi^2}\right)$$

$$= 378.539\ 4\ \mathrm{kN\cdot m}$$

任一 h 高度截面的位移、剪力和弯矩表达式为:

最大位移:$v_{\max}(h) = Z_{\max}\psi(h) = 0.236\ 0\times\left(1-\cos\dfrac{\pi h}{2L}\right)$ m

$$v_{\max}\left(\frac{L}{2}\right) = Z_{\max}\psi\left(\frac{L}{2}\right) = 0.2360 \times \left(1 - \cos\frac{\pi}{4}\right) = 0.0691 \text{ m}$$

$$V_h(t) = \int_h^L f_S(x, t)\mathrm{d}x = \frac{\mathscr{L}}{m^*} \cdot \omega V(t)\int_h^L m(x) \cdot \psi(x)\mathrm{d}x$$

$$= \frac{\mathscr{L}}{m^*} \cdot \bar{m} \cdot \omega V(t)\int_h^L \left(1 - \cos\frac{\pi x}{2L}\right)\mathrm{d}x$$

$$= \frac{\mathscr{L}}{m^*} \cdot \bar{m} \cdot \omega V(t)\left(L - h - \frac{2L}{\pi} + \frac{2L}{\pi}\sin\frac{\pi h}{2L}\right)$$

$$V_{h=\frac{L}{2}}(t) = \frac{\mathscr{L}}{m^*} \cdot \bar{m} \cdot \omega V(t)\left[\frac{L}{2} - \frac{2L}{\pi} + \frac{\sqrt{2}L}{\pi}\right]$$

$$V_{\max}\left(\frac{L}{2}, t\right) = \frac{\mathscr{L}}{m^*} \cdot \bar{m} \cdot S_{pa} \times \left[\frac{L}{2} - \frac{2L}{\pi} + \frac{\sqrt{2}L}{\pi}\right]$$

$$= \frac{8.4828 \times 10^3}{5.2935 \times 10^3} \times 765.88 \times 1.2357 \times 30.48 \times \left(\frac{1}{2} - \frac{2}{\pi} + \frac{\sqrt{2}}{\pi}\right)$$

$$= 14.4936 \text{ kN}$$

$$M_h(t) = \int_h^L x f_S(x, t)\mathrm{d}x = \frac{\mathscr{L}}{m^*} \cdot \omega V(t)\int_h^L m(x) \cdot \psi(x) \cdot (x-h)\mathrm{d}x$$

$$= \frac{\mathscr{L}}{m^*} \cdot \bar{m} \cdot \omega V(t)\int_h^L \left(1 - \cos\frac{\pi x}{2L}\right) \cdot (x-h)\mathrm{d}x$$

$$= \frac{\mathscr{L}}{m^*} \cdot \bar{m} \cdot \omega V(t)\left[\frac{1}{2}(L-h)^2 - \frac{2L(L-h)}{\pi} + \left(\frac{2L}{\pi}\right)^2 \cos\frac{\pi h}{2L}\right]$$

$$M_{h=\frac{L}{2}}(t) = \frac{\mathscr{L}}{m^*} \cdot \bar{m} \cdot \omega V(t)\left(\frac{1}{8} - \frac{1}{\pi} + \frac{2\sqrt{2}}{\pi^2}\right)L^2$$

$$M_{\max}\left(\frac{L}{2}, t\right) = \frac{\mathscr{L}}{m^*} \cdot \bar{m} \cdot S_{pa}\left[\frac{1}{8} - \frac{1}{\pi} + \frac{2\sqrt{2}}{\pi^2}\right]L^2$$

$$= \frac{8.4828 \times 10^3}{5.2935 \times 10^3} \times 765.88 \times 1.2357 \times 30.48^2 \times$$

$$\left(\frac{1}{8} - \frac{1}{\pi} + \frac{2\sqrt{2}}{\pi^2}\right) = 131.4137 \text{ kN} \cdot \text{m}$$

**26-4** 重做习题 26-3，假定同样反应谱形状但考虑下面非均匀质量和刚度性质：

$$m(x) = 0.01(2 - x/L) \text{ kips} \cdot \text{s}^2/\text{ft}^2 = 478.7787(2 - x/L) \text{ kg/m}$$

$$EI(x) = 5 \times 10^5 (1 - x/L)^2 \text{ kips} \cdot \text{ft}^2 = 2.0662 \times 10^5 (1 - x/L)^2 \text{ kN} \cdot \text{m}^2$$

利用 $\Delta x = L/2$ 的 Simpson 法则来计算广义性质积分。

**解：** $\ddot{Z}(t) + 2\xi\omega\dot{Z}(t) + \omega^2 Z(t) = \frac{\mathscr{L}}{m^*}\ddot{v}_g(t)$

$$m^* = \int_0^L m(x)[\psi(x)]^2 \mathrm{d}x$$

$$= \int_0^L 478.778\,7 \times \left(2 - \frac{x}{L}\right)\left(1 - \cos\frac{\pi x}{2L}\right)^2 \mathrm{d}x \quad \text{注}: = \frac{\Delta x}{3}(y_0 + 4y_1 + 2y_2)$$

$$\approx \frac{L/2}{3} \times 478.778\,7 \times \left[0 + 4 \times \frac{3}{2} \times \left(1 - \frac{\sqrt{2}}{2}\right)^2 + 2 \times 1\right] = 6.116\,3 \times 10^3 \text{ kg}$$

$$k^* = \int_0^L EI(x)[\psi''(x)]^2 \mathrm{d}x$$

$$= \int_0^L 2.066\,2 \times 10^5 \left(1 - \frac{x}{L}\right)^2 \left(\frac{\pi^2}{4L^2}\cos\frac{\pi x}{2L}\right)^2 \mathrm{d}x$$

$$\approx \frac{L/2}{3} \times 2.066\,2 \times 10^5 \times \left(\frac{\pi^2}{4L^2}\right)^2 \left[1 + 4 \times \frac{1}{8} + 0\right] = \frac{2.066\,2\pi^4}{64L^3} \times 10^5$$

$$= 11.105\,7 \text{ kN/m}$$

$$\mathscr{L} = \int_0^L m(x)\psi(x)\mathrm{d}x$$

$$= \int_0^L 478.778\,7 \times \left(2 - \frac{x}{L}\right)\left(1 - \cos\frac{\pi x}{2L}\right)\mathrm{d}x$$

$$\approx \frac{L/2}{3} \times 478.778\,7 \times \left[0 + 4 \times \frac{3}{2} \times \left(1 - \frac{\sqrt{2}}{2}\right) + 2 \times 1\right] = 9.138\,6 \times 10^3 \text{ kg}$$

$$\omega = \sqrt{\frac{k^*}{m^*}} = \sqrt{\frac{11.105\,7 \times 10^3}{6.116\,3 \times 10^3}} = 1.347\,5 \text{ rad/s}$$

$$T = \frac{2\pi}{\omega} = \frac{2\pi}{1.347\,5} = 4.662\,8 \text{ s}$$

$$S_{pa} = 0.3g \times 0.316 = 0.3 \times 9.807 \times 0.316 = 0.929\,7 \text{ m} \cdot \text{s}^{-2}$$

其中 0.316，在图 25-9 中得到。

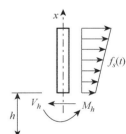

$$Z_{\max} = \frac{\mathscr{L}}{m^* \cdot \omega^2} \cdot S_{pa} = \frac{9.138\,6 \times 10^3}{6.116\,3 \times 10^3 \times 1.347\,5^2} \cdot 0.929\,7$$

$$= 0.765 \text{ m}$$

$$v_{\max} = Z_{\max}\psi(L) = 0.765 \times \left(1 - \cos\frac{\pi L}{2L}\right) = 0.765 \text{ m}$$

$$f_S(x, t) = \omega^2 m(x)v(x, t) = m(x)\psi(x)\frac{\mathscr{L}}{m^*}\omega V(t)$$

$$V_0(t) = \int_0^L f_S(x, t)\mathrm{d}x = \frac{\mathscr{L}^2}{m^*} \cdot \omega V(t)$$

$$V_0(t) = \int_0^L \omega^2 m(x)v(x, t)\mathrm{d}x$$

$$= \int_0^L m(x)\psi(x)\frac{\mathscr{L}}{m^*}\omega V(t)\mathrm{d}x$$

$$= \frac{\mathscr{L}}{m^*}\omega V(t)\int_0^L m(x)\psi(x)\mathrm{d}x = \frac{\mathscr{L}^2}{m^*}\omega V(t)$$

$$V_{0,\max}(t) = \frac{\mathscr{L}^2}{m^*}S_{pa} = \frac{9.1386^2 \times 10^6}{6.1163 \times 10^3} \times 0.9297 = 12.6944 \text{ kN}$$

$$M_0(t) = \int_0^L x \cdot f_S(x, t)\mathrm{d}x$$

$$= \frac{\mathscr{L}}{m^*} \cdot \omega V(t) \int_0^L x \times 478.7787 \times \left(2 - \frac{x}{L}\right)\left(1 - \cos\frac{\pi x}{2L}\right)\mathrm{d}x$$

$$= \frac{\mathscr{L}}{m^*} \cdot \omega V(t) \times 478.7787 \times \frac{L^2}{6}\left(5 - \frac{3\sqrt{2}}{2}\right) \text{(利用 } \Delta x = L/2 \text{ 的 Simpson 法)}$$

$$M_{0,\max}(t) = \frac{\mathscr{L}}{m^*} \cdot S_{pa} \times 478.7787 \times \frac{L^2}{6}\left(5 - \frac{3\sqrt{2}}{2}\right)$$

$$= \frac{9.1386 \times 10^3}{6.1163 \times 10^3} \cdot 0.9297 \times 478.7787 \times \frac{30.48^2}{6}\left(5 - \frac{3\sqrt{2}}{2}\right)$$

$$= 296.4426 \text{ kN} \cdot \text{m}$$

中间高度截面的最大位移、剪力和弯矩表达式为：

$$v_{\max}\left(\frac{L}{2}\right) = Z_{\max}\psi\left(\frac{L}{2}\right) = 0.765 \times \left(1 - \cos\frac{\pi}{4}\right) = 0.2241 \text{ m}$$

$$V_{\frac{L}{2}}(t) = \int_{\frac{L}{2}}^L f_S(x, t)\mathrm{d}x = \frac{\mathscr{L}}{m^*} \cdot \omega V(t) \int_{\frac{L}{2}}^L m(x) \cdot \psi(x)\mathrm{d}x$$

$$= \frac{\mathscr{L}}{m^*} \cdot \omega V(t) \int_{\frac{L}{2}}^L 478.7787 \times \left(2 - \frac{x}{L}\right)\left(1 - \cos\frac{\pi x}{2L}\right)\mathrm{d}x$$

$$= 5.5022 \times 10^3 \frac{\mathscr{L}}{m^*} \cdot \omega V(t)$$

$$V_{\max}\left(\frac{L}{2}\right) = 5.5022 \times 10^3 \frac{\mathscr{L}}{m^*} \cdot S_{pa} = 5.5022 \times 10^3 \times \frac{9.1386 \times 10^3}{6.1163 \times 10^3} \times 0.9297$$

$$= 7.6431 \text{ kN}$$

$$M_{\frac{L}{2}}(t) = \int_{\frac{L}{2}}^L x f_S(x, t)\mathrm{d}x = \frac{\mathscr{L}}{m^*} \cdot \omega V(t) \int_{\frac{L}{2}}^L m(x) \cdot \psi(x) \cdot \left(x - \frac{L}{2}\right)\mathrm{d}x$$

$$= \frac{\mathscr{L}}{m^*} \cdot \omega V(t) \int_{\frac{L}{2}}^L 478.7787 \times \left(2 - \frac{x}{L}\right)\left(1 - \cos\frac{\pi x}{2L}\right) \cdot \left(x - \frac{L}{2}\right)\mathrm{d}x$$

$$= 47.2612 \times 10^3 \frac{\mathscr{L}}{m^*} \cdot \omega V(t)$$

$$M_{\max}\left(\frac{L}{2}\right) = 47.2612 \times 10^3 \frac{\mathscr{L}}{m^*} \cdot S_{pa} = 47.2612 \times 10^3 \times \frac{9.1386 \times 10^3}{6.1163 \times 10^3} \times 0.9297$$

$$= 65.6506 \text{ kN} \cdot \text{m}$$

**26-5** 类似于图 E26-2 所示的建筑物有下面的质量和振动性质

$$\boldsymbol{m} = 2 \times \begin{bmatrix} 1 & 0 & 0 \\ 0 & 1 & 0 \\ 0 & 0 & 1 \end{bmatrix} \text{kips} \cdot \text{s}^2/\text{ft} = 29\,180 \times \begin{bmatrix} 1 & 0 & 0 \\ 0 & 1 & 0 \\ 0 & 0 & 1 \end{bmatrix} \text{kg};$$

$$\boldsymbol{\Phi} = \begin{bmatrix} 1.000 & 1.000 & 1.00 \\ 0.548 & -1.522 & -6.26 \\ 0.198 & -0.872 & 12.10 \end{bmatrix}; \quad \boldsymbol{\omega} = \begin{bmatrix} 3.88 \\ 9.15 \\ 15.31 \end{bmatrix} \text{rad/s}$$

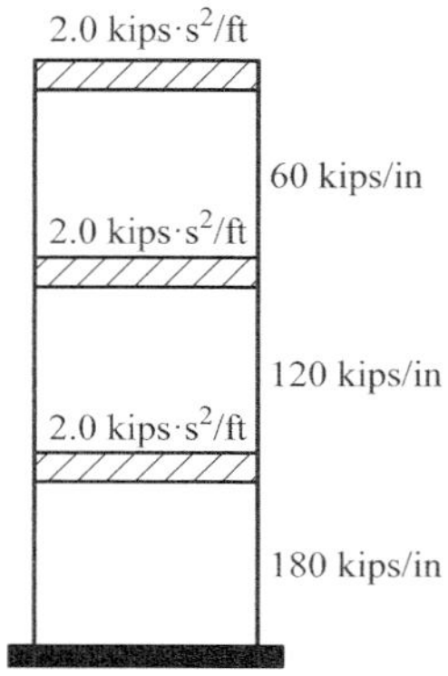

三个振型的反应积分是

$$\boldsymbol{V}(t_1) = \begin{bmatrix} 1.38 \\ -0.50 \\ 0.75 \end{bmatrix} \text{ft/s} = \begin{bmatrix} 0.420\,6 \\ -0.152\,4 \\ 0.228\,6 \end{bmatrix} \text{m/s}$$

图 E26-2 建筑框架和它的振动特性

每层的高度是 12 ft[3.657 6 m]。试求在地震期间 $t_1$ 时刻的每层楼位移、颠覆力矩和每层内的剪力。

**解**: $\boldsymbol{M}_n = \boldsymbol{\Phi}^{\mathrm{T}} \boldsymbol{m} \boldsymbol{\Phi} = \begin{bmatrix} 0.039\,1 & 0 & 0 \\ 0 & 0.119\,0 & 0 \\ 0 & 0 & 5.374\,6 \end{bmatrix} \times 10^6 \text{ kg}$

$\mathscr{L}_n = \boldsymbol{\Phi}^{\mathrm{T}} \boldsymbol{m} \begin{bmatrix} 1 & 1 & 1 \end{bmatrix}^{\mathrm{T}} = \begin{bmatrix} 0.509\,5 & -0.406\,8 & 1.966\,7 \end{bmatrix}^{\mathrm{T}} \times 10^5 \text{ kg}$

$\boldsymbol{Y}(t_1) = \left\{ \dfrac{\mathscr{L}_n}{M_n \omega_n} V_n(t_1) \right\} = \begin{bmatrix} 0.141\,3 & -0.005\,7 & 0.000\,5 \end{bmatrix}^{\mathrm{T}} \text{ m}$ 注: $\mathscr{L}_n$ 取正

每层楼的位移

$$\boldsymbol{v}(t_1) = \boldsymbol{\Phi} \boldsymbol{Y}(t_1) = \begin{bmatrix} 1.000 & 1.000 & 1.00 \\ 0.548 & -1.522 & -6.26 \\ 0.198 & -0.872 & 12.10 \end{bmatrix} \begin{bmatrix} 0.141\,3 \\ -0.005\,7 \\ 0.000\,5 \end{bmatrix} = \begin{bmatrix} 0.136\,2 \\ 0.082\,7 \\ 0.039\,5 \end{bmatrix} \text{m}$$

每层楼的弹性力

$$\boldsymbol{f}_S(t_1) = \boldsymbol{\Phi} \boldsymbol{m} \left\{ \dfrac{\mathscr{L}_n}{M_n} \omega_n V_n(t_1) \right\} = \begin{bmatrix} 51.097\,9 & 31.798\,2 & 69.268\,3 \end{bmatrix}^{\mathrm{T}} \text{ kN}$$

每层楼内剪力

$$\boldsymbol{F}_S(t_1) = \begin{bmatrix} 1 & 0 & 0 \\ 1 & 1 & 0 \\ 1 & 1 & 1 \end{bmatrix} \cdot \boldsymbol{f}_S(t_1) = \begin{bmatrix} 1 & 0 & 0 \\ 1 & 1 & 0 \\ 1 & 1 & 1 \end{bmatrix} \begin{bmatrix} 51.897\,9 \\ 31.798\,2 \\ 69.268\,3 \end{bmatrix} = \begin{bmatrix} 51.897\,9 \\ 83.696\,1 \\ 152.964\,4 \end{bmatrix} \text{kN}$$

每层楼的颠覆力矩

$$\boldsymbol{M}(t_1) = 3.657\,6 \times \begin{bmatrix} 1 & 0 & 0 \\ 2 & 1 & 0 \\ 3 & 2 & 1 \end{bmatrix} \cdot \boldsymbol{f}_S(t_1) = 3.657\,6 \times \begin{bmatrix} 1 & 0 & 0 \\ 2 & 1 & 0 \\ 3 & 2 & 1 \end{bmatrix} \begin{bmatrix} 51.897\,9 \\ 31.798\,2 \\ 69.268\,3 \end{bmatrix}$$

$$= \begin{bmatrix} 189.822 \\ 495.949 \\ 1\,055.431 \end{bmatrix} \text{kN} \cdot \text{m}$$

**26-6** 对于习题 26-5 的结构和地震,这三个振型的反应谱值是

$$S_a = \begin{bmatrix} 9.66 \\ 5.15 \\ 12.88 \end{bmatrix} \text{ft/s}^2 = \begin{bmatrix} 2.944\ 4 \\ 1.569\ 7 \\ 3.925\ 8 \end{bmatrix} \text{m/s}^2$$

(a) 对每一个振动振型,试计算在每层标高的位移和颠覆力矩的最大值和在每层内的最大剪力。

(b) 用 SRSS 方法,试确定(a)的每一个反应量的近似的总最大值。

**解:**(a) 每层楼的振型最大位移

$$v_{n,\max} = \phi_n \frac{\mathscr{L}_n S_{a,n}}{M_n \omega_n^2}$$

$$\begin{bmatrix} v_{1,\max} & v_{2,\max} & v_{2,\max} \end{bmatrix} = \begin{bmatrix} 0.254\ 9 & 0.006\ 4 & 0.000\ 6 \\ 0.139\ 7 & -0.006\ 9 & -0.003\ 8 \\ 0.050\ 5 & -0.005\ 6 & 0.007\ 4 \end{bmatrix} \text{m}$$

每层楼的振型最大弹性力

$$f_{Sn,\max} = m\phi_n \frac{\mathscr{L}_n}{M_n} S_{a,n}$$

$$\begin{bmatrix} f_{S1,\max} & f_{S2,\max} & f_{S3,\max} \end{bmatrix} = \begin{bmatrix} 111.989\ 2 & 15.661\ 9 & 4.191\ 9 \\ 61.370\ 1 & -23.837\ 4 & -26.241\ 6 \\ 22.173\ 9 & -13.657\ 2 & 50.303\ 3 \end{bmatrix} \text{kN}$$

每层楼的层间最大剪力

$$F_{n,\max} = \begin{bmatrix} 1 & 0 & 0 \\ 1 & 1 & 0 \\ 1 & 1 & 1 \end{bmatrix} \cdot f_{Sn,\max}$$

$$\begin{bmatrix} F_{1,\max} & F_{2,\max} & F_{3,\max} \end{bmatrix} = \begin{bmatrix} 111.989\ 2 & 15.661\ 9 & 4.191\ 9 \\ 173.359\ 3 & -8.175\ 5 & -22.049\ 6 \\ 195.533\ 2 & -21.832\ 6 & 28.253\ 7 \end{bmatrix} \text{kN}$$

每层楼的颠覆力矩

$$M_{n,\max} = 3.657\ 6 \begin{bmatrix} 1 & 0 & 0 \\ 2 & 1 & 0 \\ 3 & 2 & 1 \end{bmatrix} \cdot f_{Sn,\max}$$

$$\begin{bmatrix} M_{1,\max} & M_{2,\max} & M_{3,\max} \end{bmatrix} = \begin{bmatrix} 0.409\ 6 & 0.057\ 3 & 0.015\ 3 \\ 1.043\ 7 & 0.027\ 4 & -0.065\ 3 \\ 1.758\ 9 & -0.052\ 5 & 0.038\ 0 \end{bmatrix} \times 10^3 \text{ kN} \cdot \text{m}$$

(b) 用 SRSS 方法确定(a)的每一个反应量的近似的总最大值

位移最大值,式中 $v_{n,\max}^2$ 为最大振型位移平方向量

$$\pmb{v}_{\max} = \sqrt{v_{1,\max}^2 + v_{2,\max}^2 + v_{3,\max}^2} = [0.255\ 0\quad 0.140\ 1\quad 0.051\ 3]^{\mathrm{T}}\ \mathrm{m}$$

振型力最大值,式中 $f_{Sn,\max}^2$ 为最大振型力平方向量

$$\pmb{f}_{S,\max} = \sqrt{f_{S1,\max}^2 + f_{S2,\max}^2 + f_{S3,\max}^2} = [113.156\ 8\quad 70.874\ 0\quad 56.644\ 7]^{\mathrm{T}}\ \mathrm{kN}$$

层间剪力最大值,式中 $F_{n,\max}^2$ 为最大层间剪力平方向量

$$\pmb{F}_{\max} = \sqrt{F_{1,\max}^2 + F_{2,\max}^2 + F_{3,\max}^2} = [113.156\ 8\quad 174.947\ 1\quad 198.766\ 6]^{\mathrm{T}}\ \mathrm{kN}$$

层间颠覆力矩最大值,式中 $M_{n,\max}^2$ 为最大层间颠覆力矩平方向量

$$\pmb{M}_{\max} = \sqrt{M_{1,\max}^2 + M_{2,\max}^2 + M_{3,\max}^2} = [0.413\ 9\quad 1.046\ 1\quad 1.760\ 1]^{\mathrm{T}} \times 10^3\ \mathrm{kN}\cdot\mathrm{m}$$

**26-7** 为初步设计目的,假定图 P26-1 的高层建筑行为像均匀剪切梁,它的振动性质完全类似于18-5节中讨论的轴向变形的均匀杆性质。为了表示这个相似性,18-5节的轴向刚度 $EA$ 和单位长度质量 $\bar{m}$ 分别被 $(12\sum EI)/h^2$ 和 $m_j/h$ 代替来表示剪切型建筑(其中 $\sum EI$ 表示每层所有柱的弯曲刚度的和)。因而这个建筑物振型和频率为

$$\phi_n(x) = \sin\frac{2n-1}{2}\left(\frac{\pi x}{L}\right)$$

$$\omega_n = \frac{2n-1}{2}\pi\left[\frac{12\sum EI}{m_j h L^2}\right]^{1/2}$$

这些性质的值被表示在图中。

(a) 试对前五个振型中的每一个求等效振型质量 $\mathscr{L}_n^2/M_n$。总质量的什么部分与每个振型有关?

(b) 试用SRSS方法计算近似最大顶部位移、基底剪力和基底颠覆力矩,假定每个振型的速度反应谱值是 1.6 ft/s[0.487 7 m/s]。

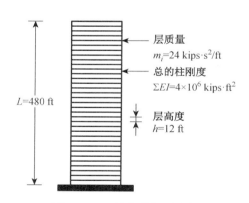

图 P26-1 均匀剪切型建筑

**解**: $L = 480\ \mathrm{ft} = 146.304\ 0\ \mathrm{m}$; $m_i = 24\ \mathrm{kips}\cdot\mathrm{s}^2/\mathrm{ft} = 350.16 \times 10^3\ \mathrm{kg}$;

$h = 12\ \mathrm{ft} = 3.657\ 6\ \mathrm{m}$; $EI = 4 \times 10^6\ \mathrm{kips}\cdot\mathrm{ft}^2 = 1.653\ 0 \times 10^6\ \mathrm{kN}\cdot\mathrm{m}^2$

(a) $\pmb{r} = [1\ 1\ \cdots\ 1]_{1\times 40}^{\mathrm{T}}$; $\mathscr{L}_n = \pmb{\phi}_n^{\mathrm{T}} \pmb{m} \pmb{r}$

$\mathscr{L} = [9.090\ 7\quad 2.793\ 7\quad 1.952\ 7\quad 1.090\ 7\quad 1.155\ 5] \times 10^6\ \mathrm{kg}$

$M_n = \pmb{\phi}_n^{\mathrm{T}} \pmb{m} \pmb{\phi}_n$

$\pmb{M} = 7.178\ 3 \times 10^6 [1\ 1\ 1\ 1\ 1]\ \mathrm{kg}$

$\left\{\dfrac{\mathscr{L}_n^2}{M_n}\right\} = [1.151\ 3\quad 0.108\ 7\quad 0.053\ 1\quad 0.016\ 6\quad 0.018\ 6] \times 10^7\ \mathrm{kg}$

$\sum_{n=1}^{5}\dfrac{\mathscr{L}_n^2}{M_n} = 1.348\ 3 \times 10^7\ \mathrm{kg}$;

整个楼层的总质量为: $40 \times 350.16 \times 10^3 = 1.400\ 6 \times 10^7\ \mathrm{kg}$

(b) 对应于前 5 阶振型的第一层最大位移

$$v_{n,\max} = \boldsymbol{\phi}_n \frac{\mathscr{L}_n S_{v,n}}{M_n \omega_n}$$

$$[0.462\,2 \quad -0.047\,4 \quad 0.019\,9 \quad -0.007\,9 \quad 0.006\,5]\ \text{m};$$

对应于前 5 阶振型的基底剪力

$$\boldsymbol{F}_{0n,\max} = \sum_{n=1}^{40} f_{Sn,\max} = \sum_{n=1}^{40} m\boldsymbol{\phi}_n \frac{\mathscr{L}_n}{M_n}\omega_n S_{v,n}$$

$$[7.501\,7 \quad 2.125\,5 \quad 1.730\,6 \quad 0.755\,9 \quad 1.090\,8] \times 10^3\ \text{kN};$$

对应于前 5 阶振型的基底的颠覆力矩

$$\boldsymbol{M}_{0n,\max} = \sum_{n=1}^{40} h_n f_{Sn,\max,i} = \sum_{n=1}^{40} m\boldsymbol{\phi}_n \frac{\mathscr{L}_n}{M_n}\omega_n S_{v,n}$$

$$[7.065\,7 \quad -0.897\,8 \quad 0.522\,4 \quad -0.295\,7 \quad 0.339\,6] \times 10^5\ \text{kN} \cdot \text{m};$$

最大顶部位移、基底剪力和基底颠覆力矩分别为：

$$0.465\,2\ \text{m};\ 8.096\,3 \times 10^3\ \text{kN};\ 7.193\,0 \times 10^5\ \text{kN} \cdot \text{m}$$

**26-8** 如图 P26-2 所示结构被简化为两个自由度体系，图中还显示了它的振动振型和频率。假定每一振型 $\xi = 0.05$ 并利用图 25-9 的 $S_2$ 型反应谱，试计算柱底的近似的 (SRSS) 最大弯矩，假定地震运动方向是

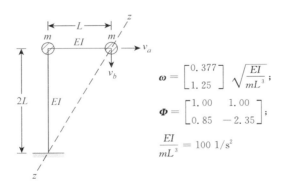

**图 P26-2** 两个自由度的平面框架

(a) 水平的。
(b) 垂直的。
(c) 沿倾斜轴 $zz$。

假定地面运动是由 $0.3g$ 峰值加速度地震引起的。

**解：**

$$\boldsymbol{M} = \begin{bmatrix} 2 & 0 \\ 0 & 1 \end{bmatrix} m$$

$$\boldsymbol{\omega} = \begin{bmatrix} 3.77 \\ 12.5 \end{bmatrix}; \quad \boldsymbol{T} = \frac{2\pi}{\boldsymbol{\omega}} = \begin{bmatrix} 1.666 \\ 0.5027 \end{bmatrix};$$

$$\boldsymbol{S}_{pa} = 0.3 \times 9.807 \times \begin{bmatrix} 0.8652 \\ 2.4816 \end{bmatrix} = \begin{bmatrix} 2.5455 \\ 7.3011 \end{bmatrix} \text{m/s}^2$$

$$\boldsymbol{M}_n = \boldsymbol{\Phi}^T \boldsymbol{M} \boldsymbol{\Phi} = \begin{bmatrix} 2.7225 & 0 \\ 0 & 7.5225 \end{bmatrix} m$$

(a) $\boldsymbol{r} = \begin{bmatrix} 1 & 0 \end{bmatrix}^T$

$$\mathscr{L} = \boldsymbol{\Phi}^T \boldsymbol{M} \boldsymbol{r} = m \begin{bmatrix} 2.0000 & 1.7000 \end{bmatrix}^T$$

$$\boldsymbol{f}_{Sn,\max} = \{M\phi_n\} \frac{\mathscr{L}_n}{M_n} S_{pa}(n)$$

$$\boldsymbol{f}_{S,\max} = m \begin{bmatrix} 3.7400 & 3.2997 \\ 1.5895 & -3.8774 \end{bmatrix} \text{N}$$

$$\boldsymbol{M}_0 = L \begin{bmatrix} 2 & 1 \end{bmatrix} \boldsymbol{f}_{S,\max} = mL \begin{bmatrix} 9.0694 & 2.7224 \end{bmatrix} \text{N} \cdot \text{m}$$

$$M_{0\max} = \sqrt{M_0^2(1) + M_0^2(2)} = 9.4692 mL \text{ N} \cdot \text{m}$$

(b) $\boldsymbol{r} = \begin{bmatrix} 0 & 1 \end{bmatrix}^T$

$$\mathscr{L} = \boldsymbol{\Phi}^T \boldsymbol{M} \boldsymbol{r} = m \begin{bmatrix} 1.0000 & -2.3500 \end{bmatrix}^T$$

$$\boldsymbol{f}_{Sn,\max} = \{M\phi_n\} \frac{\mathscr{L}_n}{M_n} S_{pa}(n)$$

$$\boldsymbol{f}_{S,\max} = m \begin{bmatrix} 1.8700 & 4.5617 \\ 0.7947 & -5.3600 \end{bmatrix} \text{N}$$

$$\boldsymbol{M}_0 = L \begin{bmatrix} 2 & 1 \end{bmatrix} \boldsymbol{f}_{S,\max} = mL \begin{bmatrix} 4.5347 & 3.7634 \end{bmatrix} \text{N} \cdot \text{m}$$

$$M_{0\max} = \sqrt{M_0^2(1) + M_0^2(2)} = 5.8929 mL \text{ N} \cdot \text{m}$$

(c) $\boldsymbol{r} = \begin{bmatrix} 1 & 2 \end{bmatrix}^T / \sqrt{5}$

$$\mathscr{L} = \boldsymbol{\Phi}^T \boldsymbol{M} \boldsymbol{r} = m \begin{bmatrix} 1.7889 & -1.3416 \end{bmatrix}^T$$

$$\boldsymbol{f}_{Sn,\max} = \{M\phi_n\} \frac{\mathscr{L}_n}{M_n} S_{pa}(n)$$

$$\boldsymbol{f}_{S,\max} = m \begin{bmatrix} 3.3451 & 2.6043 \\ 1.4217 & -3.0601 \end{bmatrix} \text{N}$$

$$\boldsymbol{M}_0 = L \begin{bmatrix} 2 & 1 \end{bmatrix} \boldsymbol{f}_{S,\max} = mL \begin{bmatrix} 8.1119 & 2.1486 \end{bmatrix} \text{N} \cdot \text{m}$$

$$M_{0\max} = \sqrt{M_0^2(1) + M_0^2(2)} = 8.3916 mL \text{ N} \cdot \text{m}$$

**26-9** 一个 6 in[12.54 cm]混凝土板被四个 W8×40[20.32 cm×101.60 cm]的柱支承,其位置和方向如图 P26-3 所示。图中还显示了结构质量和振动性质,这里假定板是刚性的,柱没有重量,柱的净高度是 12 ft[3.6576 m]。质量矩阵和振型是根据图示的板心坐标表示的。

假定图 25-9 的 $S_2$ 型反应谱的 $0.3g$ 峰值加速度地震作用在坐标 $v_1$ 方向上,试求在第一振型振动下每个柱顶的最大动力位移。

# 第 26 章 确定性地震反应：在刚性基础上的体系

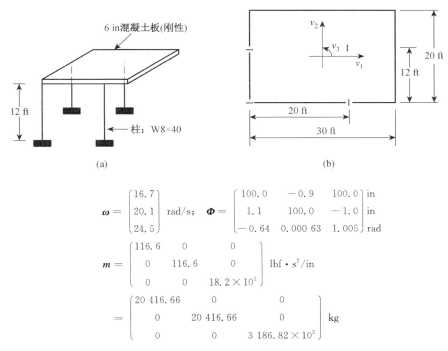

$$\boldsymbol{\omega} = \begin{bmatrix} 16.7 \\ 20.1 \\ 24.5 \end{bmatrix} \text{rad/s}; \quad \boldsymbol{\Phi} = \begin{bmatrix} 100.0 & -0.9 & 100.0 \\ 1.1 & 100.0 & -1.0 \\ -0.64 & 0.00063 & 1.005 \end{bmatrix} \begin{matrix} \text{in} \\ \text{in} \\ \text{rad} \end{matrix}$$

$$\boldsymbol{m} = \begin{bmatrix} 116.6 & 0 & 0 \\ 0 & 116.6 & 0 \\ 0 & 0 & 18.2 \times 10^5 \end{bmatrix} \text{lbf} \cdot \text{s}^2/\text{in}$$

$$= \begin{bmatrix} 20\,416.66 & 0 & 0 \\ 0 & 20\,416.66 & 0 \\ 0 & 0 & 3\,186.82 \times 10^5 \end{bmatrix} \text{kg}$$

图 P26-3　刚性平台框架
(a)等视图；(b)俯视图

**解：**

$$\boldsymbol{T} = \frac{2\pi}{\boldsymbol{\omega}} = \begin{bmatrix} 0.3762 \\ 0.3126 \\ 0.2565 \end{bmatrix};$$

$$\boldsymbol{S}_{pa} = 0.3 \times 9.807 \times \begin{bmatrix} 2.4948 \\ 2.4948 \\ 2.4948 \end{bmatrix} = 7.3400 \begin{bmatrix} 1 \\ 1 \\ 1 \end{bmatrix}$$

$$\boldsymbol{M}_n = \boldsymbol{\Phi}^\text{T} \boldsymbol{M} \boldsymbol{\Phi} = \begin{bmatrix} 3.3472 & 0 & 0 \\ 0 & 2.0418 & 0 \\ 0 & 0 & 5.2606 \end{bmatrix} \times 10^8$$

$$\boldsymbol{r} = \begin{bmatrix} 1 & 0 & 0 \end{bmatrix}^\text{T}$$

$$\mathcal{L} = \boldsymbol{\Phi}^\text{T} \boldsymbol{m} \boldsymbol{r} = \begin{bmatrix} 2.0417 & 0.0225 & -0.0131 \end{bmatrix}^\text{T} \times 10^6$$

$$\boldsymbol{v}_{n,\max} = \boldsymbol{\phi}_n \frac{\mathcal{L}_n S_{a,n}}{M_n \omega_n^2}$$

$$\boldsymbol{v}_{1,\max} = \boldsymbol{\phi}_1 \frac{\mathcal{L}_1 S_{pa,1}}{M_1 \omega_1^2} = \begin{bmatrix} 0.0161 & 0.0002 & -0.0001 \end{bmatrix}^\text{T}$$

柱顶坐标：

$$\boldsymbol{d} = \begin{bmatrix} 5 & -15 & -15 & 5 \\ 2 & 2 & -10 & -10 \end{bmatrix} (\text{ft}) = \begin{bmatrix} 1.5240 & -4.5720 & -4.5720 & 1.5420 \\ 0.6096 & 0.6096 & -3.0480 & -3.0480 \end{bmatrix} (\text{m})$$

第一振型对应的柱顶最大位移为：

$$\begin{bmatrix} \boldsymbol{x}_i \\ \boldsymbol{y}_i \end{bmatrix} = \begin{bmatrix} 1 & 0 & 0 \\ 0 & 1 & 1 \end{bmatrix} \boldsymbol{v}_{1,\max} + \begin{bmatrix} 0 & -1 \\ 1 & 0 \end{bmatrix} \boldsymbol{d}(:,i) \begin{bmatrix} 0 & 0 & 1 \end{bmatrix} \boldsymbol{v}_{1,\max}; \quad i = 1, 2, 3, 4$$

$$\begin{bmatrix} \boldsymbol{x} \\ \boldsymbol{y} \end{bmatrix} = \begin{bmatrix} 0.016\ 1 & 0.016\ 1 & 0.015\ 7 & 0.015\ 7 \\ 0.000\ 0 & 0.000\ 6 & 0.000\ 6 & 0.000\ 0 \end{bmatrix}$$

$$\boldsymbol{s} = \left[\sqrt{x_i^2 + y_i^2}\right] = \begin{bmatrix} 0.016\ 1 & 0.016\ 1 & 0.015\ 8 & 0.015\ 7 \end{bmatrix} \text{m}$$

**26-10** 一个跨度为80 ft的简支均匀桥式平台，如图P26-4所示。图中还表示了质量、刚度性质及简化的地震速度反应谱。假定这个相同地震同时作用在两个支承端的垂直方向。

(a) 对前三个振动振型的每一个试计算跨中最大弯矩。

(b) 试计算由于这三个振型组合的近似（SRSS）最大跨中弯矩。

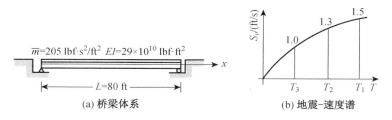

图 P26-4　遭遇垂直地震运动的桥

**解：** 简支梁的振动频率和振型分别为

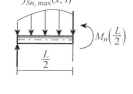

$$\boldsymbol{\omega}_n = n^2 \pi^2 \sqrt{\frac{EI}{\overline{m}L}}; \quad \boldsymbol{\omega} = \begin{bmatrix} 58.005\ 8 & 232.023\ 3 & 522.052\ 5 \end{bmatrix}^{\mathrm{T}}$$

$$\psi_n(x) = \sin\frac{n\pi}{L}x$$

$$\boldsymbol{T} = \frac{2\pi}{\boldsymbol{\omega}} = \begin{bmatrix} 0.108\ 3 & 0.027\ 1 & 0.012\ 0 \end{bmatrix}^{\mathrm{T}}$$

$$\boldsymbol{S}_v = \begin{bmatrix} 1.5 & 1.3 & 1.0 \end{bmatrix}^{\mathrm{T}} (\text{ft/s})$$

$$= \begin{bmatrix} 0.475\ 2 & 0.396\ 2 & 0.304\ 8 \end{bmatrix}^{\mathrm{T}} (\text{m/s}); \quad r(x) = 1$$

$$M_n = \int_0^L \psi_n^2(x) m(x) \mathrm{d}x = \overline{m} \int_0^L \sin^2\frac{n\pi}{L}x \mathrm{d}x$$

$$= \frac{\overline{m}L}{2} \frac{n\pi - \sin n\pi \cdot \cos n\pi}{n\pi}$$

$$\boldsymbol{M}_n = 1.196\ 4 \times 10^5 \times \begin{bmatrix} 1 & 1 & 1 \end{bmatrix}^{\mathrm{T}}$$

$$\mathscr{L}_n = \int_0^L \psi_n(x) m(x) r(x) \mathrm{d}x = \overline{m} \int_0^L \sin\frac{n\pi}{L}x \mathrm{d}x = \overline{m}L \frac{1 - \cos n\pi}{n\pi}$$

$$\mathscr{L}_n = 10^5 \times \begin{bmatrix} 1.523\ 3 & 0 & 0.507\ 8 \end{bmatrix}^{\mathrm{T}}$$

每一个振型的弹性力

$$f_{S_n,\max}(x) = m(x)\psi_n(x)\frac{\mathscr{L}_n}{M_n}\omega_n S_{vn}$$

$$\boldsymbol{f}_{S_n,\max} = \left[\,3.313\,5\sin\frac{\pi}{L}x \quad 0 \quad 6.626\,9\sin\frac{3\pi}{L}x\,\right]^{\mathrm{T}}\times 10^5$$

$$\boldsymbol{M}_{n,\max}\left(\frac{L}{2}\right) = \frac{1}{2}\int_0^L(L-x)f_{S_n,\max}\mathrm{d}x - \int_0^{L/2}\left(\frac{L}{2}-x\right)f_{S_n,\max}\mathrm{d}x$$

$$= [\,1.996\,1 \quad 0 \quad -0.443\,6\,]^{\mathrm{T}}\times 10^7\ \mathrm{N\cdot m}$$

(b) $$M_{\max}\left(\frac{L}{2}\right) = 2.044\,8\times 10^7\ \mathrm{N\cdot m}$$

**26-11** 重做习题 26-10,假定仅右支承承受这个垂直运动。注意在这种情况下 $r(x) = x/L$。

**解:** 简支梁的振动频率和振型分别为

$$\boldsymbol{\omega}_n = n^2\pi^2\sqrt{\frac{EI}{\overline{m}L}};\ \boldsymbol{\omega} = [\,58.005\,8 \quad 232.023\,3 \quad 522.052\,5\,]^{\mathrm{T}}$$

$$\psi_n(x) = \sin\frac{n\pi}{L}x$$

$$\boldsymbol{T} = \frac{2\pi}{\boldsymbol{\omega}} = [\,0.108\,3 \quad 0.027\,1 \quad 0.012\,0\,]^{\mathrm{T}}$$

$$\boldsymbol{S}_v = [\,1.5 \quad 1.3 \quad 1.0\,]^{\mathrm{T}}(\mathrm{ft/s}) = [\,0.475\,2 \quad 0.396\,2 \quad 0.304\,8\,]^{\mathrm{T}}(\mathrm{m/s});\ r(x) = \frac{x}{L}$$

$$\boldsymbol{M}_n = \int_0^L\psi_n^2(x)m(x)\mathrm{d}x = m\int_0^L\sin^2\frac{n\pi}{L}x\,\mathrm{d}x$$

$$= \frac{mL}{2}\frac{n\pi - \sin n\pi\cdot\cos n\pi}{n\pi}$$

$$\boldsymbol{M}_n = 1.196\,4\times 10^5\times [\,1 \quad 1 \quad 1\,]^{\mathrm{T}}$$

$$\mathscr{L}_n = \int_0^L\psi_n(x)m(x)r(x)\mathrm{d}x = m\int_0^L\frac{x}{L}\sin\frac{n\pi}{L}x\,\mathrm{d}x = mL\,\frac{\sin n\pi - n\pi\cos n\pi}{n^2\pi^2}$$

$$\mathscr{L}_n = 10^4\times [\,7.616\,4 \quad -3.808\,2 \quad 2.538\,8\,]^{\mathrm{T}}$$

每一个振型的弹性力

$$\boldsymbol{f}_{S_n,\max}(x) = \boldsymbol{m}(x)\boldsymbol{\phi}_n(x)\frac{\mathscr{L}_n}{M_n}\omega_n S_{vn}$$

$$\boldsymbol{f}_{S_n,\max} = \left[\,1.656\,7\sin\frac{\pi}{L}x \quad -2.871\,7\sin\frac{2\pi}{L}x \quad 3.313\,5\sin\frac{3\pi}{L}x\,\right]^{\mathrm{T}}\times 10^5$$

$$\boldsymbol{M}_{n,\max}\left(\frac{L}{2}\right) = \frac{1}{2}\int_0^L(L-x)f_{S_n,\max}\mathrm{d}x - \int_0^{L/2}\left(\frac{L}{2}-x\right)f_{S_n,\max}\mathrm{d}x$$

$$= \begin{bmatrix} 9.980\ 7 & 0 & -2.217\ 9 \end{bmatrix}^T \times 10^6 \text{ N} \cdot \text{m}$$

(b) $$M_{\max}\left(\frac{L}{2}\right) = 1.022\ 4 \times 10^7 \text{ N} \cdot \text{m}$$

**26-12** 一个空间火箭的服务平台简化为一个集中质量的塔,如图 P26-5 所示。在图中也显示了前两个振动振型的形状和频率。试求由于简谐水平地面加速度 $\ddot{v}_g = A\sin\bar{\omega}t$ 在塔底引起的最大弯矩,这里 $A = 5$ ft/s² [1.524 0 m/s²] 和 $\bar{\omega} = 8$ rad/s。仅考虑前两个振型的稳态反应,并且忽略阻尼。集中在顶部、中间和最低部的重量分别为 15 kips,35 kips 和 65 kips。

$$\boldsymbol{\omega} = \begin{Bmatrix} 5.2 \\ 12.3 \end{Bmatrix} \text{ rad/s}; \quad \boldsymbol{\Phi} = \begin{pmatrix} 1.00 & 1.00 \\ 0.54 & -0.79 \\ 0.25 & -0.59 \end{pmatrix}$$

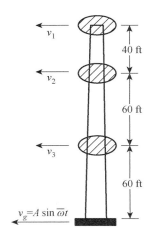

图 P26-5 遭受地震集中质量的塔

**解:**
$$V_n(t) = \int_0^t \ddot{v}_g(\tau) e^{-\xi\omega_n(t-\tau)} \sin\omega_n(t-\tau) d\tau$$
$$= \int_0^t A\sin\bar{\omega}t \cdot \sin\omega_n(t-\tau) d\tau$$
$$= A\frac{\omega_n \sin\bar{\omega}t - \bar{\omega}\sin\omega_n t}{\omega_n^2 - \bar{\omega}^2}$$

$V_1(t) = 0.329\ 9\sin 5.2t - 0.214\ 4\sin 8t; \quad V_{1,\max} = 0.393\ 4$
$V_2(t) = 0.214\ 7\sin 8t - 0.139\ 7\sin 12.3t; \quad V_{2,\max} = 0.256\ 1$

$$\boldsymbol{m} = \frac{4.448}{9.807}\begin{bmatrix} 15 & 0 & 0 \\ 0 & 35 & 0 \\ 0 & 0 & 65 \end{bmatrix} = \begin{bmatrix} 6\ 804 & 0 & 0 \\ 0 & 15\ 876 & 0 \\ 0 & 0 & 29\ 484 \end{bmatrix} \text{ kg}$$

$\boldsymbol{M}_n = \boldsymbol{\phi}_n^T \boldsymbol{m} \boldsymbol{\phi}_n$

$$\begin{bmatrix} M_1 \\ M_2 \end{bmatrix} = \begin{bmatrix} 1.327\ 6 \\ 2.697\ 6 \end{bmatrix} \times 10^3 \text{ kg}$$

$$\mathscr{L}_n = \boldsymbol{\phi}_n^T \boldsymbol{m} \boldsymbol{r}; \quad \boldsymbol{r} = \begin{bmatrix} 1 & 1 & 1 \end{bmatrix}^T; \begin{bmatrix} \mathscr{L}_1 \\ \mathscr{L}_2 \end{bmatrix} = \begin{bmatrix} 2.274\ 8 \\ -2.313\ 4 \end{bmatrix} \times 10^4 \text{ kg}$$

$$\boldsymbol{f}_{Sn\max} = \boldsymbol{m}\boldsymbol{\phi}_n \frac{\mathscr{L}_n}{M_n} \omega_n V_{n,\max}$$

$$\begin{bmatrix} f_{S1,\max} & f_{S2,\max} \end{bmatrix} = \begin{bmatrix} 2.385\ 2 & -1.838\ 4 \\ 3.005\ 4 & 3.388\ 7 \\ 2.584\ 0 & 4.700\ 1 \end{bmatrix} \times 10^4 \text{ N}$$

$\boldsymbol{M}_{0n\max} = \begin{bmatrix} 160 & 120 & 60 \end{bmatrix} \times 0.304\ 8 \times \boldsymbol{f}_{Sn,\max}$

$\begin{bmatrix} M_{01\max} & M_{02\max} \end{bmatrix} = \begin{bmatrix} 2.735\ 0 & 1.202\ 5 \end{bmatrix} \times 10^6 \text{ N} \cdot \text{m}$

$M_{0\max} = \sqrt{M_{01\max}^2 + M_{02\max}^2} = 2.987\ 7 \times 10^6 \text{ N} \cdot \text{m}$

**26-13** 重做习题 26-12,假定在基底施加的简谐地面运动是转动 $\theta_g$ 而不是平动。在这

种情况下 $\ddot{\theta}_g = B\sin\bar{\omega}t$。其中 $B = 0.06$ rad/s$^2$ 和 $\bar{\omega} = 8$ rad/s。

$$\boldsymbol{\omega} = \begin{bmatrix} 5.2 \\ 12.3 \end{bmatrix} \text{rad/s}; \quad \boldsymbol{\Phi} = \begin{bmatrix} 1.00 & 1.00 \\ 0.54 & -0.79 \\ 0.25 & -0.59 \end{bmatrix}$$

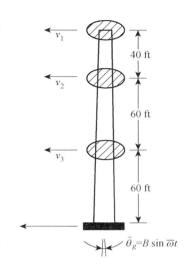

图 P26-5 遭受地震集中质量的塔

解:
$$V_n(t) = \int_0^t \ddot{\theta}_g(\tau) e^{-\xi\omega_n(t-\tau)} \sin\omega_n(t-\tau) d\tau$$
$$= \int_0^t B\sin\bar{\omega}t \cdot \sin\omega_n(t-\tau) d\tau$$
$$= B\frac{\omega_n \sin\bar{\omega}t - \bar{\omega}\sin\omega_n t}{\omega_n^2 - \bar{\omega}^2}$$

$V_1(t) = 0.0130\sin 5.2t - 0.0084\sin 8t$; $V_{1,\max} = 0.0155$

$V_2(t) = 0.0085\sin 8t - 0.0055\sin 12.3t$; $V_{2,\max} = 0.0101$

$$\boldsymbol{m} = \frac{4.448}{9.807}\begin{bmatrix} 15 & 0 & 0 \\ 0 & 35 & 0 \\ 0 & 0 & 65 \end{bmatrix} = \begin{bmatrix} 6804 & 0 & 0 \\ 0 & 15876 & 0 \\ 0 & 0 & 29484 \end{bmatrix} \text{kg}$$

$\boldsymbol{M}_n = \boldsymbol{\phi}_n^T \boldsymbol{m} \boldsymbol{\phi}_n$

$$\begin{bmatrix} M_1 \\ M_2 \end{bmatrix} = \begin{bmatrix} 1.3276 \\ 2.6976 \end{bmatrix} \times 10^4 \text{ kg}$$

$\mathscr{L}_n = \boldsymbol{\phi}_n^T \boldsymbol{m} \boldsymbol{r}$; $\boldsymbol{r} = [160 \quad 120 \quad 60]^T \times 0.3048$; $\begin{bmatrix} \mathscr{L}_1 \\ \mathscr{L}_2 \end{bmatrix} = \begin{bmatrix} 7.8019 \\ -4.4505 \end{bmatrix} \times 10^5 \text{ kg}$

$\boldsymbol{f}_{Sn\max} = \boldsymbol{m}\boldsymbol{\phi}_n \dfrac{\mathscr{L}_n}{M_n} \omega_n V_{n,\max}$

$$[f_{S1,\max} \quad f_{S2,\max}] = \begin{bmatrix} 3.2181 & -1.3979 \\ 4.0584 & 2.5768 \\ 3.4863 & 3.5739 \end{bmatrix} \times 10^4 \text{ N}$$

$\boldsymbol{M}_{0n\max} = [160 \quad 120 \quad 60] \times 0.3048 \times \boldsymbol{f}_{Sn,\max}$

$[M_{01\max} \quad M_{02\max}] = [3.6901 \quad 0.9144] \times 10^6$ N·m

$M_{0\max} = \sqrt{M_{01\max}^2 + M_{02\max}^2} = 3.8017 \times 10^6$ N·m

**26-14** 长度为 $L$ 和总的均匀分布质量为 $m$ 的刚性杆在每一端有集中质量 $m/2$。这个杆与长度 $L$ 的无重量柱刚性连接,并且在中点有横向弹簧支承,如图 P26-6 所示。这个杆的质量矩阵和包括支承自由度的整个体系的刚度矩阵及振动性质一起也表示在这个图中。这个系统遭受地面运动,其在第一振型周期的谱速度是

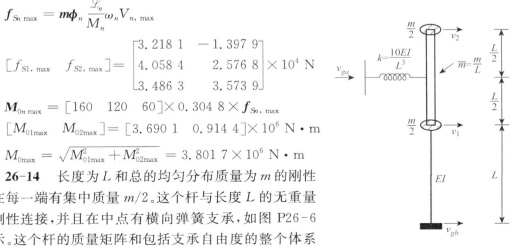

图 P26-6 多点支承体系

2.7 ft/s[0.823 0 m/s]。试求坐标 $v_2$ 的第一振型最大反应，如果施加的地震运动
(a) 同时在两个支承点。
(b) 仅在柱的底部（坐标 $v_{gb}$），而弹簧支承点（$v_{ga}$）针对运动是固定的。

$$\boldsymbol{m} = \frac{m}{6}\begin{bmatrix} 5 & 1 \\ 1 & 5 \end{bmatrix}; 其中 m = 0.4 \text{ kips} \cdot \text{s}^2/\text{ft}$$

$$\boldsymbol{K} = \frac{EI}{L^3}\begin{bmatrix} 30.5 & -7.5 & -5 & -18 \\ -7.5 & 6.5 & -5 & 6 \\ -5 & -5 & 10 & 0 \\ -18 & 6 & 0 & 12 \end{bmatrix}\begin{matrix} (v_1) \\ (v_2) \\ (v_{ga}) \\ (v_{gb}) \end{matrix};$$

其中 $\dfrac{EI}{L^3} = 3.0$ kips/ft

$$\boldsymbol{\omega} = \begin{Bmatrix} 5.91 \\ 18.45 \end{Bmatrix} \text{rad/s}; \quad \boldsymbol{\Phi} = \begin{bmatrix} 1.00 & 1.000 \\ 3.21 & -0.482 \end{bmatrix}$$

**解：**(a) $m = 0.4$ kips·s²/ft $= 5\,836$ kg；$\dfrac{EI}{L^3} = 3.0$ kips/ft $= 43.77$ kN/m

系统的动能和势能为：

$$T = \frac{1}{2} \cdot \frac{m}{2}(\dot{v}_1 + \dot{v}_{gb})^2 + \frac{1}{2} \cdot \frac{m}{2}(\dot{v}_2 + \dot{v}_{gb})^2 +$$

$$\frac{1}{2} \cdot m\left(\frac{\dot{v}_1 + \dot{v}_2}{2} + \dot{v}_{gb}\right)^2 + \frac{1}{2} \cdot \frac{mL^2}{12}\left(\frac{\dot{v}_1 - \dot{v}_2}{L}\right)^2$$

$$= \frac{m}{4}(\dot{v}_1 + \dot{v}_{gb})^2 + \frac{m}{4}(\dot{v}_2 + \dot{v}_{gb})^2 + \frac{1}{2} \cdot m\left(\frac{\dot{v}_1 + \dot{v}_2}{2} + \dot{v}_{gb}\right)^2 + \frac{m}{24}(\dot{v}_1 - \dot{v}_2)^2$$

$$\frac{\partial T}{\partial \dot{v}_1} = \frac{m}{2}(\dot{v}_1 + \dot{v}_{gb}) + \frac{m}{2}\left(\frac{\dot{v}_1 + \dot{v}_2}{2} + \dot{v}_{gb}\right) + \frac{m}{12}(\dot{v}_1 - \dot{v}_2)$$

$$\frac{\mathrm{d}}{\mathrm{d}t}\left(\frac{\partial T}{\partial \dot{v}_1}\right) = \frac{m}{2}\left(\frac{5\ddot{v}_1}{3} + \frac{\ddot{v}_2}{3} + 2\ddot{v}_{gb}\right)$$

$$\frac{\mathrm{d}}{\mathrm{d}t}\left(\frac{\partial T}{\partial \dot{v}_2}\right) = \frac{m}{2}\left(\frac{\ddot{v}_1}{3} + \frac{5\ddot{v}_2}{3} + 2\ddot{v}_{gb}\right)$$

$$\frac{\partial T}{\partial v_1} = \frac{\partial T}{\partial v_2} = 0$$

$$V = \frac{1}{2}k_{11}v_1^2 + k_{12}v_1 v_2 + \frac{1}{2}k_{22}v_2^2 + \frac{1}{2}k\left(\frac{v_1 + v_2}{2} + v_{gb} - v_{ga}\right)^2$$

式中：$\begin{bmatrix} k_{11} & k_{12} \\ k_{21} & k_{22} \end{bmatrix} = \dfrac{2EI}{L^3}\begin{bmatrix} 14 & -5 \\ -5 & 2 \end{bmatrix} = \dfrac{k}{5}\begin{bmatrix} 14 & -5 \\ -5 & 2 \end{bmatrix}$

$$\frac{\partial V}{\partial v_1} = \left(k_{11} + \frac{k}{4}\right)v_1 + \left(k_{12} + \frac{k}{4}\right)v_2 + \frac{k}{2}(v_{gb} - v_{ga})$$

$$\frac{\partial V}{\partial v_2} = \left(k_{12} + \frac{k}{4}\right)v_1 + \left(k_{22} + \frac{k}{4}\right)v_2 + \frac{k}{2}(v_{gb} - v_{ga})$$

代入 Lagrange 方程：

$$\frac{d}{dt}\left(\frac{\partial T}{\partial \dot{v}_i}\right) - \frac{\partial T}{\partial v_i} + \frac{\partial V}{\partial v_i} = 0, \quad i = 1, 2$$

$$\frac{m}{6}\begin{bmatrix} 5 & 1 \\ 1 & 5 \end{bmatrix}\begin{bmatrix} \ddot{v}_1 \\ \ddot{v}_2 \end{bmatrix} + \frac{EI}{2L^3}\begin{bmatrix} 61 & -15 \\ -15 & 13 \end{bmatrix}\begin{bmatrix} v_1 \\ v_2 \end{bmatrix} = -m\begin{bmatrix} 0 & 1 \\ 0 & 1 \end{bmatrix}\begin{bmatrix} \ddot{v}_{ga} \\ \ddot{v}_{gb} \end{bmatrix} - \frac{5EI}{L^3}\begin{bmatrix} -1 & 1 \\ -1 & 1 \end{bmatrix}\begin{bmatrix} v_{ga} \\ v_{gb} \end{bmatrix}$$

$$\boldsymbol{M} = \frac{m}{6}\begin{bmatrix} 5 & 1 \\ 1 & 5 \end{bmatrix} = \frac{5\,836}{6}\begin{bmatrix} 5 & 1 \\ 1 & 5 \end{bmatrix} = \begin{bmatrix} 4.885\,8 & 0.977\,2 \\ 0.977\,2 & 4.885\,8 \end{bmatrix} \times 10^3 \text{ kg}$$

$$\boldsymbol{M}_g = m\begin{bmatrix} 0 & 1 \\ 0 & 1 \end{bmatrix} = \begin{bmatrix} 0 & 5.836\,0 \\ 0 & 5.836\,0 \end{bmatrix} \times 10^3 \text{ kg}$$

$$\boldsymbol{K} = \frac{EI}{2L^3}\begin{bmatrix} 61 & -15 \\ -15 & 13 \end{bmatrix} = \frac{43.77}{2} \times \begin{bmatrix} 61 & -15 \\ -15 & 13 \end{bmatrix} = \begin{bmatrix} 1.335\,0 & -0.328\,3 \\ -0.328\,3 & 0.284\,5 \end{bmatrix} \times 10^6 \text{ N/m}$$

$$\boldsymbol{K}_g = \frac{5EI}{L^3}\begin{bmatrix} -1 & 1 \\ -1 & 1 \end{bmatrix} = 5 \times 43.77 \times \begin{bmatrix} -1 & 1 \\ -1 & 1 \end{bmatrix} = \begin{bmatrix} -2.188\,5 & 2.188\,5 \\ -2.188\,5 & 2.188\,5 \end{bmatrix} \times 10^5 \text{ N/m}$$

$$\boldsymbol{r} = -\boldsymbol{K}^{-1}\boldsymbol{K}_g = \begin{bmatrix} 0.493\,0 & -0.493\,0 \\ 1.338\,0 & -1.338\,0 \end{bmatrix}$$

$$\boldsymbol{\Phi} = \begin{bmatrix} 1.000\,0 & 1.000\,0 \\ 3.208\,9 & -0.481\,6 \end{bmatrix}; \quad \boldsymbol{\omega} = \begin{bmatrix} 5.938\,6 \\ 18.431\,9 \end{bmatrix}$$

注：根据结构的 $\boldsymbol{K}$ 和 $\boldsymbol{M}$ 矩阵得到结构的振型和频率，未用题中的相应值（精度考虑）

$$\boldsymbol{v} = \boldsymbol{\Phi Y}$$

$$\boldsymbol{M}_n\ddot{Y}_n + \boldsymbol{K}_n Y_n = \mathcal{L}_n \ddot{v}_g$$

$$\boldsymbol{M}_n = \boldsymbol{\Phi}^T \boldsymbol{M \Phi} = \begin{bmatrix} 6.118\,3 & 0.000\,0 \\ 0.000\,0 & 0.505\,5 \end{bmatrix} \times 10^4$$

$$\boldsymbol{K}_n = \boldsymbol{\Phi}^T \boldsymbol{K \Phi} = \begin{bmatrix} 2.157\,7 & 0.000\,0 \\ 0.000\,0 & 1.717\,2 \end{bmatrix} \times 10^6$$

$$\mathcal{L}_n = \boldsymbol{\Phi}^T [\boldsymbol{M} \times \boldsymbol{r} + \boldsymbol{M}_g] = \begin{bmatrix} 2.611\,9 & -0.155\,6 \\ 0.033\,4 & 0.269\,1 \end{bmatrix} \times 10^4$$

$$Y_n = \frac{\mathcal{L}_n}{M_n \omega_n} V(t); \quad Y_{n\max} = \frac{\mathcal{L}_n}{M_n \omega_n} S_{pv}$$

$$Y_{11\max} = \frac{\mathcal{L}_1}{M_1 \omega_1} S_{pv} = \frac{(2.611\,9 - 0.155\,6) \times 10^4}{6.118\,3 \times 10^4 \times 5.938\,6} \times 0.823\,0 = 0.055\,6$$

$$Y_{21\max} = \frac{\mathcal{L}_2}{M_2 \omega_1} S_{pv} = \frac{(0.033\,4 + 0.269\,1) \times 10^4}{0.505\,5 \times 10^4 \times 5.938\,6} \times 0.823\,0 = 0.082\,9$$

$$\boldsymbol{v}_{\max} = \boldsymbol{\Phi Y}_{\max} = \begin{bmatrix} 1.000\,0 & 1.000\,0 \\ 3.208\,9 & -0.481\,6 \end{bmatrix}\begin{bmatrix} 0.055\,6 \\ 0.082\,9 \end{bmatrix} = \begin{bmatrix} 0.136\,8 \\ 0.136\,8 \end{bmatrix} \text{ (m)}$$

$$v_{2\text{max}} = 0.136\ 8\ (\text{m})$$

(b)

$$Y_{11\text{max}} = \frac{\mathscr{L}_1}{M_1 \omega_1} S_{pv} = \frac{(-0.155\ 6) \times 10^4}{6.118\ 3 \times 10^4 \times 5.938\ 6} \times 0.823\ 0 = -0.003\ 5$$

$$Y_{21\text{max}} = \frac{\mathscr{L}_2}{M_2 \omega_1} S_{pv} = \frac{0.269\ 1 \times 10^4}{0.505\ 5 \times 10^4 \times 5.938\ 6} \times 0.823\ 0 = 0.073\ 8$$

$$\boldsymbol{v}_{\text{max}} = \boldsymbol{\Phi} \boldsymbol{Y}_{\text{max}} = \begin{bmatrix} 1.000\ 0 & 1.000\ 0 \\ 3.208\ 9 & -0.481\ 6 \end{bmatrix} \begin{bmatrix} -0.003\ 5 \\ 0.073\ 8 \end{bmatrix} = \begin{bmatrix} 0.070\ 3 \\ -0.046\ 8 \end{bmatrix}\ (\text{m})$$

$$v_{2\text{max}} = -0.046\ 8\ (\text{m})$$

# 附录Ⅰ 单位转换表

| 物理量 | | 英联邦单位制 | | | 国际单位制 | |
|---|---|---|---|---|---|---|
| 长度 | 1 | in | 英寸 | 0.025 4 | m | 米 |
| | 1 | ft | 英尺 | 0.304 8 | m | 米 |
| | 1 | mi | 英里 | 1.609 | km | 千米 |
| 力 | 1 | lbf | 磅力 | 4.448 | N | 牛顿 |
| 质量 | 1 | lb | 磅 | 0.453 6 | kg | 千克 |
| | 1 | lbf·s²/in | 磅力·秒²/英寸 | 175.1 | kg | 千克 |
| | 1 | lbf·s²/ft | 磅力·秒²/英尺 | 14.59 | kg | 千克 |
| 线质量 | 1 | lbf·s²/in² | 磅力·秒²/英寸² | 6 893.7 | kg/m | 千克/米 |
| | 1 | lbf·s²/ft² | 磅力·秒²/英尺² | 47.868 | kg/m | 千克/米 |
| 能量 | 1 | lbf·in | 磅力·英寸 | 0.113 0 | N·m | 牛顿·米 |
| | 1 | lbf·ft | 磅力·英尺 | 1.355 | N·m | 牛顿·米 |
| 扭矩/弯矩 | 1 | lbf·in | 磅力·英寸 | 0.113 0 | N·m | 牛顿·米 |
| | 1 | lbf·ft | 磅力·英尺 | 1.355 | N·m | 牛顿·米 |
| 速度 | 1 | in/s | 英寸/秒 | 0.025 4 | m/s | 米/秒 |
| | 1 | ft/s | 英尺/秒 | 0.304 8 | m/s | 米/秒 |
| | 1 | mi/h | 英里/小时 | 0.446 9 | m/s | 米/秒 |
| 弹簧常数 | 1 | lbf/in | 磅力/英寸 | 175.1 | N/m | 牛顿/米 |
| | 1 | lbf/ft | 磅力/英尺 | 14.59 | N/m | 牛顿/米 |
| 弯曲刚度 | 1 | lbf·ft² | 磅力·英尺² | 0.413 2 | N·m² | 牛顿·米² |
| 扭簧常数 | 1 | lbf·in/rad | 磅力·英寸/弧度 | 0.113 0 | N·m/rad | 牛顿·米/弧度 |
| | 1 | lbf·ft/rad | 磅力·英尺/弧度 | 1.355 0 | N·m/rad | 牛顿·米/弧度 |
| 阻尼常数 | 1 | lbf·s/in | 磅力·秒/英寸 | 175.10 | N·s/m | 牛顿·秒/米 |
| | 1 | lbf·s/ft | 磅力·秒/英尺 | 14.59 | N·s/m | 牛顿·秒/米 |
| 质量惯性矩 | 1 | lbf·in·s² | 磅力·英寸·秒² | 0.113 0 | kg·m² | 千克·米² |
| | 1 | lbf·ft·s² | 磅力·英尺·秒² | 1.355 0 | kg·m² | 千克·米² |
| 弹性模量 | 1 | lbf/in² | 磅力/英寸² | 6 895 | N/m² | 牛顿/米² |
| | 1 | lbf/ft² | 磅力/英尺² | 47.88 | N/m² | 牛顿/米² |
| 质量密度 | 1 | lbf/in³ | 磅力/英寸³ | 27 680 | kg/m³ | 千克/米³ |
| | 1 | lbf/ft³ | 磅力/英尺³ | 16.02 | kg/m³ | 千克/米³ |
| 重力加速度 | | | $1g = 386 \text{ in/s}^2 (\text{英寸}/\text{秒}^2) = 32.2 \text{ ft/s}^2 (\text{英尺}/\text{秒}^2) = 9.807 \text{ m/s}^2 (\text{米}/\text{秒}^2)$ | | | | |

# 附录 Ⅱ　勘　误　表

| 页 | 位置 | 错 | 对 | 备注 |
|---|---|---|---|---|
| 53 | 式(4-16) | $(1-\beta_n)^2$ | $1-\beta_n^2$ | 原版有误 |
| 60 | 倒第 7 行 | 式(5-9) | 式(5-8) | 原版有误 |
| 111 | 式(a)中第二行第一式中 | $\delta Z$ | $\dfrac{\delta Z}{3a}$ | 原版有误 |
| 147 | 图(c) | $k_{32}=\cdots=\dfrac{2EI}{L^3}(2L)^2$ | $k_{32}=\cdots=\dfrac{2EI}{L^3}(2L^2)$ | |
| 161 | 图 11-1(b)第二图 | $K_{12}=600$ | $K_{12}=-600$ | |
| 171 | 图 P11-1 中 | $EI=6\times10^4\ \text{kips/ft}^2$ | $EI=6\times10^4\ \text{kips}\cdot\text{ft}^2$ | |
| 196 | 式(d)第二式 | $-2\sqrt{2-\xi^2}$ | $-2\sqrt{1-\xi^2}$ | 原版有误 |
| 210 | 式(13-34) | $\omega_2^2=\dfrac{(\bar{\boldsymbol{v}}_2^{(1)})^{\mathrm{T}}\boldsymbol{m}\boldsymbol{v}_2^{(0)}}{\bar{\boldsymbol{v}}_2^{(1)}\boldsymbol{m}\bar{\boldsymbol{v}}_2^{(1)}}$ | $\omega_2^2=\dfrac{(\bar{\boldsymbol{v}}_2^{(1)})^{\mathrm{T}}\boldsymbol{m}\boldsymbol{v}_2^{(0)}}{(\bar{\boldsymbol{v}}_2^{(1)})^{\mathrm{T}}\boldsymbol{m}\bar{\boldsymbol{v}}_2^{(1)}}$ | 原版有误 |
| 289 | 第 7 行 | 式(I7-18) | 式(17-18) | |
| 358 | 式(20-85)第二式 | $\sigma_Y^2\sin^2\theta$ | $\sigma_Y^2\cos^2\theta$ | 原版有误 |
| 368 | 式(21-4) | $p(\theta)=\begin{cases}\dfrac{1}{2\pi} & 0<\theta<2\pi\\ 0 & \theta<0,\ 0>2\pi\end{cases}$ | $p(\theta)=\begin{cases}\dfrac{1}{2\pi} & 0<\theta<2\pi\\ 0 & \theta<0,\ \theta>2\pi\end{cases}$ | 原版有误 |
| 374 | 式(e)、(f) | $\dfrac{2t^2}{\Delta\varepsilon^2}$ | $\dfrac{2t^2}{(\Delta\varepsilon)^2}$ | 原版有误 |
| 392 | 图 21-8 右侧 | 负的极小值 | 负的极大值 | |
| 407 | 式(b) | $c\dot{v}^2$ | $c<\dot{v}^2>$ | |
| 410 | 式(22-25) | $p(v_1)$ | $p(v_1)=$ | 原版有误 |
| 410 | 式(22-29) | $-R_v''(0)^{\frac{1}{2}}$ | $[-R_v''(0)]^{\frac{1}{2}}$ | 原版有误 |
| 413 | 式(22-41) | $\exp(-2\omega\xi\tau)$ | $\exp(-2\omega\xi t)$ | 原版有误 |
| 413 | 式(22-42) | $\sin^2 2\omega_D t$ | $\sin^2\omega_D t$ | 原版有误 |
| 414 | 式(22-44) | $\sin^2 2\omega_D t$ | $\sin^2\omega_D t$ | 原版有误 |
| 416 | 式(f)、(g) | $S_{\ddot{v}_g(t)}(\omega)$ | $S_{\ddot{v}_g(t)}(\bar{\omega})$ | |
| 416 | 第 17 行 | 具有密度为 2 ft²/s³ | 具有密度为 0.2 ft²/s³ | |
| 417 | 习题 22-1 第 5 行 | 临界阻尼比 $\xi=0.02$ | 阻尼比 $\xi=0.02$ | |
| 418 | 第 3 行 | $f_y(t)$ | $f_S(t)$ | |

(续表)

| 页 | 位置 | 错 | 对 | 备注 |
|---|---|---|---|---|
| 419 | 倒第一行 | $P_n(\theta_1)$ | $P_n(\theta_2)$ | |
| 425 | 倒第 8 行 | $R_p(x, \alpha, \bar{\omega})$ | $R_p(x, \alpha, \tau)$ | 原版有误 |
| 425 | 倒第 5 行(23-29) | $R_{P_m P_n}(\bar{\omega})\cdots\cdots R_p(x, \alpha, \bar{\omega})$ | $R_{P_m P_n}(\tau)\cdots\cdots R_p(x, \alpha, \tau)$ | 原版有误 |
| 478 | 图 26-2 中 | $v^t(x, y); v(t)$ | $v^t(x, t); v_g(t)$ | |
| 510 | 习题 26-3 | 图 E26-2 | 图 E26-1 | 原版有误 |

# 参 考 文 献

[1] 吴福光,蔡承武,徐兆. 振动理论[M]. 北京:高等教育出版社,1987.
[2] 徐赵东,马乐为. 结构动力学[M]. 北京:科学出版社,2007.
[3] 张相庭,王志培,黄本才,等. 结构振动力学[M]. 上海:同济大学出版社,2005.
[4] 李显智,陈农恒. 结构动力学问题详解[M]. 北京:世界图书出版公司,1994.
[5] 盛宏玉. 结构动力学辅导与习题精解[M]. 合肥:合肥工业大学出版社,2007.
[6] (俄)H. N. 别祖霍夫. 结构动力学例题及习题[M]. 唐克伟,译. 北京:高等教育出版社,1958.
[7] 刘晶波,杜修力. 结构动力学[M]. 北京:机械工业出版社,2005.
[8] 马健勋. 高等结构动力学[M]. 西安:西安交通大学出版社,2012.
[9] 张景绘,张希农. 工程中的振动问题习题解答[M]. 北京:中国铁道出版社,1983.
[10] (美)Anil K. Chopra. 结构动力学:理论及其在地震工程中的应用[M]. 2版. 谢礼力,吕大刚,等,译. 北京:高等教育出版社,2007.
[11] (美)R. 克拉夫,J. 彭津. 结构动力学[M]. 2版(修订版). 王光远,等,译. 北京:高等教育出版社,2006.
[12] 李东旭. 高等结构动力学[M]. 2版. 北京:科学出版社,2010.
[13] 唐友刚. 高等结构动力学[M]. 天津:天津大学出版社,2002.